汽车回收利用理论与实践

田广东　贾洪飞　储江伟　张铜柱　著

科学出版社

北京

内 容 简 介

汽车回收利用是近年来可持续制造领域研究的热点和主要问题之一。本书较系统地介绍和阐述对此问题进行研究的相关内容,主要包括国内外汽车回收利用现状分析、汽车绿色设计理论与实践、汽车报废量预测及逆向物流网络构建、报废汽车拆解厂设计及经济性分析、汽车零部件再制造技术体系构建及其关键技术、汽车再制造模式分析、再制造汽车产品的可靠性预计及分配、再制造汽车产品可靠性试验及其促进我国汽车回收利用工作开展的对策建议。

本书可供从事产品绿色设计与绿色制造、废旧产品再生资源回收利用的相关研究人员与工程技术人员参考,也可作为汽车服务工程、车辆工程、交通运输、机械工程、机械制造及其自动化、林业工程、系统工程等高等院校相关专业本科生和研究生的参考教材。

图书在版编目(CIP)数据

汽车回收利用理论与实践 / 田广东等著 . —北京:科学出版社,2016.3
ISBN 978-7-03-047538-1

Ⅰ.①汽… Ⅱ.①田… Ⅲ.①汽车-废物回收-研究 Ⅳ.①X734.2

中国版本图书馆 CIP 数据核字(2016)第 044370 号

责任编辑:姚庆爽 张海娜 / 责任校对:郭瑞芝
责任印制:徐晓晨 / 封面设计:迷底书装

科学出版社 出版
北京东黄城根北街 16 号
邮政编码:100717
http://www.sciencep.com

北京教图印刷有限公司 印刷
科学出版社发行 各地新华书店经销
*
2016 年 3 月第 一 版 开本:720×1000 B5
2016 年 3 月第一次印刷 印张:20 3/4
字数:410 000
定价:118.00 元
(如有印装质量问题,我社负责调换)

作 者 简 介

田广东,男,山东梁山人,工学博士,吉林大学交通学院副教授。2007年毕业于山东理工大学车辆工程专业,获工学学士学位,2009年毕业于吉林大学载运工具(汽车)运用工程专业,获工学硕士学位。2012年毕业于吉林大学载运工具(汽车)运用工程专业,获工学博士学位,毕业后被东北林业大学汽车服务工程系引进并直接破格晋升为副教授。博士期间获得吉林大学"博士研究生交叉学科创新基金项目"资助,博士论文被评选为吉林大学优秀博士毕业论文。主要从事绿色设计与绿色制造、汽车再制造与车辆智能化检测、智能优化与智能调度和Petri网理论与应用等方向的教学与科研工作。主持国家自然科学基金项目、国家博士后面上资助基金项目等9项课题。已发表和录用学术论文60余篇,其中SCI检索论文30余篇,EI检索论文40余篇,发表期刊包括了相关领域的国际知名/重要期刊,如 *IEEE Transactions on Automation Science and Engineering*、*IEEE Transactions on Intelligent Transportation Systems* 和 *Journal of Cleaner Production* 等;申请及授权专利16项;公开出版专著2部,参编国家级规划教材2部。兼任中国计算机学会会员;中国计算机学会Petri网专委会委员;入选 *Marquis Who's Who in the World*;入选 *Founding Member of Technical Committee on Sustainable Production and Service Automation*, *IEEE Robotics and Automation Society*。获吉林大学第二十六届研究生"精英杯"学术成果大赛特等奖;吉林大学优秀毕业研究生(博士)、吉林大学优秀博士论文获得者、东北林业大学"青年骨干教师"支持计划获得者、黑龙江省高校"青年学术骨干教师"支持计划获得者和黑龙江省博士后青年英才计划获得者等。

贾洪飞,男,汉族,山东即墨人,工学博士、教授、博士生导师。现任吉林大学交通学院副院长、交通网络分析技术研究方向学术带头人。1992年7月获山东工程学院汽车运用工程专业工学学士学位,1997年3月获吉林工业大学运输管理工程专业工学硕士学位,2002年6月获吉林大学交通运输规划与管理专业工学博士学位。2008年于美国威斯康星大学麦迪逊分校土木与环境工程系做访问学者。2012年当选"吉林省第十二批有突出贡献的中青年专业技术人才"。目前担任中国交通运输协会青年科技工作者工作委员会副主任、吉林省运输协会常务理事、交通运输部综合交通运输标准化技术委员会委员、吉林省物流与采购联合会副会长、长春物流协会副会长。

多年来一直从事交通运输规划与管理、交通流理论与仿真等科学领域的教学与科研工作。先后主持国家自然科学基金面上项目 2 项,国家 863 计划课题、国家科技支撑计划子课题、国家自然科学基金重点项目子课题以及国家自然科学基金对外交流与合作项目各 1 项,作为合作单位负责人主持国家自然科学基金面上项目 1 项,其他省部级课题及企事业合作项目 30 余项;参与完成各类科研课题 50 余项。获吉林省科技进步二等奖 2 项,中国公路学会科学技术奖一、二、三等奖各 1 项。发表学术论文 100 余篇,出版学术专著 1 部,参编著作 2 部、教材 3 部(其中 2 部被评为吉林省普通高等学校优秀教材);获计算机软件著作权 8 项,国家发明专利 2 项。

储江伟,男,江苏宜兴人,工学博士,东北林业大学交通学院教授,博士生导师。1982 年毕业于东北林业大学林业机械运用与修理专业,获工学学士学位。1986 年毕业于东北林业大学林业机械设计专业,获工学硕士学位。2000 年毕业于东北林业大学机械设计与理论专业,获工学博士学位。现为东北林业大学交通学院院长、载运工具运用工程博士点学科带头人。主要研究方向为汽车再制造理论与技术、汽车运行品质控制理论与方法,已发表相关论文 100 余篇。目前的学术兼职主要有中国汽车工程学会理事、中国质量协会机动车安全技术检验专业委员会常委、全国汽车标准化委员会汽车回收利用工作组委员、黑龙江省汽车行业协会副会长。

张铜柱,男,山东东营人,工学博士,中国汽车技术研究中心汽车标准化研究所,高级工程师。2006 年毕业于山东理工大学车辆工程专业,获工学学士学位,2008 年毕业于吉林大学载运工具(汽车)运用工程专业,获工学硕士学位。2011 年毕业于吉林大学载运工具(汽车)运用工程专业,获工学博士学位。主要研究方向为汽车再制造理论与技术、汽车回收利用领域的标准化研究工作,主持参与多项汽车回收利用及零部件再制造国家标准制定工作,已发表相关学术论文 20 余篇。

前　言

随着汽车保有量的迅速增长,汽车报废量也随之大幅度增加。一方面,报废汽车中蕴藏着大量的可再生资源,如果不能有效地再生利用,将是资源的极大浪费;另一方面,报废汽车中含有多种重金属、化学液体、塑料等物质,如果对其处理不当将会对环境造成严重污染。因此,报废汽车回收利用问题也引起了社会的广泛关注,其不仅节约自然资源及能源,还可有效地降低环境污染,同时也是促进循环经济健康发展以及实现工业可持续发展的重要保障。

汽车回收利用包括废旧汽车的回收、拆解和再制造等活动。工业发达国家在废旧汽车回收利用方面的工作开展较早,形成了较为完善的管理规范和理论体系。然而,我国的汽车回收利用工作的研究与实践较晚,由于缺乏相关的法律法规的约束和合理的理论指导,造成报废汽车回收率和再生利用率低的现状,其影响了交通安全、造成了环境污染和再生资源的浪费。本书在借鉴国外汽车回收利用工作实践经验基础上,结合我国实际国情,对我国汽车回收利用工作开展进行较系统的阐述和分析,以期改善我国报废汽车回收利用环境,利于我国汽车产业循环经济和节能减排工作的开展。本书共 10 章,主要内容概述如下。

第 1 章是绪论,进行汽车回收利用的规模分析;阐述汽车回收利用的效益,包括经济效益、社会效益和环境效益。

第 2 章介绍国内外汽车回收利用现状;分析国内外汽车回收利用管理体制;总结国内外汽车回收利用的发展趋势。

第 3 章介绍绿色设计的概念、内容、特点和原则;对典型的绿色设计方法进行阐述和分析,如可拆解性设计、可回收性设计、节能设计、轻量化设计和可靠性设计等;选取典型汽车零部件进行其可拆解性设计、可靠性设计和节能设计的实例分析。

第 4 章分析常用的汽车报废量预测方法,如多元线性回归和神经网络等,并在调研相关影响因素数据的基础上进行报废量预测模型的构建,同时对未来几年的汽车报废量的发展趋势进行分析。另外,介绍逆向物流的构成和特点,进行报废汽车回收中心选址和逆向物流资源优化的实例分析。

第 5 章介绍报废汽车拆解厂设计的基本要求和总体平面布置;介绍主要的报

废汽车拆解技术路线并分析各个路线的特点,并根据主要影响因素以及国内企业的经济水平和回收拆解行业的现状,选择合适的拆解技术路线;分析拆解厂设计的主要工艺要求,主要包括汽车回收拆解工艺流程、拆解工艺装备选择与配置、拆解厂生产人员要求和拆解厂环保与安全要求等;进行汽车拆解厂设计的经济效益分析,主要包括投资估算、经济效益预测和项目盈利能力分析。

第 6 章介绍典型的汽车再制造企业运作模式并分析它们的特点;分析发展汽车再制造企业所需要的关键技术并构建汽车零部件再制造技术体系;以典型的汽车零部件再制造企业为例,进行其关键技术评估的分析。

第 7 章对再制造型式进行定义并对其进行分类;对汽车产品再制造模式进行分类并比较它们的特点;以捷达系列发动机为例进行其再制造模式的选择分析。

第 8 章对典型再制造模式下的再制造汽车产品的可靠性模型进行定义;分析再制造系统的可靠性要求,提出再制造系统可靠性分配的四个基本原则,即保证系统可靠性原则、再制造成本最低原则、毛坯件充分利用原则以及保证产品安全性原则;依据可靠性分配原则和零部件的剩余可靠性,提出再制造系统可靠性分配的分配方法。

第 9 章对企业某款再制造车用柴油发动机可靠性试验数据进行分析。对发动机的关键零部件采用先进表面工程技术进行修复后,组装为再制造柴油机,对其按照原型新机的可靠性试验标准进行 1000 小时的可靠性试验,以验证该再制造汽车产品的系统可靠性及关键考核修复件的可靠性能够满足不低于原型新品的要求。另外,对汽车产品再制造 FMEA(失效模式和效果分析)与失效分析及其在再制造中的应用进行简要说明。

第 10 章基于上述理论研究结果,针对我国报废汽车回收利用的现状,提出我国汽车回收利用及再制造产业发展的若干对策建议。

本书的第一作者特别感谢在国际上较早从事可持续制造及其自动化研究工作的学者、国际著名 Petri 网专家、IEEE 院士、AAAS 院士、IFAC 院士、长江学者讲座教授、千人计划特聘教授、美国新泽西理工大学的 M. C. Zhou 教授,在其悉心的指导下作者的学术水平得到很大的提升。同时要感谢吉林大学生物与农业工程学院院长、农业经济与管理和绿色制造决策理论方向的学者杨印生教授;吉林大学交通学院刘玉梅教授;山东理工大学交通与车辆工程学院院长、博士生导师高松教授及山东理工大学交通与车辆工程学院张学义教授、刘瑞军副教授,感谢以上老师对作者多年来的关心、支持、鼓励和帮助。感谢华中科技大学机械科学与工程学院张超勇副教授和刘琼教授提供 4.5.4 节的内容使本书结构得以完善。另外,在近几年的学术研究中,作者与以下一些学者和朋友保持了良好的学术合作和交流,在此表示感谢,主要有同济大学经济管理学院柯华副教授、浙江大学机械工程学院冯毅雄教授、华中科技大学机械科学与工程学院张超勇副教授、西安电子科技大学机电学院胡核算教授、重庆大学绿色制造研究所的李聪波教授、中国矿业大学机电工程学院李中凯副教授、安徽大学电器工程与自动化学院何舒平副教授、中南大学交通运输工程学院彭勇副教授、辽宁石油化工大学计算机与通信工程学院郭希旺博士。感谢本课题组的博士生李洪亮、阮文就(越南籍)以及硕士生刘月、张洪浩、任亚平、周学升等给予的支持和帮助。另外,感谢国家自然科学基金项目(51405075、51575211)、黑龙江省博士后特别(青年英才计划)资助项目(LBH-TZ0501)、中国博士后基金面上资助项目(2013M541329)、黑龙江省博士后基金项目(LBH-Z13005)、中美(NSFC-NSF)环境可持续性合作研究项目(51561125002)以及国家自然科学基金委创新研究群体科学基金项目(51421062)的支持。

　　在本书撰写过程中,作者参考了有关的文献和资料,在此一并向原作者表示感谢。由于作者水平有限,书中难免存在疏漏之处,敬请广大读者批评指正。

田广东

2015 年 12 月 10 日

目　　录

第1章 绪　　论

1.1　汽车回收利用的规模分析

1.1.1　汽车报废量统计

欧盟8个国家1988年和1993~1998年汽车报废数量统计结果如表1-1所示。从表1-1可知,所列8个国家1994~1998年五年内的报废汽车总数的平均值为982.66万辆,比1988年的846.8万辆多了约136万辆。德国平均每年报废汽车313.58万辆,美国汽车保有量大约为2.4亿辆,每年报废汽车1000万~1200万辆。

表1-1　欧洲8个国家1988年和1993~1998年报废汽车数量统计结果

单位:万辆

年份	德国	英国	法国	意大利	荷兰	比利时	西班牙	瑞典	合计
1988	203.75	152.43	215.86	120.68	37.91	33.54	58.33	24.30	846.80
1993	166.16	170.37	178.12	157.29	33.11	33.36	48.90	15.63	802.89
1994	236.64	169.94	183.39	173.48	35.06	33.48	70.14	13.67	942.80
1995	289.12	167.45	188.83	119.28	79.14	31.98	42.26	14.36	932.40
1996	314.01	165.90	194.36	154.55	51.85	35.87	44.34	17.30	978.19
1997	345.79	160.43	153.42	207.71	39.95	36.52	55.27	19.31	1018.40
1998	355.36	177.10	150.16	195.97	52.35	40.46	52.18	17.91	1041.50
后五年平均	313.58	168.16	174.03	170.20	51.67	35.66	52.84	16.51	982.66

注:报废汽车数量是按当年出售数量加上上年末的保有量减去当年末保有量推算出来的。

日本近年来的废旧汽车量逐年增加,每年报废的车辆超过500万辆。日本1995~2004年汽车报废汽量的统计结果如表1-2所示。

表 1-2　日本 1995～2004 年报废汽车数量统计结果　　　　单位:万辆

年份	1995	1996	1997	1998	1999	2000	2001	2002	2003	2004
保有量	6685.4	6880.1	7000.3	7081.5	7172.3	7264.9	7340.7	7398.9	7421.4	7465.5
注册量	686.51	707.78	672.51	587.94	586.12	596.30	590.64	579.21	582.81	585.33
报废量	502.30	512.99	552.31	506.82	495.30	503.67	514.78	521.05	560.31	541.22

注:①报废汽车数量=上年末保有数量+当年新注册申报数量－当年末保有数量;②不含摩托车及三轮机动车;③报废汽车数量中还包括二手车市场商品库存增加部分、出口二手车、作为私人用品携带出境的二手车等;④数据来自日本汽车工业协会(JAMA)。

　　我国汽车的保有基数小,因此报废汽车的数量与国外相比也较少。但是,进入21 世纪以后,我国汽车需求量和保有量出现了速猛增长的趋势。据公安部交管局统计,截止到 2010 年 9 月底,我国机动车保有量达 1.99 亿辆,其中汽车 8500 多万辆。近年来,每年新增机动车 2000 多万辆。所统计的 8500 万辆汽车中,还包括大约 1500 万辆低速货车。所以我国汽车保有量实际上只有 7000 万辆,低于日本的7500 万辆汽车保有量,相当于美国 2.85 亿辆汽车保有量的四分之一。从全世界范围来看,千人汽车保有量为 120 辆。而我国目前千人汽车保有量只有 54 辆,不到世界平均水平的一半。

　　我国作为新兴汽车大国,2010 年已经成为世界最大的汽车生产国和第一大新车市场,汽车保有量也迅速增加。截止到 2012 年 7 月,全国机动车保有量达 2.33亿辆。其中,汽车 1.14 亿辆,摩托车 1.03 亿辆;全国 8 个省的机动车保有量超过1000 万辆,其中山东省和广东省机动车保有量超过 2000 万辆,汽车保有量占机动车总量的 48.87%。根据对发达国家汽车保有量与报废量的统计分析,发达国家一般以汽车保有量的 5%～10%计算当年的汽车报废量。由于我国目前正处于汽车消费的增长期,保有量不断增加,而汽车报废量还较少。因此,汽车报废量估算标准应低于发达国家,可以按汽车保有量的 4%～6%估算当年报废的汽车数量。表 1-3 是根据文献查询获得的中国汽车报废量数据。

表 1-3　中国报废汽车数量统计结果

年份	生产量/万辆	销售量/万辆	汽车保有量/万辆	城镇居民收入/元	汽车报废量/万辆
2000	206.82	207.84	1608.94	6280	55
2001	234.15	237.11	1802.04	6859.6	64
2002	325.12	325.05	2053.2	7702.8	71
2003	444.37	439.08	2382.93	8472.2	85

续表

年份	生产量/万辆	销售量/万辆	汽车保有量/万辆	城镇居民收入/元	汽车报废量/万辆
2004	507.05	507.11	2693.71	9421.6	93
2005	570.77	575.82	3160	10493	109
2006	727.97	721.6	4985	11759	145
2007	888.24	879.15	5099.61	13786	175
2008	934.51	938.05	5696.78	15781	220
2009	1379.1	1364.48	6539	17175	270
2010	1826.47	1806.19	7185.7	19109	290
2011	1841.89	1850.51	10578	23979	410
2012	1927.18	1930.64	11400	24565	440

1.1.2　报废汽车再生资源含量

在美国,报废汽车破碎后可分为三大部分:黑色金属、有色金属及汽车破碎残渣。破碎 1200 万辆汽车可回收 1140 万吨黑色金属,80 万吨有色金属,390 万吨残渣。

在意大利,每年从报废汽车中回收的有用材料达 130 万吨。其中:钢材 78 万吨,生铁 15 万吨,橡胶 8 万吨,油漆 7 万吨,玻璃 6 万吨,铝合金 3.4 万吨,铜和铅 4.5 万吨,塑料 14 万吨。

在我国,1982～2000 年共计报废汽车 442.1 万辆,回收了 1061.1 万吨废钢铁和 19.9 万吨有色金属。报废汽车中蕴藏着大量的可循环利用资源,以我国一汽生产的中、轻型载货汽车和轿车的构成材料为例,其钢材、有色金属、铸铁铸钢和非金属材料质量,如表 1-4 所示。

表 1-4　我国典型中、轻型载货汽车和轿车构成材料质量

车辆型号	主要材料质量/kg				
	整备质量	钢材	铸铁	有色金属	非金属及其他材料
CA7220	1476	1011.40	50.60	48.60	365.40
CA1046	1790	1118.00	242.50	41.30	388.20
CA1091	4310	2657.00	1159.00	49.60	444.10

1978 年以后美国汽车制造中使用的金属和塑料材料比例的变化,如表 1-5 所示。2004 Toyota Prius 轿车的材料构成与质量数据,如表 1-6 所示。

表 1-5　1978 年以后美国汽车制造中使用的金属和塑料材料的比例的变化　　单位:%

材料类型	1978 年型	1995 年型	2001 年型	2020 年概念型
金属	79.30	73.29	75.10	75.00
塑料	5.00	9.33	7.60	15.00
其他	15.70	17.38	17.30	10.00

表 1-6　2004 Toyota Prius 的材料构成与质量

材料	黑色金属	有色金属	塑料	橡胶	无机材料	有机材料	其他	合计
质量/kg	770.85	228.15	153.45	29.15	34.65	18.90	27.9	1273.05
比例/%	60.6	17.9	12.1	3.1	2.7	1.5	2.2	100

美国 1995 年生产的平均质量为 1532kg 的轿车所用各种材料的比例为:金属材料 1123kg,占 73.29%;塑料 143kg,占 9.33%;液体 74kg,占 4.83%;其他材料 192kg,占 12.53%。汽车内饰质量大约占车重的 15%,地毯大约重 13kg。

1.2　汽车回收利用的效益分析

我国是一个人口众多、资源相对贫乏和生态环境脆弱的发展中国家。建设节约型社会,以尽可能少的资源消耗满足人们日益增长的物质和文化需求,以尽可能小的经济成本保护好生态环境,实现经济社会的可持续发展,已成为国家重要的战略发展取向。建设节约型社会,必须实现低耗的生产方式。传统的生产方式侧重于产品本身的属性和市场目标,把生产和消费造成的资源枯竭和环境污染等问题留待以后"末端治理"。从可持续发展的高度审视产品的整个生命周期,在汽车开发之前就预先评估新车型所使用的材料组合或零部件的可循环利用性。这种理念也许不会在销售新车时带来直接的经济效益,但却能在未来获得环境效益。报废汽车回收利用是节约自然资源、实现环境保护、保证资源合理利用的重要途径,是我国经济可持续发展的重要措施之一。报废汽车的回收利用是涉及面很广的系统工程,既需要政府通过完善的法规加强宏观调控,又需要市场合理配置资源。对于当今的汽车工业,汽车回收利用已成为一个必然面对的问题。

1.2.1 社会效益

再生资源的循环利用不仅可以节约自然资源和遏制废弃物的泛滥,而且与利用矿物原料进行加工制造产品相比,还可减少能源消耗和污染物排放。汽车生产和使用需要耗用多种材料和能源,这些资源中大多数是不可再生资源。例如,有色金属需要开采矿产获得,而这些矿产资源需要亿万年才能生成。若能够合理回收,可以最大限度地利用这些资源,实现资源利用的良性循环。据统计,从一辆报废的轿车中,可以回收废旧钢铁近 1000kg,有色金属近 50kg;对一辆中型载货汽车可以回收废旧钢铁近 3800kg,有色金属近 50kg。同时,由于部分回收的汽车零部件经修复处理后再次进入市场,降低了汽车用户的使用成本。

有关资料显示,美国通过立法推动废旧汽车和轮胎的回收利用,取得了明显的社会效益。早在 1991 年,美国就出台了关于回收利用废旧轮胎的法律。从 1994 年起,凡是国家资助铺设的沥青公路,必须含有 5% 旧轮胎橡胶颗粒。由于旧轮胎含有抗氧化剂,可以减缓沥青铺路材料的老化,使路面更有弹性并延长公路使用寿命。

1.2.2 经济效益

实践证实,废旧汽车上的钢铁、有色材料零部件 90% 以上可以回收利用,玻璃、塑料等的回收利用率也可达 50% 以上。汽车上的一些贵重材料,回收利用的价值更高。统计表明,在 50 万辆梅赛德斯-奔驰轿车的催化转换器中含有 2t 铂,这些铂和转换器中使用的约 0.5t 铑至少值 1 亿马克。

根据美国专门从事汽车再制造工程最大的 Lucas 和 Jasper 公司一项调查,美国 5 万家再制造商的产值已达 360 亿美元。2005 年的从业人员已超过 100 万人,年销售额超过 1000 亿美元。德国的汽车再制造工程产业也已经达到相当高的水平,至少 90% 零部件可以得到重用或合理处理。宝马公司已建立起一套完善的回收品经营连锁店的全国性网络,汽车回收经济效益很好。例如,用过的发动机,经改造后,仅是新发动机成本的 50%~80%,发动机在改造程序中,94% 被修复,5.5% 被熔化再生,只有 0.5% 被填埋处理。

1.2.3 环境效益

美国是世界汽车消费大国,其汽车消费所产生的“垃圾”也十分“可观”。美国每年因老旧或交通事故而报废的车辆超过 1000 万辆。以往废旧汽车都被一扔了事,人为地造成了巨大的环境污染,这同汽车尾气带来的大气环境恶化一样成为社会公害。随着废旧汽车对环境危害的不断加剧,美国从 20 世纪后期开始重视废旧汽车的回收利用,目前已成为世界上汽车回收卓有成效的国家之一。如果美国汽车回收业的成果能被充分利用,汽车对大气制造的污染将比目前降低 85%,而水污染将比目前减少 76%;由于汽车回收业的存在和发展,减少了公路两旁废弃车辆的停放和堆积,消除了固体废物产生的不良影响。

1.3　本书的研究框架

以整体和部分相统一的方法开展报废汽车回收利用的相关问题分析,其可分为现状调研、理论分析和对策建议三个阶段,其具体技术路线图,如图 1-1 所示。

本书的主要内容包括以下几个方面。

(1)国内外汽车回收利用现状分析。介绍了国内外汽车回收利用现状;分析了国内外汽车回收利用管理体制;总结了国内外汽车回收利用的发展趋势。

(2)汽车绿色设计理论与实践。介绍了绿色设计的概念、内容、特点和原则;对典型的绿色设计方法进行了阐述和分析,如可拆解性设计、可回收性设计、节能设计、轻量化设计和可靠性设计等;选取典型汽车零部件进行了其可拆解性设计、可靠性设计、节能设计及其轻量化设计的实例分析。

(3)汽车报废量预测及逆向物流网络构建。介绍了常用的汽车报废量预测方法,如多元线性回归和神经网络等,并在调研相关影响因素数据的基础上进行了报废量预测模型的构建,同时对未来几年的汽车报废量的发展趋势进行了分析。另外,介绍了逆向物流的构成和特点,进行了报废汽车回收中心选址和逆向物流资源优化的实例分析。

(4)报废汽车拆解厂设计及经济性分析。介绍了报废汽车拆解厂设计的基本要求和总体平面布置;介绍了主要的报废汽车拆解技术路线,分析各个路线的特点,并根据主要影响因素以及国内企业的经济水平和回收拆解行业的现状,选择合适的拆解技术路线;分析了拆解厂设计的主要工艺要求,主要包括汽车回收拆解工艺流程、拆解工艺装备选择与配置、拆解厂生产人员要求和拆解厂环保与安全要求等;进行了汽车拆解厂设计的经济效益分析,主要包括投资估算、经济效益预测和项目盈利能力分析。

(5)汽车零部件再制造技术体系构建及其关键技术。介绍典型的汽车再制造企业运作模式并分析了它们的特点;分析了发展汽车再制造企业所需要的关键技

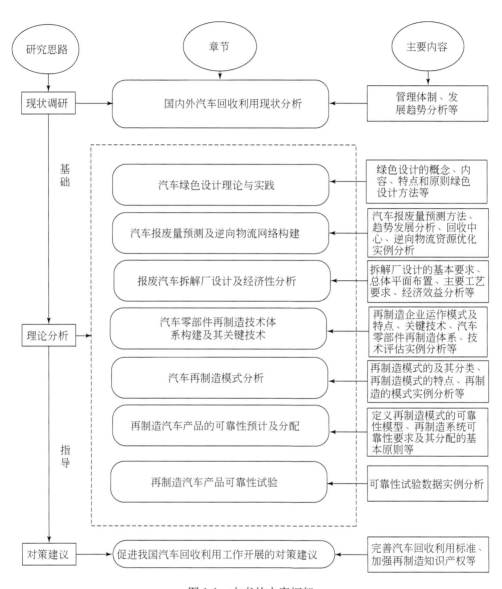

图 1-1 本书的内容框架

术并构建了汽车零部件再制造技术体系;以典型的汽车零部件再制造企业为例进行了其技术评估的实例分析。

(6)汽车再制造模式分析。对再制造模式进行了定义并对其进行了分类;对汽车产品再制造模式进行了分类并比较了它们的特点;以捷达系列发动机为例进行了其再制造模式的选择分析。

(7)再制造汽车产品的可靠性预计及分配。对典型再制造模式下的再制造汽车产品的可靠性模型进行了定义;分析了再制造系统的可靠性要求,提出了再制造系统可靠性分配的四个基本原则,即保证系统可靠性原则、再制造成本最低原则、毛坯件充分利用原则以及保证产品安全性原则;依据可靠性分配原则和零部件的剩余可靠性,提出了再制造系统可靠性分配的分配方法。

(8)再制造汽车产品可靠性试验。对企业某款再制造车用柴油发动机可靠性试验数据进行分析。对发动机的关键零部件采用先进表面工程技术进行修复后,组装为再制造柴油机,对其按照原型新机的可靠性试验标准进行 1000 小时的可靠性试验,以验证该再制造汽车产品的系统可靠性及关键考核修复件的可靠性能够满足不低于原型新机的要求。另外,对汽车产品再制造 FMEA(失效模式和效果分析)和失效分析及其在再制造中的应用进行了简要说明。

(9)促进我国汽车回收利用工作开展的对策建议。基于上述理论研究结果,针对我国报废汽车回收利用的现状,提出了我国汽车回收利用及再制造产业发展的若干对策建议。

第2章 国内外汽车回收利用现状分析

2.1 国内外汽车回收利用现状

2.1.1 国外汽车回收利用现状

汽车再生资源利用包括废旧汽车的回收、拆解、再利用(再使用和再制造)和回收利用(产品设计与资源再生)等活动。发达国家在废旧汽车资源化方面工作开展较早,其主要特点是:管理方式法制化、回收措施系统化、回收处理责任化、处理形式产业化、资源回收最大化和处理技术高新化等。

1. 美国

美国汽车报废量居世界首位,因此每年需进行回收处理的数量也最大。美国回收处理报废汽车的方式是采用破碎机将废旧汽车破碎成块状,再通过磁选机和气流分选机进行不同材料的分离。汽车破碎后分为三部分:黑色金属碎片、有色金属碎片及破碎汽车残渣。破碎 1200 万辆汽车可回收 1140 万吨黑色金属、80 万吨有色金属、390 万吨残渣。美国废旧汽车回收业已经成为一个年获利 10 亿美元的新产业,报废汽车零部件回收率达 80% 以上。在进行汽车设计时,就要考虑回收利用和可拆解性。因此,报废汽车回收拆解业已成为汽车工业的一部分。

早在 1991 年,美国就出台了关于回收利用废旧轮胎的法律。根据美国有关法律,汽车零部件只要没有达到彻底报废的年限,不影响正常使用,就可以再利用。经过多年的摸索,特别是采用了先进的回收技术和设备,美国已经能把占每辆汽车质量 80% 的零部件材料都回收并重新利用。

目前,美国大约有 1.15 万家汽车零部件回收商,汽车回收业每年向美国钢铁冶金行业提供的废钢铁占冶金业回收量的 1/3 还多。美国的再制造活动已在包括汽车、冰箱压缩机、电子仪器、机械制造、办公用具、轮胎、墨盒、工业阀门等领域开展。美国汽车工程师协会(SAE)还对诸如起动机、离合器、转向器、水泵和制动主缸等一些具体零部件的再制造制定了行业标准。

在美国汽车研究理事会(USCAR)的支持下,通用、福特、戴姆勒-克莱斯勒三大汽车公司与美国能源部及阿贡国家实验室签订了一项价值数百万美元的名为"合作研究与开发"的协议(CRADA)。这项为期五年协议的主要内容是,在最大限度上节约成本,对报废汽车进行再回收。美国塑料理事会也参与了该项目的研究工作。阿贡实验室、美国塑料理事会和 USCAR 三方研究计划的重点是,在现有的回收框架内对汽车材料进行回收的开发和认证。目前,在芝加哥的阿贡实验室中,已经有台新型回收设备开始用于 CRADA 研究,它能够将四类报废的汽车垃圾进行两个阶段的分解回收:精细物(铁氧化物、其他氧化物、玻璃和污垢)、聚亚胺酯泡沫材料、聚合物(聚丙烯、聚乙烯、丙烯脂-丁二稀-苯乙烯(ABS)、尼龙、聚氯乙烯(PVC)和聚酯等)、含铁和无铁材料。

美国的三大汽车公司还在密歇根州的海兰帕特建立了汽车回收研发中心。这里的工作人员由各个汽车公司选派,其工作就是研究如何更快、更有利地进行拆车,以提高拆解效率。因此,美国已形成了年获利可达数十亿美元的废旧汽车回收行业,已经能够做到将一辆旧车 80% 的零部件材料加以回收和利用。1998 年,北美五大湖废旧物品循环利用研究学会(Great Lakes Institute for Recycling Markets)完成的废旧汽车回收示范项目,包括生产工艺示范,装备示范,仓储物流示范,零部件再利用、再制造等方面的示范内容,所有过程的信息通过计算机管理,并专门为拆解厂提供了业务流程管理软件。

福特公司在汽车回收方面一直走在同行的前列。20 世纪末,该公司的前任总裁纳赛尔瞄准了既能减少废车垃圾又能获得丰厚利润的旧车回收业务,收购了美国佛罗里达州最大的汽车回收中心——科佛兄弟汽车零件公司,然后又悄然购并了欧洲最大的汽车修理连锁公司——克维格·费特公司,成为欧美车坛举足轻重的旧车回收"排头兵"。此后,福特公司又一举将美国各地的 1 万余家汽车回收店纳入自己的势力范围。利用福特制造技术加工二手车零配件,并将有关资料输入计算机网络,供所有修理商上网查询;利用福特公司的销售运输体系,及时供应二手车零部件,从而组成一个无孔不入的汽车回收利用网络。尽管纳赛尔关于在五年内建成全球最大废旧汽车回收中心的目标随着他的离职不再能够实现,但他提出的"一切为用户着想,一切为环保着想"的口号代表了当今汽车制造商的环保理念。

2. 日本

20 世纪 80~90 年代,由后工业化或消费型社会产生的大量废弃物逐渐成为环境保护和可持续发展必须解决的主要问题。因此,日本政府从 20 世纪 90 年代开始就加强对废弃物的管理和循环利用,由此也推动了以再生资源利用为特征的"静脉产业"的兴起与发展。

日本报废汽车的回收最初以回收钢铁资源为主要目的,采取了将可利用的金属及其他零部件从报废汽车中拆除并进行循环利用的方法。目前,日本的汽车回收利用率已达到 75%~80%,其中 20%~30% 可使用的零部件被再利用,50%~55% 作为原材料进入再循环阶段。废旧汽车再生利用主要是通过废旧汽车回收、拆解和金属切片加工(废钢铁破碎及分选)"三段式"来实现。

(1)丰田汽车公司。为了提高废旧汽车循环再生利用率(the recycle/recovery rate of end-of-life vehicles),丰田汽车公司采取了许多具体措施而且取得了很大的进步。2001 年,丰田汽车公司为了在此基础进一步提高先进再生技术的水平,成立了汽车再循环技术中心(Automobile Recycle Technical Center),其主要任务和作用如图 2-1 所示。汽车再生技术中心与其他部门的关系如图 2-2 所示。

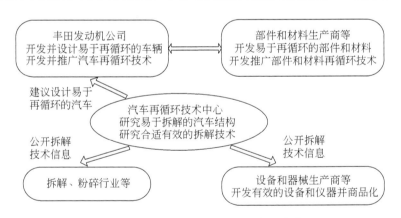

图 2-1　丰田汽车再循环技术中心任务与作用

丰田汽车公司汽车再循环技术中心以尽早实现再生利用 2015 年应达到 95% 的目标而不断努力,并加快了在汽车可拆解结构和适用有效拆解方法等方面的研究步伐。这些涉及各个方面的技术已经应用到公司的相关设计部门,而且拆解信息也被提供给拆解公司,以提高再生利用率。在汽车从设计制造到报废为止的整个寿命周期内,必须考虑循环再生利用问题。丰田公司利用现有的技术,在产品开发、制造、使用和报废处理过程中,尽可能使废弃物减至最少,使有限的资源得到有效的利用。

自 1990 年 10 月丰田公司成立再生委员会以来,一直重视从产品研发到报废

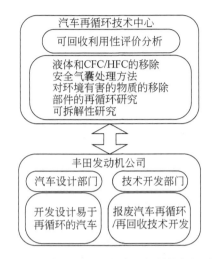

图 2-2　汽车再循环技术中心与其他部门关系

处理的全寿命周期过程的可再生汽车（easy-to-recycle automobiles）的研发，充分利用现有资源。在研发阶段就研究可再生材料，设计可拆解结构；在制造过程中，研发和应用各种可循环技术。在使用阶段，为销售商建立了一个可再用部件信息系统，促进拆解汽车可用零部件的循环利用；在报废阶段，研究有效的汽车拆解技术，提高报废汽车残余物（automobile shredder residue，ASR）的利用率。重视汽车全寿命周期循环再生利用活动信息对研发过程的反馈，以确保可利用资源的有效利用，如图 2-3 所示。

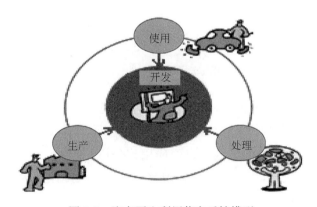

图 2-3　汽车再生利用信息反馈模型

到目前为止，丰田汽车公司已经使按质量计达到 81％～83％的报废汽车金属得到了回收利用。然而，占质量 17％～19％的树脂和橡胶仍然被废弃。报废汽车残余物中包含的材料成分比例如图 2-4 所示。

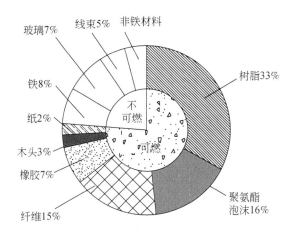

图 2-4　ASR 中材料成分比例

　　丰田汽车公司研制的再生型汽车 Raum 牌轿车,其制造材料具有明显的特点。一种称为丰田生态塑料(Toyota eco-plastic)的材料来自于植物,如甘蔗和玉米。由于作物不仅在生长过程中吸收二氧化碳,而且还减少了传统塑料所需石油资源的消耗。聚交酯酸改进剂和复合物是丰田生态塑料研发基础,这种新的材料被用于汽车零件的制造,如 Raum 轿车的备用轮胎盖、地板垫。

　　丰田汽车公司还注意限制含铅材料的用量,以减少剩余物中铅对环境的危害。到 2005 年,日本整个汽车工业生产的新年型汽车铅的用量已经降到 1996 年用量的 1/3。而丰田汽车公司已有三个车型的铅用量降低到 1996 年的 1/10。丰田汽车铅用量的变化如图 2-5 所示。同时,还改进了安全气囊的处理方法。

　　丰田汽车公司依据日本《汽车回收再生法》公布了 2005 年度(2005 年 4 月～2006 年 3 月)在汽车粉碎残渣 ASR、气囊类和氟利昂类这三种特定的资源回收、再利用方面的结果。《汽车回收再生法》要求汽车生产厂家有义务承担上述三种特定零部件的回收及合理再利用工作。丰田汽车公司在日本全国范围内对 ASR 委托相关回收公司,气囊类以及氟利昂类零件委托行业共同设立的财团法人——汽车资源再利用合作机构,进行了合理有效的回收、再利用。

　　2005 年度,丰田汽车公司实现 81 万台 ASR 的回收,总质量为 16 万吨,其中 9万吨实现了再生;ASR 再生率为 57%,同比(2005 年 1～3 月)提高了 7%,高出了日本为 2010 年度制定的 50% 的法定标准。这是通过对 ASR 再生设备的重点投入以及扩大再生率的全部再生方式(不对分解后的汽车进行粉碎处理,直接将其作为

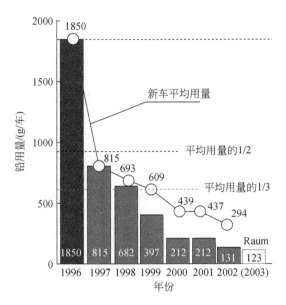

图 2-5　丰田汽车铅用量变化

钢铁等原材料全部投入电炉或转炉进行再生处理的一种方法)来实现的。如果换算成车辆回收再生的实效率,回收再生率为 93%,确保超过了 85% 的法定标准。同时,也对氟利昂类零件进行了合理的处理。

　　早在 20 世纪 90 年代,丰田汽车公司就开发了汽车的树脂、纤维材料再利用技术,并将高性能的再生隔音材料 RSPP(recycled sound-proofing products,用 ASR 中包含的氨甲酸酯和纤维再生的隔音材料)进行了产业化。1996 年起,丰田汽车公司在日本国产车内使用 RSPP 材料,并逐步扩大到多种车辆类型(已有 19 种车型)。在 2005 年度,使用该种材料的车辆达到 1000 万辆。此外,丰田汽车公司致力于推动汽车回收再生效率的提高和加强再生技术的开发,争取通过更大努力早日达到可再生率 95% 的目标。

　　(2)本田汽车公司。对汽车产品进行可再生研发的代表性活动如表 2-1 所示。在研发阶段,本田公司就严格遵守减量化、再使用和再循环的原则。使用环境友好型材料和结构,用最少的材料满足功能要求。减量化就是要求零部件的小型化、轻量化、长寿命和可维修。再使用就是使原来是报废的零部件成为可拆解和长寿命的可再使用部件,减少废弃量。再循环就是使原来报废的材料再一次作为材料使用,它要求材料可再生、对环境影响小和尽可能利用再生材料。

表 2-1　本田汽车公司对汽车产品进行可再生研发的代表性活动

年份	1983	1992~1994	1996	1997	1998	1999	2001
研发内容	全部采用聚丙烯（PP）塑料保险杠	大于 100g 的零件都标注上材料成分，以便回收时分类处理	设计易拆解保险杠结构	石蜡基塑脂材料制造仪表台	进行集成模块化设计,使报废汽车的安全气囊的安装与拆解高效	大于 50g 的零件都标注上材料成分，以便回收时分类处理	基于 3R 理念，选择制造材料和设计产品结构
评价技术		建立摩托车循环再生性评价系统	建立汽车循环再生性评价系统				基于 3R 理念,改进评价系统

（3）日产公司汽车。对汽车产品可再生研发代表性活动如表 2-2 所示。日产公司将从报废汽车上拆解下来的可再使用部件称为"尼桑绿色部件"（Nissan green parts）,其标识如图 2-6 所示。从报废汽车上拆解下来的可再用部件,用"尼桑绿色部件"的名义出售。这种部件既可以再使用,也可以再制造。再使用部件是只经清洗并检测合格后就可以使用的零件,而再制造部件是经拆解、清洗、检测、更换或修复处理后可以使用的部件。

表 2-2　日产公司汽车产品可再生研发代表性活动

年份	1995	1996	1997	1998	1999	2000	2001	2002	2003	2004	2005
可循环再生性	到 1998 年，Sunny 牌轿车的可循环再生率超过了 90%				到 2002 年，March 牌轿车的可循环再生率超过了 95%				到 2004 年，全部 Lafesta 牌轿车的可循环再生率超过了 95%		
环境影响	到 1998 年,铅的用量不到 1996 年的 1/3				到 2003 年铅的用量是 1996 年的 1/10；为欧洲市场生产的品牌符合欧盟标准				到 2005 年 Cube 最先达到 MHLW 标准		
材料再生	到 1997 年，塑料的种类由 36 种减少到了 6 种			使用 PET 地毯		Hypermini 部分部件可循环		使用同种材料制造仪表台、门窗装饰条			
可拆解性	一体化安全气囊系统			上下可分式仪表台结构;保险杠的固定点数减少；后灯的组合式结构							

图 2-6　尼桑绿色部件标识

1998～1999 年,尼桑绿色部件的销售额为 200 万日元;到 2002 年,其销售额达到了 10 亿日元;2005 年增加到 21 亿日元。日产公司在日本的 7 个地区建立了 31 个销售店。可再使用的部件有 31 种,包括大灯、组合式尾灯、车门、挡泥板、发动机罩、仪表、起动机、雨刷电机、传动轴、动力转向总成、连接件和后视镜等,如图 2-7 所示。可再制造部件有 11 种,包括发动机、自动变速器、液力偶合器、电子控制模块、制动蹄、动力转向泵、无级变速器、发电机和起动机等。

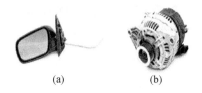

(a)　　　　　　　(b)

图 2-7　典型可再使用部件

(a)后视镜;(b)交流发电机

日产公司积极促进塑料保险杠的回收和循环利用,主要采取作为维修配件和生产新零件的原料两种方法。这些做法在 1992 年就开始实施,到 2005 年回收的汽车保险杠的数量达到 273000 个。

1998 年,日产汽车公司创刊发行了《绿色循环通讯》,为相关人员及时提供环境影响报告和基于《汽车再生循环法》要求的各种数据。

3. 欧盟

(1)德国。德国是一个汽车生产和消费的大国。为了避免使报废汽车成为环境的污染源,自 2002 年 7 月 1 日起德国实施《旧车回收法》。该法规定:汽车制造商或进口商有免费回收旧车的义务,并须将车体以环保的方式回收、再利用。自 2006 年起,汽车材料、零件的回收必须达到 85% 的回收率以及 80% 的再利用率。2015 年起,则分别提高到 95% 和 85%。根据这个法律,自 2003 年 7 月开始,德国汽车生产商已不能使用含有重金属的材料,如镉、汞、铅和六价铬等,以防范更严重的环境污染。

德国拥有 200 多家废旧汽车回收企业,汽车回收率已达 96%。德国政府的要求是,2001 年以后服役的汽车回收率要达到 100%,并将其列入国家环保计划。实际上,德国汽车业从 20 世纪 90 年代初就开始逐年增加在汽车回收和再生方面的投资。1991 年以来,德国的三家主要汽车生产商用于建设专门的拆卸流水线上的投资就达 12 亿马克,年均增幅达 20%,远高于其他国家。从 1992 年开始,奔驰公司按照技术标准回收和利用汽车上的旧零件。

在城市中开设专门的汽车零部件收购商店,是德国汽车业对环保所作贡献的一项有效措施。宝马公司通过收购店在三年内收集的废旧零部件多达 1000 多种。这些零部件被送往专门的拆卸工厂,有不少材料可用于生产新的产品。例如,对于回收的旧塑料保险杠,经碾碎后可重新塑造,其生产成本比采用原塑料制造低15%。德国政府鼓励业主开设旧汽车回收企业,国家在信贷、税收上予以照顾。不过,德国昂贵的劳动力使汽车回收业难以获得利润,对此汽车生产商都给予补贴。例如,奔驰公司曾三年内就在这方面的资助达 1400 万马克。该公司认为借此树立"绿色"形象,其宣传效果不亚于花巨资做广告。

德国有 4000 多家拆解企业。在废旧汽车拆解厂的拆解线上,汽车以逆向装配过程被分解。发动机、车架、塑料、导线和稀有金属等被分门别类堆放在一起。完好的部件被送到汽车修理厂作为备件使用,其余的作为回收材料进行再生处理。在德国报废汽车标准中,对旧车的处理、零件的再利用及对环境的影响等都有明确的规定。德国报废汽车无论拆解还是零件的回收利用,都采用了较为先进的装备;报废汽车中废液的排除与收集,废旧橡胶的回收和再生利用等基本做到不污染环境。德国奔驰汽车公司的金属材料回收率已达 95%。德国政府采取相关政策,促进增加投资,发展废旧汽车回收业。报废的汽车既能产生巨大收益,同时又减轻对环境的污染和破坏,可谓一举两得。

著名的大众、宝马和奔驰汽车制造公司都已建立了汽车拆解试验中心。

宝马汽车公司 1990 年就在慕尼黑的郊外成立了研发中心,专门进行汽车以及摩托车回收的研究和技术开发。该中心是宝马汽车公司汽车的回收地,并且被认为是汽车工业唯一的由制造商运行的回收和拆解中心。回收中心有一项最重要的工作就是研究拆解方法、开发拆解设备、进行相关人员的培训,并与设计和工程部门合作,以保证其研究成果可以在新型号汽车的设计中得到有效的推广应用。汽车回收拆解试验中心将废旧汽车分类处理,以便确定最佳拆解步骤。经过多年的探索,该中心已经成为宝马汽车公司的独立研发组织,同时也是一家获得了资格认证的废物处理机构。其所确定的拆解原则是以简单、高效的方法和最低的成本使可再利用材料得到回收。整个拆解过程都进行详细记录,以便为新一代宝马汽车的生产设计提供数据,使之更易于拆解。例如,宝马3系列汽车前灯的回收是所取得的一系列成功案例中的一个。尽管3系列汽车由无数独立的部件和材料组成,但拆解过程却很短。目前,最新的7系列汽车挡泥板的设计充分考虑了汽车报废时拆解的简易性要求。此外,对发动机的回收也很成功。发动机拆卸下来后被送到位于 Landshut 的工厂,在那里,每年可翻新15000台发动机,并以新发动机一半的成本达到新发动机的质量。不仅如此,该中心还出售回收后的方向盘、轮胎、后门、天窗式车顶组件、后视镜和车灯组件。其中,利润最大的回收部件是催化转化器,因为这一部件中所含有的所有贵金属都可以得到再利用。

在研究新型汽车回收的同时,研究人员还将眼光投向了未来的汽车。目前,试验室人员已经开始研究氢气汽车的最佳拆解和回收方法了。根据多年的研究,宝马汽车公司的设计人员已经认识到,若想简化回收过程,就需要在汽车开发之前预先开发专用工具用来评估新车型所使用的材料组合或零部件的可循环利用性,然后将得到的信息传递发布出去。

大众汽车中试基地培训了一批车辆循环利用专家。拆解工作的第一步是移去发动机,把齿轮油、制动夜和制冷剂等废液送到废物处理场。然后再将塑料和金属零件分开。诸如发动机和变速器之类的总成从车上拆下,以便重新组装。若损坏不能工作,则送至破碎机。蓄电池也被拆除,以供再生利用。

(2)英国。英国的废旧汽车回收法规着重于环境保护。英国每年产生各种垃圾4亿吨,绝大部分经焚烧提取热能,其余部分进行填埋处理。目前,报废汽车拆解业每年产生的废弃物填埋量约占全部垃圾填埋量的0.25%。拆解厂大多采用较为先进的装备,报废汽车中各种残留油、液、废旧轮胎等,都能做到不污染环境,同时使可再生物质得到最大的回收利用。

英国在将废旧轮胎用于电厂发电方面效果显著。目前,英国有至少5座电厂利用废旧轮胎为燃料。1995年,英国第一家轮胎燃烧动力发电站,被称为英国最干净的发电站。该电站不排污,每年可以处理英国23%的废轮胎,并且在成本上可与常规燃料竞争。

英国现有拆解企业3000多个,绝大多数是3~4个职工的小企业,年拆解量有限,能拆解1万辆以上的企业很少。

(3)法国。法国每年有近200万辆废旧汽车,为此标致-雪铁龙集团联合法国废钢铁公司等建立了汽车分解厂,雷诺汽车公司同法国废钢铁公司建立了报废汽车回收中心。几年前,法国的废旧汽车被压碎后只有 70% 的钢铁和 6% 的其余金属材料可以回收利用,现在已有近 75% 的零部件得到回收利用。法国的目标是在 2006 年将汽车回收利用率提高到 85%,并在此基础上进一步达到 95%。另外,废旧汽车被压碎后,平均每辆车可产生 200~300kg 的残渣垃圾,不仅污染环境而且浪费资源。因此,法国决定今后在设计汽车新产品时,必须考虑到报废后的回收利用。法国废旧汽车有一套完善的回收报废制度,首先是建立了完整的废旧汽车回收体系。这项工作基本上是受省级政府的控制,采取审批制。凡是开展此项业务的企业都必须向省级政府提出申请,经省长批准后才能开展业务。政府没有任何优惠政策,完全按照市场化运作。

在法国,经营废旧汽车回收拆解的公司被称为废旧汽车转运公司,任何人均可提出创建这种汽车回收企业的申请。政府在区域、数量等方面没有限制,只是对此行业实行宏观控制,制定汽车报废制度,从制度上杜绝非法行为。政府通过对废旧汽车转运企业实行论证,从而规范市场。论证中心是一个经法国环境能源署认可的中介机构,负责制定论证程序、标准等。但论证采取自愿的原则,非强制性认证。经过认证的企业,市场的信誉度高,废旧汽车的回收数量大。此外,法国政府还对废旧汽车转运业务进行控制监管。现在法国有 3000 多家从事废旧汽车转运业务的企业,但经省一级单位批准的只占 1000 家,不足 1/3。这说明政府在此方面控制得并不严格,完全是通过市场来调节的。在法国一般转运企业分大、中、小三种类型,大型企业平均每年转运汽车 3000~5000 辆,中型企业每年 1200 辆,小型企业每年 200 辆。

法国在再生资源综合利用方面始终贯穿着两个理念,即环境保护和资源再生利用。作为再生资源综合利用的指导思想,在法律、法规中充分得以体现。资源再生利用的一个原则是能利用的尽量全部利用,这在废旧汽车的拆解过程中得到了体现。在废旧汽车的拆解中,废旧汽车转运公司将汽车按部位实施拆解,拆解后零部件分类并加以利用;不能利用的部分则作为原材料,由公司卖给破碎厂进行破碎,然后再生利用。

(4)瑞典。瑞典 1998 年通过立法,规定汽车报废后由汽车生产厂无偿回收,再由汽车厂(含进口商)建立废车处理准备金。处理准备金来源可用提高售价以及附加费的方式解决,政府对基金免税,并且 1998 年以后出厂的新车都适用这个规定。

瑞典沃尔沃(Volvo)汽车公司和汽车拆解商联合建立了名为"斯堪的纳维亚汽车回收环保中心"(ECRIS)的机构。该机构在处理废旧汽车方面的独特之处就在于以汽车整个寿命周期为目标,从生产中的废料直到报废汽车零件和废液全部都纳入回收处理,并对所有 Volvo 汽车进行全面的研究,以减轻报废汽车对整个环境所带来的影响。为此,对所有型号的 Volvo 汽车都已编制了拆卸手册,并且还投入了相当大的精力来研究再生材料市场的可行性。Volvo 汽车上的所有塑料零件都做了标记并编了号,拆解商可以很容易了解塑料的种类及潜在的回收性。

ECRIS 是一个废旧汽车回收处理的示范工程。一期工程从 1996 至 1997 年,为沃尔沃全部车型的拆车工作建立了 1 个示范基地。二期工程从 1997 至 1999 年,为全部欧洲车型建立拆车示范工程。ECRIS 不仅讲求环境效益,也追求经济效益。它的资金来自出售拆车材料、参股者的出资和科研补助。其研究的内容包括环境影响、材料回收、能源回收、有毒物质和协调运输。其中发动机和变速器若修复费用低,则由技师进行测试和修理,然后出售给修理厂再用,ECRIS 还给二手发动机 30 天的保修期。

近年来,Volvo 努力在生产中使用再生材料。目前每部 Volvo S40 和 V40 型车上所使用的再生塑料、木纤维和衬垫总重量已超过 12kg。一部轿车中有 75% 的部分可回收利用。在新的实验中,分可回收利用率更高达 85%。所有重量超过 50g 的塑料零件都打上标记,以利于拣选。回收的铝用于发动机气缸制造,并且约有 6kg 重的塑料部件是用再生材料制成的。Volvo 还与其他汽车制造商联手,共同确认所有取自于报废汽车的材料所具有的市场性和经济性。

(5)意大利。意大利汽车行业一直遵循的发展原则是,降低油耗与减少排放污染、生产低环境污染汽车、开发使用替代燃料动力系统的汽车、在汽车使用寿命结束后进行回收利用。

意大利菲亚特公司以生产轿车和轻型商用车著称,是该国注重汽车回收再生利用的典范。目前,该公司采用还原再生法回收加工汽车中的零部件,取得了显著的经济效益。虽然报废汽车的回收利用不仅有利于环保也有利于节约资源,但汽车上所有材料 100% 可以回收利用目前还不能实现。也就是说,汽车材料回收技术仍是当前一门新兴的技术。

目前,汽车上 10% 左右的零部件是用各种塑料制成的,如保险杠、内装饰和仪表板等。塑料使用时间长了会老化,各项性能指标也会下降,因此利用废旧材料回收再生产同样作用的产品也就达不到相关的质量指标。于是,菲亚特汽车公司把废旧塑料回收加工成强度与安全性能低一等的其他零部件。例如,汽车使用十年报废后的保险杠和仪表板,可用来回收做进气管材料;再过十年后,回收做地板材料,也可能会用于生产其他民用工业产品;直到完全丧失使用价值后,再进行作为燃料的能量回收。

4. 欧盟报废汽车指令简介

按照欧盟的法律,欧盟条例和规定分四等:法规(regulation)、指令(directive)、决定(decision)和建议。法规对欧盟成员国约束力最强,成员国的国内法必须与之一致,直接适用于成员国。指令对成员国约束力不如法规,欧盟各国必须按指令精神制定和修改国内法规,指令有强制性指导作用,因此欧盟各国必须按 WEEK、RoHS 和 ELV 三个指令修改制定新的法规。欧盟于 2000 年颁布了关于报废汽车的指令(2000/53/EC 指令),其内容涉及汽车产品的设计、生产、材料、标识,有害物质的禁用期限,分类回收体系的建立等。欧盟各国政府根据各自不同的背景情况,积极制定相关法律法规配合实施指令。

1)立法背景

1997 年,欧盟委员会接受了一项目的在于减少报废汽车拆解和再回收利用对环境产生的影响的提议,此项提议明确了报废汽车及其零部件回收利用的量化目标及促进生产厂商在设计生产新车时就考虑其再生利用问题的措施。

1999 年末,奥地利、比利时、法国、德国、意大利、荷兰、葡萄牙、西班牙、瑞典和英国等欧盟成员国,各自制定了关于报废汽车的法规,并与生产商签订志愿者协议。

2000 年 9 月 18 日,欧洲议会和欧盟理事会参考了各方提议及商议结果,协调先前各成员国的报废汽车法规和志愿者协议,通过了欧盟报废汽车指令。报废汽车指令的目的是协调各成员国的现有法规,推动欧盟成员国及汽车生产厂商完全执行指令规则,其最终目标是使汽车屑残渣填埋量不超过 5%。

2000 年 10 月 21 日,欧盟报废汽车指令 2000/53/EC 在《欧共体官方公报》上颁布并正式生效。

2)欧盟报废汽车指令 2000/53/EC 框架

欧盟报废汽车指令 2000/53/EC 对报废汽车再生利用的各个方面进行了详细规定,其框架如下。

(1)目的。汽车废弃物的预防,报废汽车材料及组件的再使用、再循环和回收中尽可能减少废弃物的处理量;同时,在汽车整个生命周期中,特别是报废汽车的处理过程中尽可能减少对环境的污染。

(2)定义。指令中定义了所提到的"汽车""报废汽车""生产厂商""防污""处理""再使用""再循环""回收""处置""经济运作者""危险物质""粉碎设备""拆解信息"等术语。

（3）范围。指令适用于汽车和报废汽车，包括车门的材料和零部件。

（4）预防。欧盟成员国应鼓励生产厂商在汽车生产过程中，尽可能避免使用有害物质。汽车的设计和生产应考虑有利于拆解、再使用和回收，特别是再利用其零部件和材料。生产厂商应在汽车及产品中，增加可再利用材料的使用。欧盟成员国应确保 2003 年 7 月 1 日以后投入市场的汽车和零部件，不含铅、汞、锡和六价铬，除该指令附录Ⅱ中列出的一些特殊部件。

（5）回收。欧盟成员国应采取必要措施建立技术可行的报废汽车回收系统，拥有充足、有效的回收设备，确保报废汽车转移到认定的处理机构；建立报废汽车的注销系统，并由系统提供报废汽车的回收证明；确保生产厂商提供全部或大部分报废汽车的回收费用，报废汽车由处理机构免费回收，即使报废汽车不含有用零部件；确保权威机构相互认可和接受其他成员国发出的指令。

（6）处理。欧盟成员国应采取有效措施：确保所有报废汽车根据指令进行储存和处理（执行指令附录Ⅰ要求，不偏离国家的健康与环境法规）；确保处理机构都是得到权威机构授权的；确保处理机构都能完成指令中所规定的义务；确保许可证或注册登记满足指令中相关要求；鼓励建立经过鉴定的环境管理系统，执行提出的处理操作要求。

（7）再使用和回收。欧盟成员国应采取必要措施，鼓励零部件的再使用和不可再使用零部件材料回收。

（8）编码标准和拆解信息。确保汽车生产商使用零部件和材料编码标准，以利于可再使用和回收的零部件和材料的鉴别。2001 年 10 月 21 日之前，委员会应按指令中提到的程序建立有关标准。生产商应在新车投入市场 6 个月内，向 ATFS 提供每种车型的拆解信息。成员国应确保汽车的零部件制造商向 ATFS 提供关于可再使用零部件的拆解、存储和检测方法信息。

（9）报告和信息。指令执行每间隔 3 年，欧盟成员国应向委员会递交一份关于指令执行情况的报告。报告内容包括收集、拆解、压碎、回收和再循环产业的变化。成员国应要求相关机构和企业公布有关信息，如考虑到可回收利用性和可再利用性的汽车及其零部件的设计信息等。

（10）执行。2002 年 4 月 21 日起，成员国应必须配合指令实施国内法规和管理政策。成员国应以书面形式向委员会传达采纳指令后通过的国内法律主要规定。

（11）储存和处理标准（附录Ⅰ）。此附录根据指令第六章节，确立了报废汽车处理的最低技术要求，包括报废汽车的储存地点、处理地点、防污处理操作、促进再利用的处理操作和避免备用件、可回收件及含液体部件损坏的储存要求。

(12)危险物质使用规定(附录Ⅱ)。此附录是对第四章节中涉及的材料和零部件解除有关禁用规定的说明。

欧盟指令2000/53/EC从正式颁布后,又经过了多次修订和完善,主要是对汽车生产、使用、报废过程中对有害及危险物质的使用规定,目的是进一步减少对环境的污染。

3)欧盟汽车材料构成与报废汽车回收利用目标

欧盟《关于报废汽车的技术指令》实质上是要减少报废汽车处理时需要被填埋、被焚烧的剩余物,即减少报废汽车的最终废弃物含量。目前,报废汽车的回收利用技术可以分为零件的再使用、材料再回收利用和能量利用等方式。由于受到汽车零部件再制造技术的约束,再利用的零件有一定的质量要求、存在使用寿命周期问题,因此提高零件的再使用率往往不会直接减少报废汽车的最终废弃物含量,而是由报废汽车材料再回收利用中转化而来的。因而,提高报废汽车回收利用率的方法应该从汽车的材料构成入手。

从2000年和2005年欧盟轿车的平均单车材料构成可以看出:橡胶的用量基本未变;塑料件的比例在5年间增加了1%;金属件的比例有所下降,但其中有色金属用量略有上升;其他材料的质量比基本保持不变。按照这种材料平均构成比例,实现欧盟95%再利用和回收利用目标,需要考虑每种材料的可回收利用性。

通常认为:金属材料可以全部回收利用。但是由于存在重金属污染问题,也需要进行一些特别处理。非金属的回收利用应该是提升报废汽车回收利用率工作的重点。占有报废汽车质量比11%的塑料是今后回收利用工作的难点。因为塑料不仅是一种难以自燃、分解的物质,而且部分塑料通过焚烧的方式进行处理也会造成严重的大气污染。

为了减轻汽车重量,提高整车的燃油经济性和某些零部件的使用性能,汽车制造商推行的汽车轻量化设计技术,仅仅是改变了汽车材料的构成比例,对实现欧盟报废汽车回收利用指标的贡献不大。依靠材料工业的技术进步,充分考虑新材料的可回收利用性,才能保证推广和应用汽车轻量化设计技术符合欧盟《关于报废汽车的技术指令》的要求。

另外,重金属作为合金元素、杂质或者添加剂等广泛存在于各种材料中,在报废汽车回收时容易造成二次污染,对环境保护是不利的。在钢铁、铝、铜等金属中都含有铅;在塑料中,铅是常用的稳定剂。车用铅酸电池、电镀用六价铬、车用气体放电灯、安全气囊、仪表盘显示等,都含有重金属。如果回收处理不当,都可能造成二次污染。因此,开展危险物质禁用与申报制度有利于提高报废汽车的回收利用率。

　　然而,开展汽车零部件危险物质禁用与申报制度将涉及整个汽车产业供应链,特别是材料等基础工业。需要整个工业界的共同努力,推进材料替代研究工作,开发出既可以方便回收利用,又能满足零部件各种功能需求的新型材料。因此,如果不考虑禁用危险物质,肯定满足不了该指令设定的预期目标。此外,直接针对目前不能回收利用的最终废弃物,开展各种研究工作,依靠科技进步直接减少最终废弃物的含量,是实现该指令目标的一种有效手段。

　　由于汽车产品设计可以直接决定零部件的材料选用,也就决定了报废汽车的可回收利用性,因此在产品设计过程中着手考虑汽车在报废处理环节上的零部件拆解性和材料的回收利用性,可以提高汽车产品的回收利用率、延长汽车零部件的使用寿命、实现资源的最佳利用。因此,在该指令的执行过程中,汽车制造商、零部件与材料供应商应处于主导地位,在汽车行业和整个供应链中贯彻执行该指令的要求,主动开展有害物质禁用与申报工作,对提高报废汽车回收利用率是至关重要的。

　　4)汽车制造商的责任与义务

　　欧盟《关于报废汽车的技术指令》要求各成员国确保汽车制造商在设计时将报废汽车的可回收性作为判定标准之一,承担起汽车产品全寿命周期的环保责任;同时采取有效措施限制重金属的使用,保障人类身体健康和生态系统平衡。该指令所定义的责任,不仅是汽车整车制造商的职责,而且是整个汽车产业链的职责,包括了原材料供应商、汽车零部件制造商、报废汽车处理企业等。为此,欧盟各成员国纷纷立法保障这一要求的具体实施。

　　5)欧盟《关于报废汽车的技术指令》影响的广泛性

　　由于欧盟《关于报废汽车的技术指令》不仅针对各成员国汽车制造商,而且要求各成员国的汽车进口商也要负责报废汽车的回收利用工作,实际上成为了全球汽车制造商要共同遵守的技术法规。该技术指令的出台自然受到世界各国汽车制造商的关注。在欧盟《关于报废汽车的技术指令》的影响下,一些国家纷纷制定或修订相关报废汽车回收利用法规,对汽车进口商提出了同样的要求。可见,报废汽车回收利用法规的全球性已经不可忽视。

　　在应对欧盟《关于报废汽车的技术指令》方面,部分日本汽车制造商已经开始在欧盟建立起自己的报废汽车回收利用网络,同时也与欧盟汽车制造商开展企业间的合作,实施资源共享,利用欧盟汽车制造商的现有系统开展报废汽车的回收利用工作。各跨国汽车公司已经启动了内部协调机制,开始了公司内部的子公司间的国际协作,讨论如何应对各国报废汽车回收利用法规可能带来的负面影响,通过资助各国政府的报废汽车回收利用研究工作来争取各国政府支持建立依靠市场机制主导的报废汽车回收体系,实现零投入的报废汽车回收业务,从而实现汽车制造商的利益最大化。

2.1.2　国内汽车回收利用现状

我国报废汽车回收拆解业从其本质属性,一开始便纳入再生资源范畴。报废汽车回收拆解业是再生资源产业的重要组成部分。因此,再生资源产业的整体发展状况也就反映出我国报废汽车回收拆解业的发展与现状。再生资源产业在我国已有多年的发展历史,为国民经济发展和环境保护作出了重大贡献。

1. 报废汽车回收利用体系建立与管理机制

(1)初建时期(1980～1994 年)。新中国成立初期,我国汽车保有量只有几万辆,到改革开放前发展到 100 万辆,20 世纪 80 年代初期刚超过 200 万辆。20 世纪 90 年代,我国汽车工业快速发展。全国汽车保有量从 1982 年的 216 万辆猛增到 2010 年的 8500 多万辆。与此同时,我国汽车报废更新速度也相应加快。

1980 年,为了节约能源,国家计委、国家经委、交通部和国家物资总局等部门联合发文(计综〔1980〕666 号),要求车辆更新单位必须将废旧汽车交给物资金属回收部门回收。回收部门接收旧车后,应及时解体作废钢铁处理,不得用旧零部件拼装汽车变卖。

1981 年以后,国务院、国家计委、国家经委、国家机械委和国家能源委等政府部门分别发布了《关于更新改造老旧汽车报告的通知》(国发〔1981〕173 号)、《关于加速老旧汽车更新改造的通知》(计机〔1983〕605 号)、《报废汽车回收实施办法》(物再字〔1990〕421 号)及《关于加强老旧汽车报废更新工作的通知》(计工〔1990〕767 号)等文件。其中,决定成立全国老旧汽车更新改造领导小组,下设办公室,由国家物资局为主,负责日常工作。强调加强老旧汽车更新工作的组织领导,加快更新步伐,做好报废汽车的回收、拆解工作。同时,制定了具体办法和规定,对加速老旧汽车更新实施了一系列鼓励政策措施。重申报废汽车回收工作由物资部统一管理,要求各地方物资部门要指定和适当增设回收、拆车的网点。物资部再生利用总公司和地方各级物资局指定的物资再生(金属回收)公司负责收购报废汽车,回收单位要及时对报废汽车进行解体加工,发动机、前后桥、变速器、车架和方向机等几大总成必须作废钢铁处理,禁止出售报废旧车和总成;对尚可使用的零件允许回收单位作价出售,但严禁拼装整车转卖。到1994年,全国物资系统已建有报废汽车拆解厂、点3000余家,初步形成了收购、拆解、回炉和返材系统化服务体系。

(2)完善时期(1995～1999年)。1995年,汽车更新办公室和国内贸易部联合发布了《报废汽车管理办法》(汽更办字〔1995〕第016号),对报废汽车回收管理及报废汽车回收程序等作了详细规定。

1996年,国家经贸委、国内贸易部联合下发了《关于加强报废汽车回收工作管理的通知》(国经贸〔1996〕724号),规定实行报废汽车回收拆解企业的资格认证制度。资格认证具体实施办法由国内贸易部颁布并负责资格认证工作。公安部门根据资格认证文件核发特种行业许可证,工商行政管理部门根据资格认证文件和特种行业许可证核准注册登记。

1997年,国内贸易部、国家经贸委印发了《报废汽车回收(拆解)企业资格认证实施管理暂行办法》的通知(内贸再联字〔1997〕第53号),明确了企业资格认证的条件、程序和年审制度等,规定全国报废汽车回收(拆解)企业控制在400家,企业年回收(拆解)量不低于900辆的行业规划。严禁审批新的报废汽车回收(拆解)企业。

1997年7月15日,国家经济贸易委员会、国家计划委员会、国内贸易部、机械工业部、公安部和国家环境保护局发布了《汽车报废标准》(国经贸经〔1997〕456号)。这是对1986年制定的《汽车报废标准》的修订。同时,公安部发布了关于实施《汽车报废标准》有关事项的通知(公交管〔1997〕261号)。

1998年7月7日,国家经济贸易委员会、国家计划委员会、国内贸易部、机械工业部、公安部和国家环境保护局发布了关于调整轻型载货汽车报废标准的通知(国经贸经〔1998〕407号)。2000年12月1日,国家经济贸易委员会、国家发展计划委员会、公安部和国家环境保护总局又发布了关于调整汽车报废标准若干规定的通知(国经贸资源〔2000〕1202号)。

1999年,国家国内贸易局、公安部和国家工商行政管理局联合下发了《关于做好报废汽车回收(拆解)企业管理工作有关问题的通知》(内贸局联发再字〔1999〕第11号),重申了报废汽车回收管理工作的重要性,要求认真做好认证工作。各地商品流通主管部门和报废汽车回收管理部门要加强对报废汽车回收(拆解)企业的管理,严禁拼装、倒卖报废汽车整车及五大总成流入市场。各地公安、工商行政管理部门也应在各自职责范围内加强对此项工作进行指导、检查和监督。

这一时期,我国报废汽车回收拆解业逐步建立了一套符合中国国情的管理制度、操作程序和服务体系,是行业快速发展的阶段。

(3)规范时期(2000 年至今)。国内一些地区先后出现违反国家规定、在利益驱动下无证无照或证照不全就擅自回收拆解报废汽车,甚至利用报废汽车五大总成和零配件拼装汽车。通过抬高报废汽车回收价格,导致报废汽车回收拆解秩序混乱,并客观上危及了人民群众的生命财产安全,影响了我国汽车工业的健康发展。

2001 年 6 月 16 日,国务院颁布了《报废汽车回收管理办法》(第 307 号令)(以下简称《办法》),其中明确了报废汽车所有者和回收企业的行为规范及依法应予禁止的行为;明确了负责报废汽车回收监督管理的部门及其职责分工;明确了地方政府对报废汽车回收工作的责任;明确了对违法行为的制裁措施等。同年,为了进一步贯彻落实全国整顿和规范市场经济秩序工作会议精神和《报废汽车回收管理办法》,国务院办公厅以特急件发电《关于限期取缔拼装车市场有关问题的通知》;国家经贸委、监察部、公安部和国家工商行政管理总局联合下发了《关于贯彻〈办法〉的实施意见》;国家经贸委印发了《报废汽车回收企业总量控制方案》(国经贸资源〔2001〕773 号)。据此,国家工商行政管理总局迅速开展了严厉打击非法收购、拆解和拼装汽车的经营行为,坚决取缔报废汽车拆解拼装市场。同时,公安部对公安机关依法强化报废汽车回收拆解行业的治安管理工作也提出了要求。

《报废汽车回收管理办法》的颁布,标志着我国报废汽车回收拆解业开始走上规范化、法制化的轨道,也为进一步加强立法和管理、积极探索适应社会主义市场经济要求的中国报废汽车回收拆解体系和模式提出了新的要求。

2004 年 12 月 29 日,第十届全国人民代表大会常务委员会第十三次会议修订通过了《中华人民共和国固体废物污染环境防治法》,并自 2005 年 4 月 1 日起施行。其中,第三条:国家对固体废物污染环境的防治,实行减少固体废物的产生量和危害性、充分合理利用固体废物和无害化处置固体废物的原则,促进清洁生产和循环经济发展。国家采取有利于固体废物综合利用活动的经济、技术政策和措施,对固体废物实行充分回收和合理利用。国家鼓励、支持采取有利于保护环境的集中处置固体废物的措施,促进固体废物污染环境防治产业发展。第五条:国家对固体废物污染环境防治实行污染者依法负责的原则。产品的生产者、销售者、进口者、使用者对其产生的固体废物依法承担污染防治责任。第七条:国家鼓励单位和个人购买、使用再生产品和可重复利用产品。第十六条:产生固体废物的单位和个人,应当采取措施,防止或者减少固体废物对环境的污染。第三十二条:国家实行工业固体废物申报登记制度。产生工业固体废物的单位必须按照国务院环境保护行政主管部门的规定,向所在地县级以上地方人民政府环境保护行政主管部门提供工业固体废物的种类、产生量、流向、储存、处置等有关资料。上述这些条文不仅是报废汽车的回收管理和再生利用的法律依据,而且对汽车及其相关生产单位提出了应承担的法律义务。

2005 年 8 月 10 日,商务部令 2005 年 16 号《汽车贸易政策》颁布实施。《汽车贸易政策》共 8 章 49 条,内容涉及汽车销售、二手车流通、汽车配件流通、汽车报废与报废汽车回收、汽车对外贸易等领域,涵盖从汽车销售到报废的全过程,系统地提出了我国汽车贸易的发展方向、目标、经营规范和管理体制框架。其中,第六章(从第二十九条到第三十五条)对汽车报废与报废汽车回收的问题进行了详细的规定。

2006 年 2 月 6 日,国家发展改革委、科学技术部和国家环保总局联合发布《汽车产品回收利用技术政策》。这是推动我国对汽车产品报废回收制度建立的指导性文件,目的是指导汽车生产和销售及相关企业启动、开展并推动汽车产品的设计、制造和报废、回收、再利用等项工作。国家将适时建立《汽车产品回收利用技术政策》中提出的有关制度,并在 2010 年之前陆续开始颁布实施。

2006 年 9 月 30 日,商务部发布了《机动车强制报废标准规定》(征求意见稿),对车强制报废标准进行了修订,其中的重要内容就是取消对非营运乘用车报废年限的限制,而由汽车排放和安全技术状况决定是否报废,这对汽车生产企业提出了更高的要求。

2012 年 8 月 24 日,商务部第 68 次部务会议审议通过,由商务部、发改委、公安部、环境保护部联合发布的《机动车强制报废标准规定》,自 2013 年 5 月 1 日起施行。规定自 2013 年 5 月 1 日起施行。2013 年 5 月 1 日前已达到本规定所列报废标准的,应当在 2014 年 4 月 30 日前予以报废。《关于发布〈汽车报废标准〉的通知》(国经贸经〔1997〕456 号)、《关于调整轻型载货汽车报废标准的通知》(国经贸经〔1998〕407 号)、《关于调整汽车报废标准若干规定的通知》(国经贸资源〔2000〕1202 号)、《关于印发〈农用运输车报废标准〉的通知》(国经贸资源〔2001〕234 号)、《摩托车报废标准暂行规定》(国家经贸委、发展计划委、公安部、环保总局令〔2002〕第 33 号)同时废止。

2. 报废汽车回收利用理论与技术研发状况

随着世界汽车工业的快速发展,汽车保有量大幅攀升,报废汽车数量也逐年上升,由此所引发的环境、资源等问题已得到政府及社会各界的广泛关注。作为世界汽车第一产销大国,我国 2011 年民用汽车保有量已突破 1 亿辆,汽车报废量超过

400 万辆,预计 2020 年报废量将超过 1400 万辆,由此带来的环境资源问题会日益突显,严重制约我国汽车产业健康可持续发展。

汽车工业发达国家在汽车回收利用方面起步较早,具有较为丰富的经验,所形成的汽车回收利用管理方式和回收体系各具特色,对我国汽车回收利用产业的发展具有较强的借鉴意义。作为世界汽车工业重要的组成部分,加强国际交流合作、提高汽车回收利用水平、促进报废汽车合理处置、避免环境污染、实现资源再利用已成为我国亟待解决的问题。当前,我国汽车回收利用产业还处于初期发展阶段,涉及产业链较长,需要政府进行宏观引导,只有汽车全产业链各方"上下联动,协同合作",才能全面有效地提升我国汽车产品回收利用水平,促进我国汽车产业与环境资源的协调发展,不断推进我国汽车产业的健康可持续发展目标的实现。

随着我国汽车保有量的增多,汽车再生资源利用问题也得到了更多的关注。但我国汽车工业起步晚、基础差,汽车回收利用技术还相当落后,汽车再生资源利用率低。目前,我国还没有系统的汽车回收与再生资源利用的技术规范,基本靠原始手工操作;汽车再生资源利用主要以原材料的回收为目的,采取破坏性拆解方式,并且不具备有效的分离手段;获得的回收材料成分混杂,再生利用价值低,使回收价值极高的材料如铝、镁等严重流失。由于废旧汽车再生资源的有效回收和利用的法规还不十分完善,缺少汽车再生资源有效利用的技术支持。因此,对可再生零部件和原材料的循环利用的深度不够。2002 年,上海市科学技术委员会立项《上海报废汽车处置关键技术与示范研究》课题,着重进行先进报废汽车拆解企业示范工程、报废汽车零部件的综合利用示范系统的建立、计算机管理信息化示范,并由市政府、回收企业和上海交通大学共建了汽车回收与循环利用研究所。近年来,我国一些科研单位和企业积极开展再制造方面的实践,已基本掌握了再制造基础理论和关键技术。2003 年 6 月 25 日,装甲兵工程学院成立了我国第一个装备再制造技术国家重点实验室,在研发具有自主知识产权的用于再制造的表面工程技术方面取得了进展。上海大众、中国重汽济南复强动力有限公司等企业在引进国外先进技术开展汽车发动机再制造方面进行了有益的探索,取得了初步成果。但是,我国汽车再制造产业发展仍然缓慢,还处于起步探索阶段,与发达国家相比还有很大的差距。

2005 年,国务院发布了关于加快发展循环经济的若干意见和做好建设节约型社会近期重点工作的通知,明确提出要积极支持废旧机电产品再制造。2006 年 3 月,全国人大审议批准了《国民经济和社会发展第十一个五年规划纲要》,提出"十一五"期间要建设若干汽车发动机等再制造示范企业。

2008 年 3 月 2 日,国家发展改革委办公厅发布了《关于组织开展汽车零部件再制造试点工作的通知》。以贯彻落实科学发展观,推进循环经济发展,加快建设资源节约型、环境友好型社会为指导原则,提出了《汽车零部件再制造试点方案》,选择确定了一批整车(机)生产企业(3 家)和汽车零部件再制造企业(11 家)开展汽车零部件再制造试点;就开展汽车零部件再制造试点工作的有关要求颁布《汽车零部件再制造试点管理办法》。

2010 年 5 月 13 日,根据国家发展和改革委员会等 11 个部门联合下发的《关于推进再制造产业发展的意见》(发改环资〔2010〕991 号),我国将以汽车发动机,变速器、发电机等零部件再制造为重点,把汽车零部件再制造试点范围扩大到传动轴、机油泵、水泵等部件。同时,推动工程机械、机床等再制造及大型废旧轮胎翻新。

目前包括重庆大学、清华大学、装甲兵工程学院、合肥工业大学、上海交通大学、东北林业大学等在内的许多科研单位都进行了这方面的研究。近年来,国家自然科学基金设立了大量绿色制造方面的研究课题,国家"十一五"科技支撑计划设立了"绿色制造关键技术与装备"重大项目,用以支持绿色制造的研究与推广应用。

(1)重庆大学制造工程研究所。重庆大学制造工程研究所,从 20 世纪 90 年代中期开始从事绿色制造方面的研究。主要研究领域包括绿色制造的理论体系和技术体系、制造系统物料流和能源流系统分析、绿色工艺规划、机械加工工艺绿色数据库、工艺评价与决策、面向绿色制造的车间调度、机床再制造、车辆绿色制造等方面的研究。在基础理论方面,系统提出了绿色制造定义、内涵,并被广泛引用;在绿色工艺规划方面,对若干典型工艺的资源环境特性进行了研究,并开发了一套面向绿色制造的工艺规划应用支持系统;在机床再制造方面,提出了机床再制造的技术体系、规范流程,并进行了产业化应用示范,于 2008 年 4 月经重庆市经委批准与重庆机床集团联合成立了"重庆市工业装备再造工程产学研合作基地",在重庆大学设立"重庆市工业装备再造工程技术中心"。

(2)清华至卓绿色制造研发中心。清华大学于 2001 年在国家、学校和企业多方支持下,建立了清华至卓绿色制造研发中心,主要从事机电产品绿色设计、轮胎回收利用、产品全生命周期评估(LCA)以及机电产品的拆卸回收处理等方面进行了研究,并开发了一个绿色网站,用于介绍国内外的研究成果、最新动态,提供绿色制造技术咨询,开展绿色制造技术应用,从而提高全民的绿色环保意识。

(3)装甲兵工程学院装备再制造技术国防科技重点实验室。装甲兵工程学院成立了装备再制造技术国防科技重点实验室,主要从事装备再制造技术领域的应用基础研究,以解决装备延寿、再制造及战场应急抢修等重大课题中的关键技术难题。实验室以徐滨士院士为学科带头人,在我国首次提出了"再制造"的概念,推动了我国再制造工程的应用与发展,并出版了再制造方面的专著。

(4)合肥工业大学绿色设计与制造工程研究所。合肥工业大学绿色设计与制造工程研究所目前的研究领域包括绿色设计理论与方法、废旧产品回收理论与方法、绿色供应链、机电产品拆卸与分析、废旧产品回收管理信息系统、干式切削、磨削加工技术等,出版了绿色设计相关专著,并成功举办两次绿色制造理论研讨会。

(5)上海交通大学生物医学制造与生命质量工程研究所。上海交通大学生物医学制造与生命质量工程研究所在绿色设计与制造方面的研究主要包括:机械产品的全生命周期设计理论与方法体系、机械产品绿色设计数据库、汽车回收与再制造技术、基于回收与再制造的汽车设计。并已经在上海初步建立了"废旧汽车回收拆解示范工程"。

(6)大连理工大学可持续设计与制造研究所。大连理工大学可持续设计与制造研究所目前的研究领域主要包括可持续制造、再制造和退役产品的再资源化、装备低碳运行与节能控制、纳米技术可持续性、全生命周期分析与企业可持续力测量、绿色清洗理论与技术等。

(7)山东大学可持续研究中心。山东大学可持续制造研究中心成立于2003年,主要研究领域为产品全生命周期评价技术、复杂机电产品可拆卸回收建模、机电产品绿色模块化设计、工程机械产品全生命周期设计、绿色切削液、生物质全降解材料制品等方面。

(8)东北林业大学交通学院。东北林业大学交通学院车辆回收利用课题组主要围绕车辆绿色设计与制造、废旧产品拆解、汽车再制造、绿色物流等进行研究。其部分研究成果已写入国家标准《汽车回收利用术语》(GB/T 26989—2011),编入高等教育规划教材《汽车再生工程》,出版了专著《面向绿色再制造的产品拆解建模与优化》等。同时与湖南邦普循环科技有限公司等企业合作进行报废汽车拆解及回收利用的生产线设计与研发,为促进报废车辆回收利用工作做出了一定的努力。

此外,机械科学研究总院从"九五"期间就开始从事清洁生产方面的研究,目前正在开展绿色制造技术标准和绿色制造产业联盟的研究与推广。西安交通大学汪应洛院士、孙林岩教授对绿色供应链,逆向物流方面进行了研究。华中科技大学陈荣秋教授对再制造的生产计划等进行了研究。大连理工大学的朱庆华对绿色供应链进行了研究,出版专著《绿色供应链管理》及《工业生态设计》。

综上所述,绿色制造已经在国内外得到广泛的认可和重视,无论在美国、欧盟等发达国家和地区还是在中国等发展中国家,绿色制造的研究工作已经大量开展,并且得到了产业界的响应。但是由于绿色制造提出和研究时间还很短暂,并且是涉及多学科交叉的复杂性问题,现有不少研究仍停留在概念研究和企业的宣传口号上,许多问题如绿色制造如何与产业结合、在企业中如何实施绿色制造、绿色制造如何与企业管理结合等还有待于进一步深入。

2.2　国内外汽车回收利用管理体制现状分析

汽车工业与上下游产业的关联度很高,客观要求必须制定一套完善的政策措施,对汽车生产、流通、使用、报废和再利用进行全过程管理。其中,汽车报废是一项涉及面广、政策性强、协调难度大的管理问题。汽车不能及时报废,将还会造成环境污染、资源浪费和严重的交通安全隐患。

2.2.1　国外汽车管理体制现状

1. 日本

1)管理机构

日本政府指导和管理报废汽车回收利用的机构主要涉及以下几个部门:

(1)经济产业省、环境省,主要负责制定汽车报废回收处理行业的准入标准、行业标准;

(2)国土交通省及其下属各地方陆运支局,负责汽车车籍管理;

(3)各地方自治体政府,负责汽车报废回收处理行业的登记和准入审批。

在日本从事汽车报废及回收处理相关行业需要进行登记或审批。从事废旧汽车收购交易、氟利昂回收的企业,需到都道府县或设置保健所的市(注)地方政府进行登记,并每隔5年审查一次。为了完成由旧法到新法的过渡,使《汽车再利用法》于2005年起能够正式实施,日本各地方自治政府于2004年7月依据该法的要求开始相关行业的审批。

2)管理特点

(1)非强制报废制度,利用经济导向促进汽车更新。日本在车辆报废上实行车辆检查制度下的自愿报废原则。车辆只要通过每2年一次(新车为出厂后3年)的年检,就可以上路行驶,并无达到一定行驶里程或年限后强制报废的要求。但是,首先,在车检中逐年加强环保标准,未达标者不予通过;其次,年限越长的车在年检中收取的税金等也越多,以推动车主报废旧车。同时,在税制上对新型环保、低耗油汽车采取优惠税制。例如,对低于 2010 年油耗标准 5%、废气排放量低于 2005 年标准 75% 的汽车,最多可减免约 50% 的汽车税和 30 万日元的汽车购置税。

此外,关于汽车的回收处理费用标准,除登记信息管理和资金管理费用外,由汽车厂商根据不同车型在处理中的实际情况自行制定。由于这部分费用直接反映到汽车的实际价格上,此举可以推动汽车厂商在设计开发时,考虑今后报废处理成本的因素,积极设计利于回收利用的车型。

(2)相关行业责任相接,分工明确。日本的废旧汽车回收处理行业分工较细,从流通领域的收购到氟利昂等有害物质、安全气囊处理等都有专门的企业完成,这样提高了汽车回收处理率。根据日本经济产业省和环境省制定的目标,2005 年后,汽车废渣(经粉碎,除去金属、塑料等有用物质后的残渣)回收处理率要达到 30% 以上,2010 年度后达到 50% 以上,2015 年度达到 70% 以上。

废旧汽车从收购到解体、废碎处理的全过程各个环节,形成了完整的责任义务关系。上一环节企业必须在一定时间内完成处理工序交下一环节企业继续处理,下一环节企业则有义务接收上一环节企业交付的废车及其部件,无特殊原因不得拒绝。而汽车生产商或进口商对废旧汽车回收处理负有最终责任。这样确保了整个处理过程的完整,防止了废弃物得不到完整有效的处理。

(3)回收费用事先征收,统一管理和逐级支付。回收处理费用由车主承担,并采取预付款和凭证式方式。《汽车再利用法》实施后购买新车的,此项费用在购车时支付;该法实施前购置的新车或该法实施后购置的二手车,则在下次车检时缴纳;而该法实施后,车检到期、并且不想再次通过检查继续上路使用的车辆,在报废时缴纳。车主缴纳的回收处理费统一交由汽车回收再利用促进中心保管,该中心或其委托的机构对已缴费汽车发放汽车回收处理券。该券作为已缴纳回收处理费的证明,由车主保存,可随汽车有偿转让。这种在初始环节征收费用的做法,可有效防止费用拖欠。

在汽车进入解体回收程序后,汽车生产商或进口商向汽车回收再利用促进中心提出申请,提取车主预付的回收处理费。氟利昂回收、解体、车体粉碎等其他处理者完成处理后,向汽车回收再利用促进中心报告相关情况,凭该中心的已处理证明,从汽车生产商或进口商处索取相关处理费用。通过统一管理的方式,使处理费用能够及时到位,同时也使汽车处理各行业成本分担更加透明、合理,有利于行业的规范化。

(4)信息化管理,联网共享模式。首先,在汽车户籍管理上,采取计算机全国联网方式。通过信息网络设施,从遍布全国各地的陆运支局,将有关汽车登记的所有信息,统一汇总到中央的国土交通省汽车交通局技术安全部管理课备案。这样可以实时监控全国汽车流通情况,掌握每一台车的登记及处理情况。其次,通过日本汽车回收再利用促进中心统一管理汽车报废回收的有关信息。从接收废车到最终完成处理,每个环节的从业企业,在接收废车或其部件和完成处理时都要向该中心报告。这样中心就能够实时掌握每台报废汽车的回收处理进程,做到有案可查。如收到企业接收报告经过一定时间后,企业未按规定完成处理交付下一环节企业并向中心报告,中心就将向企业所在地自治体政府发出延迟报告。自治体政府根据延迟报告,必要时将向企业发出劝告或命令,令其立即完成处理。这样确保了废旧车辆能够切实得到及时处理。

3)管理流程

2000 年 11 月,为进一步促进废旧汽车的回收处理,由日本汽车工业协会等九个相关业者发起成立了"日本废旧汽车回收促进中心"。主要目的是推行以"生产者负责制"为主要内容的废旧汽车回收处理制度,负责汽车回收处理中的信息管理、资金管理、协助汽车生产或进口商实施废物回收处理。日本报废汽车回收流程如图 2-8 所示。

4)管理目标

1995 年,日本厚生省制订并公布实施了《汽车、电器等在粉碎屑处理前进行有用物选出的指南》,明确了在破碎处理前应挑选零部件的目录等内容。

1997 年,日本通产省公布实施了《报废汽车再生利用规范》,对制定该规范的目的和对策、汽车生产者和消费者的职责都作出了详细规定。为了促进废汽车的合理利用,减少粉碎屑的填埋处理,由原通产省在经济产业结构审议会报告基础上,结合原有法规综合为《报废汽车再生利用规范》并予颁布,然后由汽车工业协会以自主行动计划的方式实施。主要内容如下。

(1)减少使用有害物质,降低粉碎屑和提高再生利用率。具体目标如下:

①再生利用率(按重量计),2002 年以后>85%,2015 年以后>95%;

②填埋场处理量(按容积计),2002 年为 1995 年的 3/5,2015 年以后为 1996 年的 1/5;

③有害物质的使用量,铅的使用量 2000 年以后为 1996 年的 1/2 以下,2005 年以后为 1996 年的 1/5 以下。

(2)对原有处理渠道的改善和高效化。为防止不法投弃,建立了上下工序互相衔接的管理票据制度,并加强对不法投弃的处罚。

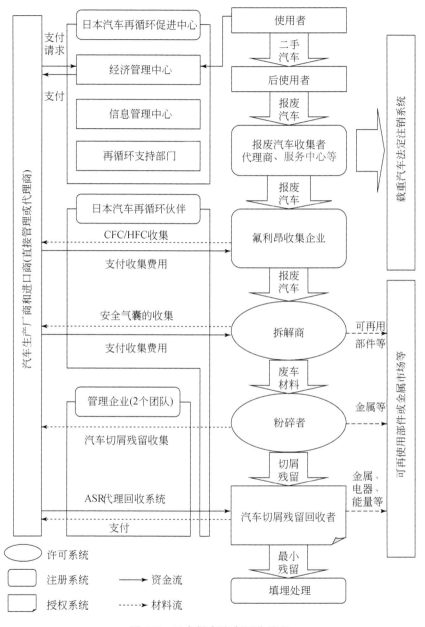

图 2-8　日本报废汽车回收流程

(3)完善相关部门的信息交流组织,以高效化。

(4)明确相关部门的义务。

①汽车制造商:(a)改进设计,为提高再生利用率创造条件;(b)加强有关部门

的信息交流；(c)改进安全气囊结构，以利再生利用；完善氟利昂的回收系统；(d)扩大二手零部件的再利用。

②汽车用户：(a)委托按规范进行处理的经销商处理；(b)委托处理废车时应交处理费。

③对政府、地方自治体、经销商、解体事业者和压碎事业者等有关部门规定了废车处理过程中的义务，以便据以制定自主行动计划。

5)法规体系

日本的循环经济立法是世界上体系完备的典范，这也保证日本成为资源循环利用率最高的国家。它的立法模式与德国不同，立法体系明确，采取了基本法、综合法和专项法的组合模式，分为三个层面：

第一层面，基础性法律层面，有一部法律，即《推进建立循环型社会基本法》；

第二层面，综合性法律层面，有两部法律，即《固体废弃物管理和公共清洁法》和《促进资源有效利用法》；

第三层面，专项法律层面，主要是根据各种产品的性质制定的具体法律法规，如《家用电器再利用法》《汽车循环法》《建筑资材再资源化法》《容器与包装分类回收法》和《绿色采购法》等。

从 2001 年 4 月，三个层面的法律互相呼应，并开始全面实施。除这些基本的法律外，日本还制定了《环境影响评价法》《二恶英对策法》等辅助类法律；制定了补助金制度、融资制度、优惠税制度和紧急设备购置补助金等一系列辅助经济政策。所有这些构筑了日本循环型社会的基本法和相关法律、针对产品的循环利用法和辅助类法律政策。此外，日本还修订了《车辆注销登记法》，主要是从车辆登记、注销各环节中，加强对报废汽车流向的管理，以促进废旧汽车的回收、拆解及资源综合利用。日本汽车报废处理证明开具流程如图 2-9 所示。

图 2-9　日本汽车报废处理证明开具流程

2002 年 7 月末,日本国会通过了《汽车循环法案》,并于 2004 年正式实施。该法案以法律的形式对报废车辆的回收利用作出了明确规定:汽车制造商有将占车重 20% 的粉碎性垃圾、车载空调使用的有害氟类物质以及含有起爆剂的气囊等回收处理的义务;车主则应为此支付 2 万日元左右的回收费。目前,日本将实现约 80%～85% 的汽车回收利用率;到 2015 年,将汽车回收利用率提升到 95% 确定为发展目标。

2. 德国

1)报废汽车回收管理概况

德国是推进欧盟一体化的核心国之一,总人口约 8100 万,汽车拥有量 4400 万辆,平均两人一辆车。德国每年注销的机动车 350 万辆,其平均使用年限 7～8 年。

(1)报废汽车管理政策。1986 年,德国对 1972 年颁布的《废物处理法》进行了修订,发布了《废物限制和废弃物处理法》,这是汽车报废管理的法律依据。

1992 年,德国通过的《限制报废车条例》中规定,汽车制造商有义务回收报废车辆。

1996 年,德国颁布的《循环经济和废物管理法》,对报废汽车拆解材料的比例作了具体的规定。此外,还有与汽车报废管理相关的其他法规标准,包括安全、环保和保险理赔等。在德国的汽车年鉴中,汽车报废列在"汽车与环境保护"中。

按照德国的规定,新车在开始使用的 3 年内是免检的,以后每年都要年检,每次年检的费用 500 马克。一般说来,汽车使用的年限越长,通过年检需要的修理或维护成本就越高,达到汽车排放标准也就越难。虽然德国法律并没有规定汽车在使用多少年后必须报废,但是车主一般都将根据自己的经济实力,使用几年就更换或淘汰。也就是说,车主的经济实力和汽车尾气排放能否达标,是德国汽车报废的决定性因素。

欧盟成员国实行的欧盟汽车报废指令(Directive 2000/53/EC of the European Parliament and of the Council of 18 September 2000 on End-of-Life Vehicles)与德国现行法规相比,有三点差别:一是汽车生产厂家必须无偿回收报废汽车;二是禁止使用铅、六价铬、镉、汞等四种重金属,并要求从现在就不使用这四种有毒有害物质;三是材料的回收尽量做到原来是什么材料就再生成什么材料。

德国大多数的专家和企业认为,欧共体的新政策存在一些不合理的地方,如铅电池要使用铅;只要科学合理,四种重金属元素是可以回收再利用的。另外,欧盟新的法规将增加制造业的成本。德国正为此与欧盟汽车报废工作协会沟通,以多争取一些例外,保留德国原来的一些标准。

(2)报废汽车管理模式。德国报废汽车的管理模式可以概括为"自愿协议加法规框架"的模式。所谓法规框架,就是汽车报废必须符合有关法律规定的框架。而自愿协议则是汽车厂商、政府、协会和车主共同磋商形成并遵守的条款。德国汽车报废的管理和实施可以分为三个层次,即德国联邦议会中有一个负责固体废弃物处理的处,认证机构以及负责报废汽车拆解的企业。

①政府。政府的作用是制定法规和监督。在联邦议会有一个负责垃圾处理,包括对报废汽车回收处理的管理处室。政府的监管作用体现在三个方面,一是发放营业执照,据有关法规对申报从事拆解汽车的企业进行审查,发放经营许可。二是监督,定期对汽车拆解企业检查和抽查,一般一年检查1~4次。三是处罚,如果发现违反法规的企业,轻的处以罚款,重的有关责任人要负法律责任。例如,汽车中剩余的废油没有抽出来,污染了土地造成环境污染,就要按照环境法律进行处罚。

②认证机构。德国对汽车拆解企业的资格进行定期认证,经认证合格,发给资格证书。开展报废汽车拆解企业资格认证的机构有 3 家,分别是 TüV Nord、DEICOCA 和 FRIES SALM。它们是竞争对手,既有一定的政府职能,又有企业性质。作为政府职能,将根据政府的要求,研究提出有关汽车报废的具体标准;作为企业,在为企业服务过程中收取一定的费用。例如,TüV 是德国重要的质量认证机构,也是中国产品进入欧洲的认证机构。具体地说,如果中国产品通过了 TüV的认证,也就获得了进入欧洲的通行证。

为了保证认证质量,TüV 每年到其发放证书的企业检查 1 次,检查企业的工作环境,拆解下来的零件是否回收,并通过回收利用情况推断其质量,每次认证收500~700 欧元的费用。

③拆解企业。德国原有汽车拆解企业 6000 多家。近年来由于法规逐步严格,30%的企业已经倒闭,目前还剩 4000 多家。这些企业都有联邦议会发的执照,其中,汽车工业协会 ARGE 发执照的 1400 家。在德国法规中,对汽车拆解企业的技术条件、从业资格、工作环境、工人素质以及环境环保等都有明确要求。

德国报废汽车回收拆解的具体做法:首先,由车主把要报废的车送到汽车拆解厂,或企业上门去取(收费服务);其次,经评估师评估决定由谁付费。车况好一些的,企业给车主付钱;有些车辆两不付;而有些车要车主出钱(污染者付费原则)。然后,企业按照汽车拆解法规确定的程序进行拆解。

在德国报废汽车标准中,对旧车的处理、零件再利用和对环境影响等都有明显的规定。例如,工作场地要有指示牌,标明仓库里放什么,哪些东西放在什么地方,哪些东西要密封放置;收的旧车放什么地方、拆解在哪里等。此外,废旧汽车排除的废油必须进行回收处理。

场地的大小是审批企业资格的标准之一。除此而外,还有其他规定。例如,没有拆解处理的车辆不能侧放、不能倒放以及不能堆放。

④拆解零件的再使用。按照德国汽车工业协会的规定,回收利用率要达到90%。可回收的零部件均按类分放,并注明和说明。

2)报废汽车回收管理特点

(1)法规完善。德国报废汽车管理工作之所以做得好,与法律法规完善、公民的法律意识强是分不开的。例如,德国将与汽车报废有关的法规编绘成册,包括器械安全、易燃液体安全、易爆物体安全、工作环境、水资源保护、危险物品运输安全、建筑安全、化学品特别是危险品保护及其保险等。在环境影响评价法、环境赔偿法等法规中,对报废汽车的拆解场所有明确要求,如有污染物渗透到地下污染地下水时,应获得保险赔偿。同时,由于具有监督机制,政府、企业各行其是,使汽车报废和拆解形成良性循环机制,实现欧盟成员国预定的目标。总之,无论企业还是车主都能自觉遵守法规,依法行事,这是报废汽车管理取得成功的基础。

(2)市场导向。德国和英国虽然对汽车的报废年限没有明确的法律规定,同时,欧盟实施的《汽车报废指令》对汽车报废年限也是非强制性的。只要通过年检,就不要求车主报废汽车。同样,拆解汽车企业只要取得管理部门的营业执照、经过中介机构认证符合条件,就可以从事汽车拆解。对报废汽车拆解的零件,只要能用的就尽量回收利用,例如,废钢要求直接进入钢铁企业。又如,废旧轮胎的回收利用,也形成了产业链,这不仅可以减少资源浪费,也创造了大量的就业机会,并将汽车报废回收处理作为一个产业来培育。

(3)目标明确。汽车报废的政策目标是环境保护和节约资源,欧盟成员国有关报废汽车法规,均是将环境保护和资源节约作为重要的政策目标。同时,德国和英国都较好地利用了价值规律和市场的作用,利用经济手段保护环境。例如,经过评估没有价值的汽车,车主要付处理费用;同样,废轮胎处理也由使用者付费,所付的费用在德国和英国约2欧元或2英镑,其法律依据是20世纪70年代欧盟采用的"污染者付费原则"。由于有了这种收费补偿,政府不再给综合利用企业其他的政策扶持或资金补助。

(4)中介积极。德国中介组织在报废汽车的管理方面发挥了重要的作用。例如,德国的汽车工业协会,其成员分别来自政府部门、汽车制造商和销售商,起到了政府和汽车主之间的桥梁作用。他们的主要工作有将车主的意见反映给政府、代表政府审查汽车拆解企业的行为表现并发放资格证书等,使德国的汽车报废回收管理制度化,并在有效的监督机制下形成了良性循环。

3)报废汽车回收利用体系运作流程

在德国,当车主决定报废汽车后,必须将报废车辆送交经过专业机构认证的汽车回收站,并将报废车辆送交经专业机构认证的汽车拆解厂进行处理,或由车主将报废车辆直接送汽车拆解工厂进行处理。报废车辆处理主要是拆解,拆出还能够再使用的汽车零部件以出售或供修车时使用;不能重复利用的零部件送到废物处理厂或破碎厂进行处理。拆解及报废处理所需费用根据每辆车的品牌、型号、生产时间和技术状况来决定。汽车拆解厂在处理完报废汽车后,必须填写回收拆解证明,并将该证明交给车主,车主凭该证明和车主证件向当地的交管所和税务部门申请注销车辆登记和停止缴税。报废车辆的回收拆解证明及车主证件二者缺一不可。没有回收拆解证明或该证明未按照有关规定填写的,被视为违反法律规定,并且可处以罚款。德国报废汽车回收利用体系运作流程如图 2-10 所示。

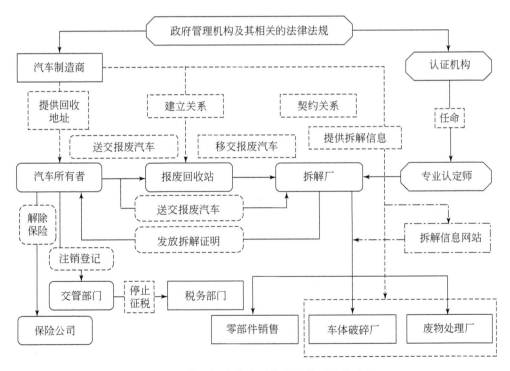

图 2-10　德国报废汽车回收利用体系运作流程

3. 欧盟指令要求

欧盟成立了由政府和工业界代表组成的工作组,以着手提高汽车的回收利用率。其制定的规则鼓励制造商将汽车设计得更易拆解,以减少不易于循环利用的材料种类。该规则已为德国、英国、意大利、法国、荷兰和西班牙等国家所采纳。2003 年,欧盟成员国实行欧盟新的汽车报废政策(Directive 2000/53/EC of the European Parliament and of the Council of 18 September 2000 on End-of-Life Vehicles)。欧盟关于报废车处理的 EU 指令于 2000 年 5 月 24 日正式颁布。其主要内容如下。

(1)新型车使用环境负荷物质的规定。EU 指令规定 2003 年 7 月以后,原则上禁止使用铅、汞、镉及六价铬。但下列 13 种情况除外:含铅≤0.35％的钢(含镀锌钢);含铅≤0.4％的铝;含铅≤4％的铅合金;蓄电池;含铅≤4％的铜合金;铅青铜制轴承套;汽油罐内镀铅;防震装置;高压和燃料软管用添加剂;防护涂料用稳定剂;电子基板及支持器用铅;防锈镀层用六价铬;灯管及仪表板指示灯用水银。另对,电动汽车电池用铅和镉等 5 种部件正研究中,将在指令公布后一年内正式决定。

(2)报废车处理前解体的规定。要求各加盟国必须保证防止报废车处理所造成的环境污染,以下处理设施应取得有关部门发放的许可证和登记证:蓄电池和液化气罐的拆卸;有爆炸危险的部件(如气囊)的拆卸或无害化;燃料、各种油类、冷却液、防冻剂及报废车上其他液体的取出和保管;含水银部件的拆卸。另外,为促进再生利用,对以下部件应予拆卸:催化剂、玻璃;含铜、铝、镁的部件(若压碎无法回收的);保险杠、仪表盘、液体容器等大件塑料部件及轮胎。

(3)再生利用率的规定。再生利用可能率:95％以上(其中能源利用 10％以下)。EU 车辆型式认定指令(70/156EEC)2001 年末进行了修订,修订后 3 年对上市的全部车辆认证按此实施。

再生利用实际效率:对 2006 年 1 月起的报废车为 85％以上(其中能源利用率≤5％);2015 年 1 月以后的报废车为 95％(其中能源利用率≤10％)。

(4)报废车回收网络的规定。加盟国对于按经济原则运行的诸行业(销售、回收、保险、解体、压碎、再生利用和废弃处理)应采取保证报废车和二手部件回收处理系统建立的措施;2002 年 7 月 1 日的新车及 2007 年 7 月 1 日以后的全部报废车,应确保交给公认的处理设施回收;加盟国应建立以解体证明书为吊销车证登记条件的系统。

(5)报废车无偿回收的规定。对于 2002 年 7 月 1 日以后的新车及 2007 年 7

月 1 日以后的全部报废车,在交给加盟国认定的处理设施处理时,最终所有者不负担费用,生产者负担回收、处理费用的全部或大部,对此应采取必要的保证措施。

2.2.2 国内汽车管理体制现状

1. 汽车强制报废制度

1986 年,我国制定了《汽车报废标准》,对汽车施行强制性报废管理制度。但是,2007 年开始,采用强制性与技术性相结合的管理制度。

1997 年,国家经贸委等六部(局)重新修订并颁布了新的国家《汽车报废标准》(国经贸经〔1997〕456 号)。该标准从汽车的累计行驶里程 30 万～50 万公里、使用年限 8～10 年、损坏无法修复、车型淘汰、耗油量超过出厂定值的 15%、安全性能和排放污染等 7 个方面对汽车报废作出了规定。

1998 年,我国对轻型载货汽车报废标准进行了调整,累计行驶里程由 30 万公里增加到 50 万公里,使用年限由 8 年延长至 10 年。

2000 年 12 月,对非营运型载客和旅游载客汽车的使用年限标准进行了调整,规定 9 座以下非营运载客汽车使用年限延长至 15 年,旅游载客汽车和 9 座以上的非营运载客汽车的使用年限延长至 10 年。

2006 年以前,我国《汽车报废标准》几经修订,根据车型和用途的不同进行了调整,既加速了汽车的报废更新,又活跃了新车销售市场,刺激了私人购车。

2006 年 9 月 30 日,国家商务部拟定的《机动车强制报废标准规定》(征求意见稿)开始向社会公开征求意见。与 2006 年以前标准相比,"征求意见稿"取消了非营运小型、微型乘用车以及专项作业车的报废年限规定,对其他车型的报废年限都适当进行了延长,同时强化了车辆的技术状态及安全、环保指标。新的汽车报废标准更加合理,对二手车市场将产生较大影响。

2012 年 8 月 24 日,商务部第 68 次部务会议审议通过了商务部、发改委、公安部、环境保护部日前联合发布《机动车强制报废标准规定》,自 2013 年 5 月 1 日起施行。

其中,根据第四条规定:已注册机动车有下列情形之一的应当强制报废,其所有人应当将机动车交售给报废机动车回收拆解企业,由报废机动车回收拆解企业按规定进行登记、拆解、销毁等处理,并将报废机动车登记证书、号牌、行驶证交公安机关交通管理部门注销:

(1)达到本规定第五条规定使用年限的;

(2)经修理和调整仍不符合机动车安全技术国家标准对在用车有关要求的;

(3)经修理和调整或者采用控制技术后,向大气排放污染物或者噪声仍不符合

国家标准对在用车有关要求的;

（4）在检验有效期届满后连续 3 个机动车检验周期内未取得机动车检验合格标志的。

新版《机动车强制报废标准规定》中第五条、第七条,关于汽车按使用年限及引导报废行驶里程,如表 2-3 所示。

表 2-3　《机动车强制报废标准规定》(2012 版)中汽车使用年限及引导报废行驶里程

类型		用途与特征	使用年限/年	行驶里程/万公里
载客汽车	小/微型	非营运载客汽车	无限制	60
		出租客运汽车	8	60
		教练载客汽车	10	50
		租赁载客汽车	15	60
		其他营运载客汽车	10	60
	中/大型	非营运大型轿车	无限制	60
		非营运载客汽车	20	50/60
		出租客运汽车	10/12	50/60
		教练载客汽车	12/15	50/60
		专用校车	15	40
		公交客运汽车	13	40
		其他营运载客汽车	15	50/80
载货汽车		三轮汽车、装用单缸发动机的低速货车	9	—
		装用多缸发动机的低速货车以及微型载货汽车	12	30/50
		危险品运输载货汽车	10	40
		其他载货汽车(包括半挂牵引车和全挂牵引车)	15	70
		有载货功能的专项作业车	15	50
		无载货功能的专项作业车	30	50
		全挂车、危险品运输半挂车	10	—
		集装箱半挂车	20	—
		其他半挂车	15	—
摩托车		正三轮摩托车	12	10
		其他摩托车	13	12
其他		轮式专用机械车	无限制	50

注:微型载货汽车行驶 50 万公里;中、轻型载货汽车行驶 60 万公里;重型载货汽车(包括半挂牵引车和全挂牵引车)行驶 70 万公里。

对小、微型出租客运汽车(纯电动汽车除外)和摩托车,省、自治区、直辖市人民政府有关部门可结合本地实际情况,制定严于上述使用年限的规定,但小、微型出租客运汽车不得低于 6 年,正三轮摩托车不得低于 10 年,其他摩托车不得低于 11 年。

机动车使用年限起始日期按照注册登记日期计算,但自出厂之日起超过 2 年未办理注册登记手续的,按照出厂日期计算。

《汽车报废标准》确定汽车报废的主要依据是使用年限。国家对达到一定行驶里程的机动车引导报废,其所有人可以将机动车交售给报废机动车回收拆解企业,由报废机动车回收拆解企业按规定进行登记、拆解、销毁等处理,并将报废的机动车登记证书、号牌、行驶证交公安机关交通管理部门注销。

规定所称机动车是指上道路行驶的汽车、挂车、摩托车和轮式专用机械车;非营运载客汽车是指个人或者单位不以获取利润为目的的自用载客汽车;危险品运输载货汽车是指专门用于运输剧毒化学品、爆炸品、放射性物品、腐蚀性物品等危险品的车辆;变更使用性质是指使用性质由营运转为非营运或者由非营运转为营运,小、微型出租、租赁、教练等不同类型的营运载客汽车之间的相互转换,以及危险品运输载货汽车转为其他载货汽车。

变更使用性质或者转移登记的机动车应当按照下列有关要求确定使用年限和报废:

(1)营运载客汽车与非营运载客汽车相互转换的,按照营运载客汽车的规定报废,但小、微型非营运载客汽车和大型非营运轿车转为营运载客汽车的,应按照《汽车报废标准》附件 1 所列公式核算累计使用年限,且不得超过 15 年;

(2)不同类型的营运载客汽车相互转换,按照使用年限较严的规定报废;

(3)小、微型出租客运汽车和摩托车需要转出登记所属地省、自治区、直辖市范围的,按照使用年限较严的规定报废;

(4)危险品运输载货汽车、半挂车与其他载货汽车、半挂车相互转换的,按照危险品运输载货车、半挂车的规定报废。

距本规定要求使用年限 1 年以内(含 1 年)的机动车,不得变更使用性质、转移所有权或者转出登记地所属地市级行政区域。

1997 年的报废标准有年限规定,是因为当时汽车还不是“消费品”而是“生产资料”。私车保有量很少,除了运营车辆,就是公车。这两种车存在着使用时间长、频率高、一车多用,一年要运行 10 多万公里。因此,还不到厂家规定报废的年限,车况就已经不宜再用。另一方面,那时国产汽车的制造技术、标准规范、使用环境与现在相比也不可同日而语。由于新的报废标准延长了汽车使用年限,车主的年平均使用费用也可以相应降低,从一定程度上减轻了车主的经济压力,对于建设节约型社会也十分有利。特别是取消了报废年限限制,在旧车进入二手车市场时,由于车辆"剩余寿命"的延长,有利于获得更高的车辆残值,这有助于置换新车,促进消费。

1997 年修订的《汽车报废标准》规定,非营运轿车行驶 10 年(经申请审批可延长至 15 年)或 50 万公里将强制报废。而在新的汽车报废标准中,非运营轿车的使用年限已经取消了,引导报废的程数也延长到 60 万公里。

此外,《机动车强制报废标准规定》也延长了对微型、小型和大型出租车的行驶里程限制,由 50 万公里增加到 60 万公里;使用年限方面,除微型和小型出租车仍维持在 8 年外,其他车辆的使用年限都有不同程度的增加。按照《机动车强制报废标准规定》的规定,车型淘汰,已无配件来源的或汽车经长期使用耗油量超过国家定型车出厂标准规定值 15% 的车型,不再强制报废。此举更体现了法规的人性化和对物权的尊重。

2. 报废汽车回收管理规范化

1983 年,由国家经贸委为主成立了全国老旧汽车更新领导小组,设立了专门的办公室,随后各地方政府也成立了相应机构,基本上理顺了管理体制。

1988 年和 1990 年,国务院先后召开两次办公会议提出了要加强汽车报废工作的组织领导,加快汽车报废更新的步伐,加强对旧车交易和报废汽车回收拆解工作的管理,进一步促进了汽车更新报废工作走向规范化、标准化。

1995 年全国老旧汽车领导小组和原内贸部制定了《报废汽车回收管理办法》,规定了汽车更新报废的程序、负责回收的单位,并明确指出任何个人和未经批准的单位不能开展此项业务,严禁拼装车、报废车及其五大总成等流入市场。

为了促进报废汽车回收企业布局合理及合法经营,国家对其实行了企业资格认证制度,发布了《报废汽车回收(拆解)企业资格认证暂行管理办法》(内贸再联字〔1997〕53 号)。

1998 年原国内贸易部又颁布了《旧机动车交易管理办法》(内贸机字〔1998〕33 号),规定了报废车、非法拼组装车、未办理检测以及证件不全者等禁止入场交易,进一步堵塞了其流入市场的渠道。此外,各地方政府相继也出台了一些法规,这些政策法规保障了我国"八五"期间 100 万辆和"九五"期间 180 万辆汽车更新计划的超额完成,从而基本实现了老旧汽车按标准强制性报废。

2001 年 6 月 16 日,国务院颁布了《报废汽车回收管理办法》(第 307 号令)(以下简称《办法》),其中明确了报废汽车所有者和回收企业的行为规范及依法应予禁止的行为;明确了负责报废汽车回收监督管理的部门及其职责分工;明确了地方政府对报废汽车回收工作的责任;明确了对违法行为的制裁措施等。

目前,我国已有的关于报废机动车回收拆解的政策性文件主要包括:国务院 2001 年公布的《中华人民共和国报废汽车回收管理办法》、商务部 2005 年公布的《汽车贸易政策》以及国家发展和改革委员会(简称发改委)、科技部、环保总局 2006 年联合发布的《汽车产品回收利用技术政策》等。这些文件的主要目的是规范报废机动车回收拆解工作,建立汽车产品报废回收制度,禁止报废零部件及非法拼装车的倒卖行为上,其内容多是指导性的规定,对环保和资源循环利用也只是提出了一些概括性的要求。

我国的报废机动车回收拆解认定工作由国家经济贸易主管部门(原为国家经贸委,现为商务部)负责,以公告的形式公布企业名单。资质的认定则是依据《报废机动车回收管理办法》中的相关规定和原国家经贸委 2001 年制定并实施的《报废机动车回收企业总量控制方案》,认定的条件主要是企业规模方面的要求。

3. 汽车产品回收利用技术政策

2006 年 2 月 14 日,国家发改委、科技部和环保总局对外发布了《汽车产品回收利用技术政策》。这个推动我国汽车产品报废回收的指导性文件,将会对我国汽车的生产和销售及相关企业启动、开展并推动汽车产品的设计、制造和报废、回收与再利用等环节,都带来深刻的影响。《汽车产品回收利用技术政策》分为总则,汽车设计及生产,汽车装饰、维修、保养,废旧汽车及其零部件进口,汽车回收及再生利用和促进措施共六个部分。从汽车产业链的各个环节全面提出了回收利用技术的指导和规范。

《汽车产品回收利用技术政策》规定,在我国销售的汽车产品在设计生产时,需充分考虑产品报废后的可拆和易拆解性,遵循易于分拣不同种类材料的原则。优先采用资源利用率高、污染物产生量少,以及有利于产品废弃后回收利用的技术和工艺。汽车设计生产禁用散发有毒物质和破坏环境的材料,减少并最终停止使用不能再生利用的材料和不利于环保的材料。限制使用铅、汞、镉和六价铬等重金属。加强汽车生产者责任的管理,在汽车生产、使用、报废回收等环节建立起以汽车生产企业为主导的完善的管理体系。

《汽车产品回收利用技术政策》明确提出,2010 年起,我国汽车生产企业或进口汽车总代理商要负责回收处理其销售的汽车产品及其包装物品,也可委托相关机构、企业负责回收处理;将汽车回收利用率指标纳入汽车产品市场准入许可管理体系;综合考虑汽车产品生产、维修、拆解等环节的材料再利用,鼓励汽车制造过程中使用可再生材料,鼓励维修时使用再利用零部件,提高材料的循环利用率,节约资源和有效利用能源,大力发展循环经济。

在《汽车产品回收利用技术政策》第一章"总则"中,提出了我国汽车产品回收的时间表,即汽车产品回收利用的三个阶段性目标:

2010 年起,所有国产及进口的 M2 类和 M3 类、N2 类和 N3 类车辆的可回收利用率要达到 85% 左右,其中材料的再利用率不低于 80%;所有国产及进口的 M1 类、N1 类车辆的可回收利用率要达到 80%,其中材料的再利用率不低于 75%。

2012 年起,所有国产及进口 M 类和 N 类车辆的可回收利用率要达到 90% 左右,其中材料的再利用率不低于 80%。

2017 年起,所有国产及进口 M 类和 N 类车辆的可回收利用率要达到 95% 左右,其中材料的再利用率不低于 85%。

《汽车产品回收利用技术政策》就汽车生产企业与下游的合作关系作出了说明:"汽车生产企业要积极与下游企业合作,向回收拆解及破碎企业提供《汽车拆解指导手册》及相关技术信息,并提供相关的技术培训,共同促进报废汽车回收利用率的不断提高。""汽车生产企业要与汽车零部件生产及再制造、报废汽车回收拆解及材料再生企业密切合作,共享信息,跟踪国际先进技术,协力攻关,共同提高汽车产品再利用率和回收利用率。""汽车生产企业或进口总代理商要积极配合政府部门开展课题研究、政策制定等相关工作,主动开展提高汽车产品可回收利用率的科研攻关、技术革新、设备改造等工作。"

2.3　国内外汽车回收利用发展趋势分析

在废旧汽车回收利用的早期,汽车回收主要是简单的拆解方法。目前,废旧汽车回收和再生资源循环技术的研究转向高技术、低污染、容易回收、减少固体废弃物,并为再利用和再生循环提供高质量的原料。在普遍提高拆解技术水平的同时,使回收过程符合环保要求。发达国家和地区年报废汽车量相当大,西欧、美国和日本每年报废汽车总量约 3500 万辆。因此,它们对报废汽车回收利用十分重视,从立法到拆解方式已经形成了完整的体系,报废汽车成为产生巨大经济效益和社会效益的现代化产业。其主要特点是:技术成熟、全国性回收网络、管理信息化及零部件利用率高。

2.3.1　国外发展趋势

欧盟关于报废汽车的法规为材料回收确定了很高的目标。2006 年以后,报废汽车的循环利用率至少要达到 80%,回收率至少要达到 85%;到 2015 年,这两项指标将分别上升到 85% 和 95%。

随着汽车制造业中轻质材料用量的增加,2015 年以后需要回收的非金属物质的比例将更大。目前,欧盟成员国每年有超过 1000 万辆汽车投放市场,这些汽车在 13～14 年后将达到使用寿命,那时将产生 800 万～900 万吨的废弃物。对于汽车企业而言,要想达到欧盟规定的要求,就必须在新车的开发阶段就融入回收的概念,以保证生产出来的汽车更加安全、更加环保。

国外汽车再生资源利用的发展趋势是,尽可能提高回收利用率;开发利用快速装配系统和重复使用的紧固系统及其他能使拆卸更为便利的技术及装置;开展可拆解、可回收性设计;开发由可循环使用的材料制作的零部件及工艺;开发易于循环利用的材料;减少车辆使用中所用材料的种类;开发有效的清洁能源回收技术。由美国能源部先进汽车技术办公室和阿贡实验室赞助的一项研究,提出了未来 20 年影响汽车回收利用的主要因素及其它们之间的关系,如图 2-11 所示。并为实现 95% 回收利用率目标作出了规划,如图 2-12 所示。欧盟(EU)的环境政策的目的是在于:保全、保护环境并提高环境质量,保护人类健康,合理利用国土资源。其政策的制定基于预防原则、采取预防行动的原则、找出环境破坏的根源从而优先改善的原则以及污染者负担原则。

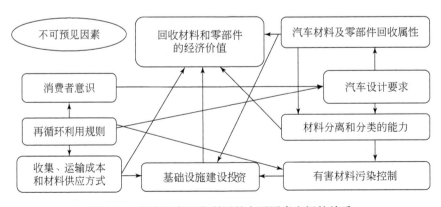

图 2-11　影响汽车回收利用的主要因素之间的关系

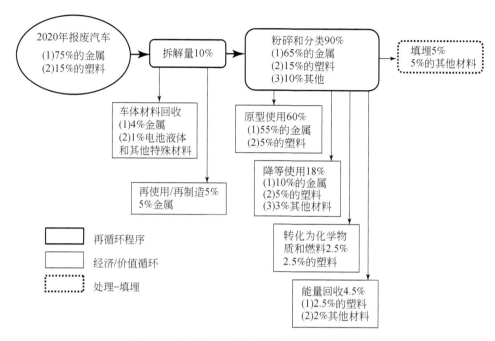

图 2-12　实现汽车回收利用率 95% 目标的规划

所谓预防原则是指:有害可能存在时,在有害结论得出之前、禁止使用。也就是说,即使在有害结论出来以前,也可以限制使用。另外,所谓污染者负担原则是指由于污染环境的是产品制造者,所以应由制造者承担环境处理责任。

2.3.2　国内发展趋势

报废汽车回收利用并不单纯是行业自身发展的问题,它在资源综合利用、环境保护、提供就业机会等方面都有积极的影响。在报废汽车回收利用产业发展进程中,将以提高报废汽车回收、再制造利用率和保护环境为目的,完善立法,调整产业布局;加强科学管理和科技投入,提高回收利用水平,减少环境污染;推动企业规模化、市场化进程,引入多元投资渠道,加大企业技术装备改造力度,推进技术进步,促进报废汽车回收利用产业健康、有序、稳定和协调发展。

近年来,我国对发展汽车再生资源利用产业关注和重视。例如,在对国内外再制造产业发展状况深入研究的基础上,提出了中国汽车零部件再制造产业发展的对策与措施。

(1)大力度地对汽车零部件再制造示范工程进行支持。

(2)适时修订、完善相关法规和汽车零部件再制造管理办法,建立汽车零部件再制造与报废汽车回收拆解相衔接的制度。

（3）加强对再制造产品市场流通的监管，建立再制造产品生产和市场监管体系，对汽车零部件再制造实行严格的市场准入制度；制定再制造行业标准；实施再制造产品认证和标识制度；建立产品信息登记管理系统等。

（4）加大再制造关键技术研发和产业化示范的支持力度。科技部已将再制造关键技术开发列为重大科技攻关项目，国家发改委也将利用国债资金对再制造产业化示范项目给予支持。

（5）提高社会各界对发展再制造产业重要性和紧迫性的认识，鼓励消费者使用再制造产品。

此外，企业将重视汽车再生资源利用技术的自主创新，开展汽车绿色设计与制造、采用单材料及开发再生材料等从根本上提高汽车再生资源回收利用程度的方法研究和推广应用。

第3章 汽车绿色设计理论与实践

3.1 绿色设计简介

3.1.1 绿色设计概念及内容

1. 绿色设计概念

绿色设计(green design,GD)是将保护环境的措施和预防污染的方法应用于产品的设计,其目的是使产品在全寿命周期内对自然环境的影响最小。即从产品的概念形成、设计制造、使用维修,报废回收、再生利用以及无害化处理等各个阶段,要达到保护自然生态、防止污染环境、节约原料资源和减少能源消耗的效益。具体地讲,绿色设计就是在产品整个生命周期内,将产品的环境影响、资源利用及可再生等属性同时作为产品设计目标,在保证产品应有的基本功能、使用寿命和周期费用最优的前提下,满足环境设计要求。

2. 绿色设计内容

绿色设计是在设计、制造、使用、回收和再生利用等产品生命周期各阶段综合考虑环境特性和资源利用效率的先进设计理念和方法,它要求在产品的功能、质量和成本基本不变的前提下,系统考虑产品生命周期的各项活动对环境的影响,使得产品在整个生命周期中对环境的负面影响最小,资源利用率最高。绿色设计的主要内容包括以下几个方面。

(1)产品描述与建模。主要是准确全面地描述绿色产品,建立系统的绿色产品评价模型是绿色设计的关键。

(2)材料选择与管理。绿色设计的选材不仅要考虑产品的使用条件和性能,而且应考虑环境约束准则,同时必须了解材料对环境的影响,选用无毒、无污染材料及易回收、可重用、易降解材料。

除合理选材外,同时还应加强材料管理。绿色产品设计的材料管理包括两方面内容:一方面不能把含有有害成分与无害成分的材料混放在一起;另一方面,达到寿命周期的产品,有用部分要充分回收利用,不可用部分要采用一定的工艺方法进行处理,使其对环境的影响降低到最低限度。

(3)可回收性设计。在产品设计初期,应充分考虑其零件材料的可回收性、回收价值、回收方法、可回收结构及拆解工艺性等一系列于回收相关的问题,最终达到零件材料资源、能源的最大利用,并对环境污染为最小的一种设计思想和方法。可回收性设计包括以下几方面的主要内容:①可回收材料及其标志;②可回收工艺与方法;③可回收性经济评价;④可回收性结构设计。

(4)可拆解性设计。在产品设计初级阶段,应将可拆解性作为设计的评价准则,使所设计的结构易于拆卸和便于维护,并在产品报废后再使用部分能充分有效地回收和利用,以达到节约资源、能源和保护环境的目的。可拆解性要求在产品结构设计时,改变传统的联接方式,代之以易于拆解联接方式。可拆解结构设计有两种方式:基于典型构造模式的可拆解性设计和计算机辅助的可拆解性设计。

(5)产品包装设计。绿色包装已成为产品整体绿色特性的一个重要内容。绿色包装设计的内容包括优化包装方案和包装结构,选用易处理、可降解、可回收重用或再利用的包装材料。

(6)技术经济分析。在产品设计时就必须考虑产品的回收、拆解及再利用等技术性能;同时,也必须考虑相应的生产费用、环境成本及其经济效益等技术经济分析问题。

(7)数据库建立。数据库是绿色产品设计的基础,它应包括产品寿命周期中与环境、经济等有关的一切数据,如材料成分、各种材料对环境的影响值、材料自然降解周期、人工降解时间与费用,制造、装配、销售和使用过程中所产生的附加物数量及对环境的影响值,环境评估准则所需的各种判断标准等。

3.1.2　绿色设计的特点与原则

1. 绿色设计特点

绿色设计源于人们对发达国家工业化过程中,对资源浪费和环境污染的反思以及对生态规律认识的深化,是传统设计理论与方法的发展与创新。

在产品绿色设计时,必须按环境保护的要求选用合理的材料和合适的结构,以利于产品的回收、拆解及材料再利用;在制造和使用过程中,应能实现清洁生产、绿色使用并对环境无危害;在回收和资源化时,保证产品的回收率,使废弃物最少并可进行无害化处理等。

绿色设计在产品整个寿命周期中把其环境影响作为设计要求,即在概念设计及初步设计阶段,就充分考虑到产品在制造、销售、使用及报废后对环境的各种影响。通过相关设计人员的密切合作,信息共享,运用环境评价准则约束制造、装配、拆解和回收等过程,并使之具有良好的经济性。

　　绿色设计涉及机械设计理论与制造工艺、材料学、管理学、环境学和社会学等学科门类的理论知识和技术方法,具有多学科交叉的特性。因此,单凭传统设计方法是难以适应绿色设计的要求。绿色设计是一种集成设计,它是设计方法集成和设计过程集成。因此,绿色设计是一种综合了面向对象技术、并行工程、寿命周期设计的一种发展中的系统设计方法,是集产品的质量、功能、寿命和环境为一体的系统设计,绿色产品设计系统简图如图 3-1 所示。

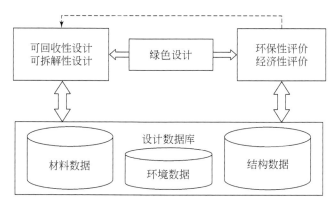

图 3-1　绿色设计系统简图

　　在传统设计过程中,通常是根据产品技术性能和使用消费属性进行设计,如功能、质量、寿命和成本。设计原则是产品易于制造,并应保证技术性能和满足使用要求,而较少或基本不考虑产品报废后的资源化、再利用以及对生态环境的影响。这样设计制造出来的产品,不仅资源和能源浪费严重,而且报废后回收利用率低,特别是有毒有害等危险物质,对生态环境将产生严重污染。

　　由此可见,绿色设计与传统设计的根本区别在于:绿色设计要求设计人员在设计构思阶段就要把降低能耗、易于拆解、再利用和保护生态环境与保证产品的性能、质量、寿命和成本的要求列为同等的设计要求,并保证在生产过程中能够顺利实施。

2. 绿色设计原则

　　绿色设计把减量化(reduce)、再利用(reuse)和再循环(recycle)作为基本原则,它们构成从高到低的优先级排列。

减少资源使用是绿色设计最经济和最有效的选择,即从产品生产的源头采取措施,尽量减少资源的使用。但是,资源节约并不是不消耗资源,而是要物尽其用。资源高效利用和再利用的实质是在生产活动中尽量应用智力资源来强化对物质资源的替代,实现产品生产的知识转向。

尽量利用可用零部件或者经过再制造的零部件进行设计。其中,模块化设计是最常用的设计方法。模块化设计在一定范围内对不同功能或相同功能不同性能、不同规格的产品进行功能分析,划分并设计出一系列功能模块。通过模块的选择和组合构成不同产品,满足不同需求,既可以解决产品品种规格和生产成本之间的矛盾,方便维修,又有利于产品的更新换代和废弃后的回收与拆解。

绿色设计选择资源再利用模式,在保证自然资源利用和环境容量生态化的前提下,尽可能延长产品使用周期,把废弃产品变为可以利用的再生资源,使资源的价值在循环利用过程中得到充分的发挥,并且把生产活动对自然环境的影响降低到尽可能小的程度。

3.1.3　绿色设计意义

1. 绿色设计是推动资源循环利用的关键

在传统的设计模式中,产品的最终状态是"废弃物"。产品设计只关心技术、功能、工艺和市场目标,至于产品使用后废弃物如何处理,则不在设计范畴。特别是在产品设计过程中,满足市场需求的观念导致了大量生产、大量消费和大量废弃局面的出现,而且产品产量越大,资源消耗越快,垃圾产生越多,生态环境系统负荷日益增加,造成了资源和环境的双重压力。资源存量和环境承载力的有限性难以维系社会的可持续发展,也增加了"末端治理"的成本和难度。

2. 绿色设计是节约资源和避免环境污染的起点

绿色设计运用生态系统理论,把资源节约和环境保护从消费终端前移至产品的开发设计阶段,从源头开始重视产品全寿命周期可能给资源和环境带来的影响。即在产品设计时就充分考虑产品制造、销售、使用、报废回收、再利用和废弃处理等各个环节可能对环境造成的影响,对产品及其零部件的耐用性、再利用性、再制造性、加工过程的能耗以及最终处理难度等进行系统、综合的评价,将产品生命周期延伸到产品报废后的回收、再利用和最终处理等阶段。

目前,绿色设计在许多方面有待于进一步完善,主要表现在:

（1）在产品绿色设计中，设计者必须对产品进行生命周期评价，依据评价结果，才能知道产品是否与环境协调，目前，在评价方法及与之相应的评价软件工具的发展中还有不少困难有待克服；

（2）在绿色产品设计中，设计者要减少设计对环境的影响，就得把环境方面的设计要求转换成特定的、易于应用的设计准则来具体指导设计，但是，目前这一点还难以做到。

3.2　可拆解性设计

3.2.1　可拆解性设计的相关概念

1. 相关概念

对于拆解，不同的学者也给出不同的定义。Pan 等认为拆解是将一个装配体分解为其子装配体或零部件等的系统的分离的过程。Lambert 和 Gupta 则认为拆解是在产品回收利用工作中，获得期望的零件或材料所采用的一种重要的生产过程或生产活动之一。Brennan 等则把拆解理解为在非破坏性条件下，从装配体上将期望的零部件分离移出的过程。在汽车回收利用术语中，汽车产品的拆解被定义为将汽车、总成或部件等装配体进行解体的作业。

因此，基于上述论述，为了更好地理解产品拆解的定义和拆解问题的本质，有必要明确地区分拆卸（removal）与拆解（disassembly）这两个极易混淆的概念，并对它们分别定义如下。

拆卸是将零部件从产品、总成或部件等装配体上分离移出的操作，是一次拆卸操作。而拆解是将产品、总成或部件等装配体进行分离解体的过程，是多次拆卸操作的结果。拆卸与拆解所描述的对象不同，拆卸是针对零件而言的，而拆解是针对产品、总成或部件等装配体的分解过程。同时，为了更好地理解拆卸与拆解的概念的概念，对拆卸与拆解进行了图解，如图 3-2 所示。

另外，基于上述概念的明确区分，可以将总成、部件或零件的可拆卸性（removability）及其产品、总成或部件可拆解性（disassemblability）的定义分别描述如下：可拆卸性可以理解为零部件可以从产品、总成或部件等装配体上被拆卸下来或分离的性能；而可拆解性可理解为产品、总成或部件等装配体能够被分解成为零部件或总成等子装配体的性能。

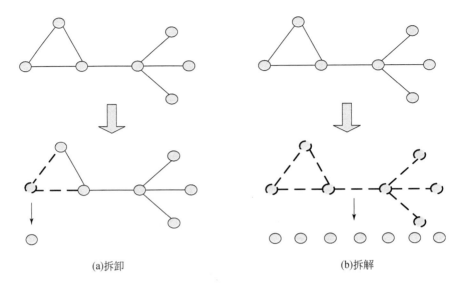

(a)拆卸   (b)拆解

图 3-2　拆卸和拆解图解

可拆解性是产品绿色设计的主要目标和方法之一。在产品设计的初级阶段，可拆解性作为产品特性设计的目标是使产品的构造型式与联接方法不仅具有良好的制造工艺性和维护方便性，而且还要易于拆解，以使产品报废后部分可用零部件得到更充分有效的利用。

2. 可拆解性类型

对于拆解而言，从不同的角度可以进行不同的分类，现将常见的分类说明如下。

(1)破坏性拆解和非破坏性拆解。根据在产品的拆解过程是否会对构成该产品的总成、零部件等造成损伤或损坏，可以把拆解分成破坏性拆解和非破坏性拆解两类。

①破坏性拆解。当产品、总成或部件被拆解时，由于采用的拆卸方式或拆卸方法造成了相关零件的损伤或损坏，从而导致了它们不能恢复原状或丧失功能，称为破坏性拆解。对于破坏性拆解而言，其过程不可逆的特征，因此，要根据具体的拆解要求以及零部件的具体状况来确定是否采用破坏性拆解方式。例如，长期使用的螺母由于受到外界使用因素的影响产生了锈死且不能正常拆卸零部件，这时候就有必要采用破坏性拆解的方式，对其实施拆解。

②非破坏性拆解。当产品、总成或部件被拆解时，采用恰当的拆卸方式且使得

所有被拆卸下来的零件都没有被损伤,称为非破坏性拆解。对于非破坏性拆解方式而言,一般情况下,其拆/装过程是可逆的。非破坏性拆解是实现零部件重用或修复的基本条件。为了提高资源的回收利用率,拆解过程应较多地选用非破坏性拆解方式。

(2)完全拆解和选择拆解。拆解并不完全意味着产品、总成或部件等装配体被完全分解成构成产品的零件的状态,可以根据实际的需要可将其拆解成任何一种可能的状态,如总成、部件、零件甚至材料。因此,根据装配体中的每个零件是否都被拆卸,可以将拆解分为完全拆解和选择性拆解。

①完全拆解。对构成产品的所有零件均进行拆卸的拆解方式,称作为完全拆解。这种拆解方式需要耗费的拆解时间较长,主要用于拆解比较贵重的零部件、原材料稀缺或必须分解的特定产品。

②选择拆解。根据需要对部分可再利用件或有特殊规定的零部件进行拆解,而不考虑是否对其他部件造成损伤的拆解方式,称为选择拆解。这种拆解方式可以对不具有再使用或再制造价值的零部件进行破坏性拆解,然后将其进行材料回收或其他处理,以降低产品的拆解成本,提高拆解效率。

选择拆解对于拆卸下的零部件来说一般应是非破坏性的,而对于剩余部分则可采用破坏性拆解方式。一般情况下,选择拆解是根据需要把有较高利用价值的零部件拆卸下来进行再制造或直接使用,而对那些不能补偿拆解成本的零部件采用破坏性的拆解方式,可以对它们采取材料或者能量的形式进行再利用。

在产品拆解的实际应用中,往往会遇到选择拆解的问题。例如,许多产品在回收时常常只把某个重要部件拆卸下来就结束并完成该拆解过程;或者在产品的维修过程中只是将某个损坏的或有故障的零部件拆卸下来予以更换。

(3)并行拆解和顺序拆解。拆解并不完全要求将构成产品的各个总成或部件等逐个从产品上拆卸下来可。因此,根据装配体中的每个零件或部件是否同时被拆卸,可以将拆解分为并行拆解和顺序性拆解。

①并行拆解。当对某个产品进行拆解时,对构成产品的两个或多个零部件拆卸的拆解方式,称为并行拆解。这种拆解方式利于提高产品的拆解效率,相对于顺序拆解而言,需要耗费的拆解时间较短,但是相对于顺序拆解而言,所用的拆解工时是一样的。例如,对有某个特定的法兰盘结构上的四个螺栓,为了提高其拆解效率,可以对其同时进行拆解,即采用并行拆解的方式实现这四个螺栓的拆卸。

②顺序拆解。当对某个产品进行拆解时,对构成产品的各个零部件采用逐个拆卸的方式,从而最终完成该产品拆解的拆解方式,称为顺序拆解,又称为串行拆

解。对于空间可达性较差及其由于拆解优先约束等条件限制的一些零件的拆卸，由于这些约束的存在有时候不得不才有顺序拆解的方式，实现预先设定的零部件的拆卸。

对于实际产品的拆解，为了提高产品的拆解效率，在条件允许的情况下，可以尽量采用并行拆解的方式，或并行及串行混用的拆解方式。具体如何安排拆解顺序，拆解决策者可以根据需要拆解产品的实际状况自行安排。

(4)多维拆解和一维拆解。拆解并不完全意味着将构成产品的各个总成或部件等沿着某个特定的方向将它们拆卸下来。因此，根据装配体中的某个或某些零件或部件是否沿某个特定的方向拆卸，可以将拆解分为多维拆解和一维拆解。

①多维拆解：在产品拆解过程中，可以对某个零件或多个零件沿多个方向进行拆卸的拆解方式，称为多维拆解。实际上，产品沿哪个方向取决于产品的结构特性和设计特性。对于有些产品的拆解，由于其结构特性，为了提高拆卸效率，可以沿多个方向对构成该产品的零部件进行同时拆解。而对于不能沿多个方向进行拆解的产品，则不得已可采用单维拆解的方式。

②一维/单维拆解：在产品拆解过程中，零件只能或规定沿某一个方向进行拆卸的拆解方式，称为一维拆解。该拆解方式主要适用于由于受到结构特性序列约束的特定零部件的拆解。

对于实际的产品的拆解，根据产品的结构特性及序列优先约束顺序，为提高产品的拆解效率，可以恰当地采用多维或单维的拆解方式。

3. 可拆解性评价参数

基于拆卸与拆解概念的明确区分，现将常见的与拆解相关的评估参数的概念定义如下。

(1)拆卸时间与拆解时间。基于拆卸及其拆解概念的区分，很容易定义零部件的拆卸时间和产品的拆解时间的概念，它们的具体内容分别描述如下。

①拆卸时间：将单个零部件从产品上分离移出并放到指定位置所花费的时间。其通常由进行零部件拆卸的准备时间、拆卸过程时间及其辅助时间三部分构成，其通常用符号 T_i 来代表，也可以理解为拆卸第 i 个零件所耗费的时间。

②拆解时间：将某个产品拆解成为构成该产品的各个零部件的状态时所耗费的拆卸时间的之和或总称。其通常用符号 T 来代表。设某个产品其有构成该产品的 n 个零部件构成的，则拆解该产品所花费的总的拆解时间 T，则可表达为

$$T = T_1 + T_2 + \cdots + T_i + \cdots + T_n \tag{3-1}$$

（2）拆卸费用与拆解费用。相似于拆解时间与拆卸时间的定义,现将零部件的拆卸费用和产品的拆解费用的概念具体描述如下。

①拆卸费用:将单个零部件从产品上分离移出并放到指定位置所花费的费用。其通常用符号 C_i 来代表,也可以理解为拆卸产品的第 i 个零件所耗费的费用。

②拆解费用:将某个产品拆解成为构成该产品的各个零部件的状态时所耗费的拆卸费用的之和或总称。其通常用符号 C 来代表。设某个产品其有构成该产品的 n 个零部件构成的,则拆解该产品所花费的总的拆解费用 C ,则可表达为

$$C = C_1 + C_2 + \cdots + C_i + \cdots + C_n \tag{3-2}$$

（3）拆卸能量及拆解能量。同样的,现将零部件的拆卸能量和产品的拆解能量的概念具体描述如下。

①拆卸能量:将单个零部件从产品上分离移出并放到指定位置所耗费的能量。其通常用符号 W_i 来代表,也可以理解为拆卸产品的第 i 个零件所耗费的能量。

②拆解能量:将某个产品拆解成为构成该产品的各个零部件的状态时所耗费的拆卸能量的之和或总称。其通常用符号 W 来代表。设某个产品其有构成该产品的 n 个零部件构成的,则拆解该产品所花费的总的拆解能量 W ,则可以表达为

$$W = W_1 + W_2 + \cdots + W_i + \cdots + W_n \tag{3-3}$$

3.2.2　可拆解性影响因素

1. 联接类型

联接件是将相邻两个或多个部件采用施加外力的方式将它们融为一起的特殊部件。产品的拆解中的一个重要事件就是将联接件不断解除的过程,尤其在产品的非破坏性拆解过程中,联接件的解除过程更显得尤为重要。可见,联接方式对于产品的拆解具有重要影响。基于联接类型的构成特性及方式不同,可将联接类型分为五大类,如图 3-3 所示。

（1）离散型联接。离散型联接是用于两个或多个零部件且与这些零件相互独立的一种联接件。当它们之间的联接方式被解除以后,其能从与其相关联的零部件件上移除。该联接不会对其相关联的零部件造成损伤,同时其也可以将不同材质的零部件联接起来;其缺点是联接状况不好时易引起零部件之间的配合的松动。典型的离散型联接主要有螺纹联接、螺钉联接等。

（2）集成型联接。所谓集成型联接是指联接件被集成于零部件上的一种联接方式。该联接方式的主要优点是减少了产品零部件的数量,因而也降低了产品拆解或装配的时间,也减少了拆装工具的类型。型的离散型联接主要有卡扣、卡规及

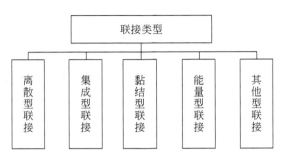

图 3-3　联接类型的分类

卡环等。

（3）黏结型联接。顾名思义，所谓黏结型联接就是应用不同的黏结剂将并依靠它们的黏结作用、物理及化学作用将不同的零部件胶结在一起的联接方式。根据零部件不同的要求及工作特性，可以选用恰当的黏结剂及黏结方式。常用的黏结剂有丙烯酸树脂、聚亚安酯及其厌氧等。

（4）能量型联接。能量型联接就是采用额外的能量源将不同的零部件联接起来的一种联接方式。最普通的能量型联接方式就是焊接。可以根据零部件的不同材质选取不同的焊接方式以提高焊接的稳定性。

（5）其他型联接。不同融入上面论述的四种典型联接方式的联接即为其他型联接，如接缝、卷边等。

联接是造成零部件约束形成的根本原因，因而不同的联接方式，势必造成不同的拆解方式，所采用的拆解工具和方法也是不同的，最终导致拆解所需要的时间及费用等也是不同，即引起产品的拆解效率问题。因而，也有必要对不同的典型的联接方式对拆解的影响效用进行分析，以指导产品的可拆解性评价及设计，使得在满足产品规定功能的同时，尽量选取拆解的联接类型。

2. 结构特性

对于任何较为复杂的事物都是有整体及部分区分的，同时整体又是相对于部分而言。整体被定义为有若干对象（若干成分或元素）按照一定的结构形式构成的有机集合或统一体，整体包含部分，部分从属于整体。二者相互依存，相互依赖，相互影响。

同样，对于产品而言，其也是有与其存在关联、影响关系的零部件构成的。从广义上讲，任何产品其是不可能有单一零件及材料构成的。如果其只有单一零部件及材料构成，其也就演变成单一的个体，即不是装配体，也就不存在对其拆解的活动了。因此,构成产品的各个零部件应如何组合构成产品,即以怎么样的结构特性体现零部件与产品的结构拓扑关系将对其拆解有着极其重要的影响。换言之,若采取了合理的结构形式,这利于报废产品的拆解规划,即提高产品的拆解效率;反之,则对产品的拆解效率造成或轻或种的不利影响。

Schmidt-kretschmer 和 Beitz 通过研究表明,产品在设计时,应尽量采用树形结构设计,而少采用集中型结构设计,其目的是便于零部件的材料识别及产品的拆解规划。树形结构设计及集中型结构设计示意图,分别如图 3-4(a)和(b)所示。

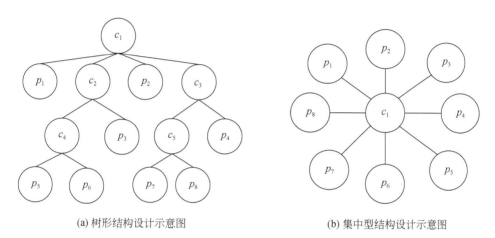

(a) 树形结构设计示意图　　　　　　(b) 集中型结构设计示意图

图 3-4　产品结构构成典型示意图

c_i 为产品或部件;p_i 为零件

正如上面所说的,产品是由零部件构成,而这些零部件又是有不同的材料组成的。材料特性不仅对于产品的使用性能有重要影响,而且对于产品报废后它的回收特性有重要影响,因此必须分析产品的材料特性。实际上产品的材料特性定性地反映了在受到外界环境刺激的情况下其保持原来性能不变的能力,例如,受到外界振动的冲击、外载荷的施加、热的刺激、光的暴晒及其化学剂、污泥的腐蚀、化学反应等。同时,在产品的设计过程中,并不是要求每个零部件必须要考虑这些情况,要根据其具体的使用要求及其将来所处的环境恰当地选取产品的材料构成。

根据 Davis 介绍的选取材料的准则及其结合我们对问题的理解,在进行产品设计时,应考虑以下几个方面:①材料是否易于获得,即材料的稀缺性;②材料的自然特性;③材料的使用性能;④材料的经济特性;⑤材料在产品制造、加工、测试及使用过程中性能的变化特性;⑥材料的易识别特性及易于检测的特性;⑦材料的环境特性,即是否会造成环境的污染等。

在产品的拆解及回收利用过程中,要了解产品的这些材料特性是极其重要的。因为拆解后的零部件并不是完全可以再使用及再制造的零件,剩余的很多不能够再制造或再使用的零部件要对其进行再利用处理,因而了解了这些零部件的材料构成,有利于指导我们对其采用何种方式进行处理和利用。例如,对于废旧的塑料件或金属件,在已知其材料构成的情况下,对它们破碎处理后,可以采用适当的材料分离技术,把材料分类回收,从而提高材料的回收利用率,同时在分离材料时,还要考虑材料的构成中是否包含有毒材料,如果包含这些材料需要考虑采取恰当的手段,对它们实施无害化处理。另外,还得考虑产品设计时,材料种类的选择问题,应尽量少采用复合材料,这样利于材料的分离和回收利用。因此,选取恰当的材料进行产品及其零部件的设计,对报废后材料的回收及拆解是非常重要的。

另外,不同材料的自然特性也是不一样的,有的抗拉、有的抗压、有的还耐腐蚀。因此,在进行材料选取的同时,还得考虑零部件的使用性能,恰当地进行材质的选取。然而,即使考虑了这些工作特点,其材料特性随着所处的环境的运行工况的变化也是会变化的,材料特性的变化是造成产品拆解状态不定的重要原因之一。

同时,在产品的设计过程中,在布置产品结果及其位置的时候,还须考虑零部件被拆卸的可达性,其可分为视觉可达性及工具的可达性。首先,若产品的联接位置无法看到,则无法对该联接进行拆解操作。因而,在产品的初始设计过程中,应当考虑产品被拆解时的视觉可达性问题。例如,对于活塞连杆结构而言,当活塞还处在气缸中的时候,活塞环则是看不到的,因而也无法对其实施拆解。其次,如果联接位置非常隐蔽或设计不合理,拆解工具或拆解工作者不能够顺利地对联接件实施拆卸及移除的操作,则对产品的拆解也是不利的,即其工具可达性不好,也就是可拆解性差。因此在产品的结构设计过程中,还需要综合考虑其拆解工具的可达到性。例如,对于活塞连杆结构的卡环的设计而言,如果卡环设计的太小或卡环联接设计不当,致使拆解工具难以抵达,或即使抵达但是拆卸操作不便利,因此该产品的拆解实施起来就比较麻烦或比较不顺畅,即该产品结构的可拆解性相对较差。

另外,联接件的可达性与联接件的类型、设计特点及其所处的位置密切相关。例如,对于螺栓联接而言,其可拆解性较好,一般也易于布置,使其处于良好的拆卸位置以提高产品的可达性;而对于一些过盈配合的联接方式,则其可拆解性就比较差。又如,在联接结构设计时,如果适当增加一些衬套结构,则也有利于提高产品的可达性。又如,如果在联接件设计的过程中,对某些零件设计恰当的倒角或预设一定角度使拆解工具易于接近,也有利于提高产品的可达性,最终提高产品的可拆解性,从而减少产品拆解的时间和提高拆解效率。

总之,在产品结构设计过程中,要综合考虑其布置形式、零部件的材料构成形式及特性及其结构设计的可达性三方面的内容,从而提高产品的可拆解性,达到产品易于拆解的目的。

3. 拆解工具

拆解工具是用于零部件拆卸的各种器具的总称。拆解工具对于提高产品的效率、减少产品的拆解时间及其降低拆解工作者或机械的劳动能量消耗具有重要的影响作用。对于拆解工具的选择,可能要考虑以下几个方面。第一,根据目标拆卸零件的可达性,尽量选取高效的拆解工具。例如,对于特定螺栓的拆卸,由于其可达性条件不一样,其扳手操作的空间也是有限的,即有的能够在 180°内摆动,而有的只能在 90°内摆动。对于可达性好的螺栓,即可在 180°内摆动的螺栓,应尽量选取旋转扳手进行拆卸,提高拆卸效率,减小拆卸能耗;而对于在 90°内摆动的螺栓,限于条件的约束,有时可能只能选用普通扳手才能实现该螺栓的拆卸。第二,对于精度要求较高的零部件的拆卸,需要根据拆卸要求要求的拆卸工具实施拆卸,以保护被拆卸后的零件,防止拆卸总成不同程度的损伤,提高该零件的使用率。第三,对于特定产品,许多厂家都匹配了专门的拆装工具,如果对这些产品进行拆解时,应尽量选用这些工具。第四,对于一般的产品其在常规条件下,使用普通的常用工具,即可实现产品的拆解。

然而,对于很多产品的拆解而言,由于它们均是使用后的产品,可能更多遇到的是各种不确定问题。例如,对于一个短期使用的螺栓而言,由于受到外界环境的影响,由于使用时间短且工作环境不是特别恶劣,该螺栓可能受到了一点的腐蚀和微小的形变,这个时候只需要较大的启动拆卸力矩将其拆卸就可,为了获得较大的拆卸力矩,可能需要增加辅助拆卸工具。而如果该螺栓长期使用且工作环境比较恶劣,由于其过度腐蚀,则需要破坏性拆卸方式,则需要破碎拆卸工具对其实施拆卸。

由此可见,所选择的拆解工具的类型也是与产品的拆解状态有很大关联的。最后,在对产品的拆解过程中,如果是相同的零部件,虽然不在同一层次面上,如果可以拆卸须同时拆卸,以减少拆卸工具的变换次数,从而减小产品的总的拆解时间。

4. 拆解状态

产品的拆解状态是指产品在经过一定的时间或周期退役后,其被拆解时所处的物理状态。由于不同的产品所使用的条件及其结构构成是不一样的,即使同一产品由于其使用年限和工作环境也是完全不相同的,因此我们可能要遇到各种不确定状态的待拆产品,产品拆解状态的不确定是导致产品拆解时间、费用及能耗等不确定主要原因之一。产品在使用过程中主要经受下面的一些状态或损伤的变化:磨损、变形、疲劳断裂和腐蚀等。

　　5. 拆解过程的独立性

　　产品的结构决定了零部件拆解过程可能是并行的,也可能是顺序的。并行拆解过程是指在某一时刻,可以从不同的位置同时对产品进行拆卸。顺序(串行)拆解过程是指零部件的拆解必须依次进行,也就是两个或以上的零部件拆解是有先后次序的。显然,并行拆解过程比串行拆解过程效率高。

3.2.3　可拆解性设计方法

　　产品可拆解性设计主要采用两种方式,即基于典型构造模式的可拆解性设计和计算机辅助的可拆解性设计。

　　1. 基于典型构造模式的可拆解设计

　　基于典型构造模式的可拆解性设计是参考或应用经实践验证的具有完备可拆解性的典型构造模式进行产品结构形式与联接方式设计的方法。所谓的具有完备可拆解性的典型构造模式是指对构造特征、拆解程序、使用工具和操作空间等信息都有明确描述的结构型式与联接方法。同时,通过对这些结构型式与联接方法进行分类编码并生成构造模式后,可构成典型构造模式可拆解信息数据库,并用来指导规范的可拆解设计。这样,在进行产品可拆解设计时就能充分利用典型可拆解构造模式的数据信息来减少设计工作量,并在合理应用典型可拆解构造模式的基础上,进行集成性创新,实现可拆解结构与联接的优化设计。

　　典型可拆解构造模式是将零部件的结构型式与联接方式抽象成一组既有相同功能和相同联接要素,又有不同性能或用途,但是能互换的基本零部件单元。若将这些基本零部件单元组合,则可得到相对独立、拆解性良好的装配体。因此,基于典型构造模式的可拆解设计分成两个步骤:

　　第一,选择基本零部件单元或模式筛选,即根据结构型式、联接方法和使用条件等要求,合理地选择出若干相应的基本构造模式;

　　第二,按设计要求进行基本单元组合或模式综合,基于典型可拆解构造模式的可拆解性设计可在实现产品功能要求的前提下,通过减少联接方法的种类和简化拆解工艺等,保证产品具有良好的可拆解性能。

目前,汽车产品常用的联接方法有螺纹、焊接、铆接、黏接以及过盈配合等。从整体性来看,铆接和焊接较好;但是,焊接或铆接成组合件势必会造成回收拆解的困难。此外,车身内饰件采用扣件插接代替螺纹联接或黏接等传统的固定方法,提高了内饰组件的可拆解性。所以,虽然螺纹联接与其他方法相比有较好的可拆解性,但是在某种构造形式下也并不一定是最佳的联接方法。

2. 计算机辅助可拆解性设计

计算机辅助可拆解性设计是将基于典型构造模式的可拆解设计过程由计算机辅助进行,并能对设计决策作出相应的评价及修改建议。采用这种方法能在产品设计时,对与其他零部件有结构联接的零部件进行可拆解性结构设计,并可在计算机上模拟演示装配与拆解过程。同时,统计显示拆解所需的时间、拆解成本及效率、回收材料价值、能量消耗及费用、有害成分排放量及零件再生利用价值等。计算机辅助可拆解性设计流程如图 3-5 所示。它包括以下几个模块:

(1)结构设计模块。当零部件有联接要求时,联接方法和结构型式可参照或采用典型构造模式进行选择与设计。

(2)可拆解性评价模块。构造设计能否满足拆解性要求,则应根据拆解性评价准则进行评判。若不满足要求,则给出建议并修改设计。

(3)模拟分析模块。对构造设计进行拆解模拟演示,统计显示拆解模拟过程相关参数。

(4)模拟评价模块。对模拟演示结果进行综合评价,给出评价结果及修改建议。

(5)快速成型模块。对定型结构进行快速成型制造及实物检验。

(6)制造文件模块。对可拆解性良好的构造进行产品制造工艺设计,并生成工艺文件以备生产。

可拆解性设计的关键技术主要包括建立可拆解性设计知识库、数据库及典型构造模式库。可拆解性设计知识库和数据库是产品绿色设计知识库的一部分,是可拆解设计的核心内容。典型构造模式库是采用基于成组技术原理的模块化,将成熟的易于拆解的构造根据结构型式和联接方法的特征等提取构造模式信息,形成相应的数据库。设计时,先在典型构造模式库中进行比较选择,并根据具体要求进行组合设计及局部修改。

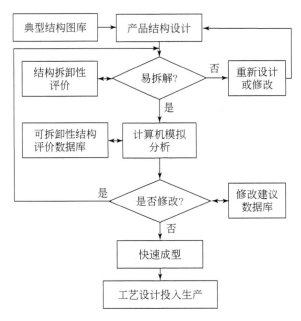

图 3-5　计算机辅助可拆解性设计流程

可拆解设计除涉及常规的设计要求外,还与产品的回收、拆解成本、产品寿命周期与环境条件的关系等密切相关。知识库包括的主要内容有易于拆解的特征定义规则、特征拆解工艺知识、拆解性评价准则及修改建议等。数据库包括拆解时间、拆解费用可再用材料的价值、拆解过程中有害成分的排放量等。在可拆解性设计过程中,每个设计决策要反复与数据库、知识库进行比对,直至设计出拆解性、回收性及经济性良好的结构方案。

3. 可拆解设计准则及过程

拆解是实现再生资源利用的重要环节,良好的拆解性能可提高产品回收利用率及可再使用的零部件数量。但是,只有在产品设计的初始阶段将报废后的拆解性作为设计目标,才能最终实现产品的高效回收。由于可拆解性设计尚无数量化的完整计算方法,因此,可拆解性设计主要是基于可拆解知识积累与设计经验总结的指导性设计准则。它使可拆解性设计过程趋于系统化,避免设计者个人思维的局限性,扩大产品设计约束的调节范围,使容易被忽视的影响因素得到了应有的重视。目前,被广泛接受和应用的面向再生利用的可拆解性设计准则要点内容如表 3-1 所示。可拆解设计的流程如图 3-6 所示。

表 3-1   面向再生利用的可拆解性设计准则要点内容

序号	设计准则	设计要求	设计效果
1	减量化	减少零部件数量和质量;减少危害和污染环境的材料量;减少紧固件数量	减少拆解作业量
2	一致性	减少零部件材料种类;减少联接紧固类型	降低拆解复杂度
3	通用性	使用标准件;增加系列产品零部件的通用性	
4	可达性	易于接近拆解点和破坏性切断点;避免拆解位置的变化和复杂的移动方向	
5	耐久性	可重复使用或再制造,避免零部件被污染和腐蚀	提高再使用率
6	组合性	采用组合式可分解结构,以提高可再用零件的比例	
7	无损性	尽量避免表面损伤及二次处理;避免易老化及腐蚀材料的连接	
8	分离性	有利于不同材料的分离、筛选	保证再循环率
9	相容性	避免在塑料部件中嵌入金属件;避免不同材料组合型结构	
10	辨识性	采用可再生材料成分标识和可再用零件标识	
11	工艺性	模块化设计;优化拆解工艺;避免零部件或材料损坏拆解或加工设备	改进拆解效率
12	环保性	保证对危害和污染环境的材料及部件的拆解处理效果,避免二次污染	避免环境污染

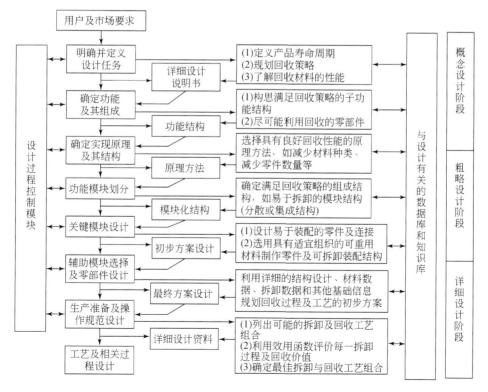

图 3-6   产品可拆解设计流程

3.3 可回收性设计

3.3.1 产品回收利用方式

1. 回收利用方式分类

根据回收处理方式,废旧汽车零部件可分为以下类型。

(1)再使用件。经过检测确认合格后可直接使用的零部件。由于同一辆汽车的所有零部件不可能达到等寿命设计,当汽车报废时总有一部分零部件性能完好,因此既可以作为维修配件,也可作为再生产品制造时的零部件。

(2)再制造件。通过采用包括表面工程技术在内的各种新技术、新工艺,实施再制造加工或升级改造,制成性能等同或者高于原产品的零部件。

(3)再利用件。无法修复或再制造不经济时,通过循环再生加工成为原材料的零部件。

(4)能量回收件。以能量回收方式回收利用的零部件。

(5)废弃处置件。无法再使用、再制造和再循环利用时,通过填埋等措施进行处理的零部件。

所以,废旧汽车回收利用的基本方式可分为再使用、再制造、再利用及能量回收4种主要方式。汽车零部件常见的可回收利用方式见表3-2。相应零部件在汽车上的位置如图3-7所示。

表 3-2　汽车零部件常见的可回收利用方式

序号	部件名称	可选的回收利用方式	典型的回收利用形式
1	前保险杠	再使用、再利用及能量回收	前保险杠、内饰件或工具盒等
2	冷却液	再利用、能量回收	作为锅炉或焚化炉燃料
3	散热器	再利用	铜、铝材料
4	发动机机油	再利用、能量回收	作为锅炉或焚化炉燃料
5	发动机	再制造、再利用	发动机或铝制品
6	线束	再利用	铜产品
7	发动机室盖	再利用	钢材用于汽车部件和其他产品
8	挡风玻璃	再利用	碎片,再生玻璃
9	座椅	再利用、能量回收	用于车辆的隔音材料

续表

序号	部件名称	可选的回收利用方式	典型的回收利用形式
10	车身	再利用	车身部件或钢材用于汽车部件和其他产品
11	行李箱盖	再利用	行李箱盖或钢材用于汽车部件和其他产品
12	后保险杠	再使用、再利用及能量回收	后保险杠、内饰件
13	轮胎(内胎)	再利用、能量回收	橡胶原料或水泥窑燃料
14	车门	再使用、再利用	车门、钢制品
15	催化器	再利用	稀有贵金属
16	齿轮油	再利用、能量回收	作为锅炉或焚化炉燃料
17	变速器	再制造、再利用	钢或铝制品
18	悬架	再利用	钢制品
19	车轮	再使用、再利用	车轮、通用钢、铝制品
20	轮胎(外胎)	再使用、再利用及能量回收	橡胶原料或水泥窑燃料
21	蓄电池	再制造、再利用及能量回收	蓄电池、再生铅材料

2. 回收利用方式选择

产品回收方式的选择即产品回收策略的确定,是指产品报废时对产品整体或零部件采取的回收利用途径。根据产品的设计目标、结构特点和使用情况,为获得最大的回收利用效益应采用不同的回收策略。无论新产品设计还是废旧产品回收,都应进行回收利用方式分析。当然,对于新设计而言,主要是为了提高回收性能;而对于废旧产品回收,则主要是为了提高回收利用效益。产品回收利用方法确定时,应考虑的主要影响因素见表 3-3。

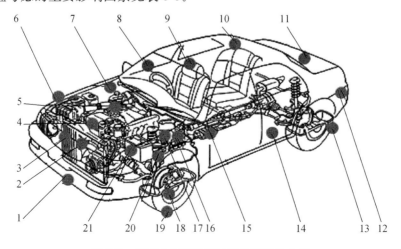

图 3-7　与表 3-2 序号相对应的零部件位置

表 3-3 产品回收利用方式选择的主要影响因素

编号	影响因素	说明
1	使用寿命	设计寿命和使用条件,如汽车 10~15 年
2	设计周期	产品升级的周期,如汽车 2~4 年
3	技术更新	产品技术更新的周期、成本
4	替代产品	产品可以被替代的时间
5	废弃原因	完全报废、主要总成损坏和技术过时等
6	功能层次	主要总成与整体功能的关系
7	部件尺寸	产品零部件的尺寸
8	材料毒性	有毒材料或须单独处理的材料
9	清洁程度	产品使用后的清洁程度
10	材料数量	材料种类的数量
11	部件数量	物理上可分离的并能实现独立功能的部件
12	零件数量	零件的大致数量
13	集成程度	产品集成的程度

表 3-3 中所列因素对回收策略确定的影响具有一定的关联性和模糊性,同时各种因素影响的确定也需对产品进行大量和长期的跟踪调查才能确定。但是,也可以从产品结构、环境影响和成本估计三个方面进行综合的定性分析。

(1)产品结构。产品的结构是决定产品或零部件回收利用方式的基本因素。产品的设计确定了产品零部件潜在的回收可能性与利用方式,其结构直接决定了产品的可拆解性,间接地影响了产品或零部件回收利用的经济性。

(2)环境影响。产品回收过程应尽量减小环境负荷,因此,产品回收决策应考虑环境影响程度。在不同的回收策略中,可能产生环境负荷的过程有运输、拆解、再造、包装、粉碎、材料分离、再生加工和最终废弃物处理。

回收过程可能产生的环境影响形态有能耗、粉尘、气或液体排放、固体废弃物和噪声等。产品的回收既有使产品或材料再生的可能,也会带来附加的环境影响。

(3)成本估计。成本因素是决定是否可进行回收利用的关键因素。不同的回收策略,所需的回收成本是不同的,必须在权衡成本和收益后作出决策。

3.3.2 产品可回收性设计要求

废弃产品的回收利用能减轻自然资源的消耗强度,同时可减少废弃物对环境的危害。美国、日本和欧盟先后颁布了有关产品回收利用的法律法规,引起了学术界和工业界的高度重视。许多学者和研究人员针对产品的可回收性提出了各自不同的理论,其中面向回收的设计(design for recycling,DFR)最具代表性。所谓面向回收的设计是指在产品设计时,应保证产品、零部件的回收利用率,并达到节约资源及环境影响最小的目的。面向回收的设计也被称为可回收性设计。

广义上讲,产品可回收性设计包括以下内容:可回收材料的选择和可回收性标识、可回收产品及零部件的结构设计、可回收工艺及方法的确定和可回收经济性评价等。面向回收的设计思想要求在产品设计时,既要减少对环境的影响,又要使资源得到充分利用,同时还要明显降低产品的生产成本,其主要要求包括以下几个方面。

1. 合理选择材料

(1)应用新型材料。汽车上使用的树脂类材料必须具有足够的刚度、冲击韧性和良好的可回收性,并且材料回收再利用时,性能不能退化。例如,丰田公司采用新的结晶理论进行材料分子结构设计,开发出了商业化的丰田超级石蜡聚合物(toyota super olefin polymer,TSOP)。这种热塑性塑料比常规的增强型复合聚丙烯(polypropylene,PP)具有更好的回收性。现在,TSOP 已经广泛应用于各种新的车型部件制造。应用 TSOP 分子设计方法可以生产 20 种树脂。1999 年 9 月以来,丰田公司已经在各种车型上开始使用这些改进型材料。丰田皇冠采用的 TSOP 保险杠如图 3-8 所示。

图 3-8　TSOP 保险杠

(2)少用 PVC 材料。用具有良好循环性的材料代替聚氯乙烯材料(polyvinyl chloride,PVC)。例如,用无卤素基线束代替具有溴化物防火阻燃层的 PVC 线束。丰田公司 2003 年生产的 Raum 牌轿车使用的 PVC 树脂材料大概为以前的 1/4,甚至更少。

(3)采用天然材料。使用天然材料作车门的内装饰件等。

(4)减少材料种类。例如,汽车仪表台采用的材料组合型结构,它由基材、发泡材料和表面蒙皮组成。采用热塑性树脂使三种结构的材料成分统一,可以简化材料的回收工艺,避免了对复杂材料成分的分离。

(5)标注统一标识。采用国际标准化的材料标识,有利于提高材料的回收利用率。

2. 控制有害材料用量

对环境有影响的材料成分及控制目标,见表 3-4。

表 3-4　对环境有影响的材料成分及控制目标

对环境有害成分	在汽车上的应用	控制目标
铅	线束防护层、燃油箱	2006 年以后,日本规定铅的用量应是以前车型的 1/4,或 123g/车。丰田汽车铅的用量已经达到 1996 年用量的 1/10
汞	液晶显示器	2004 年以后,日本规定除了 LCD 导航系统液晶显示器以外,禁止使用含有汞成分的部件
镉	雾灯和转向灯灯泡	丰田公司已经放弃了使用含有镉的灯泡
六价铬	螺栓、螺母	改变了螺栓、螺母的防腐成分

3. 减少废物产生

(1)减轻质量。可以通过改进结构和工艺,降低产品质量。例如,使用高强度螺栓,减少紧固件尺寸;采用偏平型缸体和 6 挡手动变速器。改进材料加工工艺,制造薄铝车轮;采用高强铝材制造制动器支架。此外,还可通过使部件小型、轻量、耐久和易修等措施,达到减量化目的。

(2)提高消耗材料的使用寿命。延长发动机机油、冷却液、机油滤芯和自动变速器传动液等消耗材料的使用寿命,见表 3-5。

表 3-5　消耗材料使用寿命指标

消耗材料	原使用里程或时间	改进后使用里程或时间
发动机机油	10000km	15000km
长寿命冷却液	3 年	11 年

续表

消耗材料	原使用里程或时间	改进后使用里程或时间
机油滤芯	20000km	30000km
自动变速器传动液	40000km	80000km

（3）采用可回收性结构。例如，将过去整体式保险杠设计成组合式，以便于拆解和更换部分损坏的零件，以减少废弃物的产生。分体式保险杠结构如图 3-9 所示。

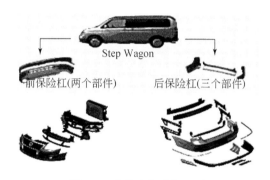

图 3-9　分体式保险杠设计

使用高回收性的改性石蜡基树脂（promotion of olefin resin）材料，用注射模制造零部件，例如，行李箱内饰件，保险杠，A、B 和 C 柱内饰件，空调及仪表面板和车门内饰件等，统一塑料材料的种类。

传统 CR-V 的侧护板采用的是金属和树脂复合结构，然而现在使用聚丙烯材料，通过采用气体辅助注射成型方法既可以保证刚度要求，又可以减少材料的用量，如图 3-10 所示。目前，金属和树脂复合结构已减少到以前用量的 50%。

图 3-10　改变材料复合型结构

丰田公司已经停止使用 PVC 树脂作为线束防护套，PVC 材料的用量已经减少到以前的 1/4。应用对环境影响小的生态塑料（Toyota eco-plastic），根据全寿命周期分析的结果，新材料的应用使二氧化碳的排放量减少了 52%。丰田汽车公司产品应用可回收材料的位置,如图 3-11 所示。

　　此外,用插接固定方法代替大面积黏接发动机室隔音毡,利用再生聚丙烯作为行李箱内饰和隔板等,如图 3-12 所示。

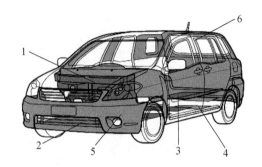

图 3-11　丰田公司再生材料的应用位置

1-再生隔音材料(RSPP);2-再生聚丙烯(PP);3-生态塑料(Toyota eco-plastics);

4-聚乙烯/苯乙烯复合材料(polyethylene);5-超级石蜡聚合物(TSOP);6-热塑性石蜡(TPO)

防护板　　　　　　　后台板　　　　　　行李箱底板

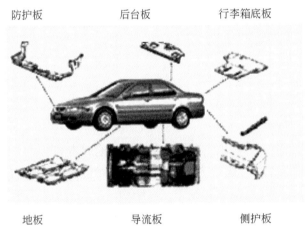

地板　　　　　　　导流板　　　　　　侧护板

图 3-12　由再生材料制作的部件

　　设计可达性好和易分离的部件,如仪表台。减少聚氯乙烯 PVC 材料的使用;通过声学优化设计,使降噪材料的使用最少。在结构设计时要求零部件供应商提供具有可回收概念的产品等,都是提高汽车可回收性的具体方法。

　　通过采用可回收设计,即选用合适的材料和设计合理的结构,日产 Sunny 牌1998 年型轿车的可回收率已经达到 90% 以上,而且 2005 年以后可回收率将超过95%。日产汽车公司典型的可回收利用部件如图 3-13 所示。

聚丙烯部件PP
因其多功能性,可用
于汽车和其他情况

可再使用部件
作为日产绿色部
件再使用

聚丙烯保险杠
作为绿色部件或树脂材料再使用

热塑性部件
作为树脂再使用

图 3-13　日产汽车典型的可回收利用部件

4. 遵循可回收性设计指南

产品设计过程是一个由概念设计到技术设计逐渐深入与不断细化的过程。在这个过程中,设计指南起到了很重要的作用。它使得设计者能够沿着正确的方向和路线改进设计,从而减少了设计反复修改的过程,大大降低了设计周期。面向可回收设计应考虑的因素,如表 3-6 所示。

表 3-6　面向可回收的设计应考虑的因素

序号	因素内容	考虑原因
1	提高再使用零部件的可靠性	便于产品和零部件具有再使用性
2	提高产品和回收零部件的寿命	确保再使用的产品和零部件具有多生命周期
3	便于检测和再制造	简化回收过程、提高再用价值
4	再使用件应无损的拆卸	使再使用成为可能
5	减少产品中不同种材料的种类数	简化回收过程,提高可回收性
6	相互联接的零部件材料要兼容	减少拆卸和分离的工作量,便于回收
7	使用可以回收的材料	减少废弃物,提高产品残余价值
8	对塑料和类似零件进行材料标识	便于区分材料种类,提高材料回收的纯度、质量和价值
9	使用可回收材料制造零部件	节约资源,并促进材料的回

续表

序号	因素内容	考虑原因
10	保证塑料上印刷材料的兼容性	获得回收材料的最大价值和纯度
11	减少产品上与材料不兼容标签	避免去除标签的分离工作,提高产品回收价值
12	减少联接数量	有利于提高拆卸效率
13	减少对联接进行拆卸所需要的工具数量	减少工具变换时间,提高拆卸效率
14	联接件应具有易达性	降低拆卸的困难程度,减少拆卸时间,提高拆卸效率
15	联接应便于解除	减少拆卸时间,提高拆卸效率
16	快捷联接的位置	位置明显并便于使用标准工具进行拆卸,提高效率
17	联接件应与被联接的零部件材料兼容	减少不必要的拆卸操作,提高拆卸效率和回收率
18	若零部件材料不兼容,应使它们容易分离	提高可回收性
19	减少黏接,除非被黏接件材料兼容	许多黏接造成了材料的污染,并降低了材料回收的纯度
20	减少连线和电缆的数量和长度	柔性物质或器件拆卸效率差
21	将不便拆解的联接,设计成便于折断形式	折断是一种快捷的拆解操作
22	减少零件数	减少拆卸工作量
23	采用模块化设计,使各部分功能分开	便于维护、升级和再使用
24	将不能回收的零件集中在便于分离区域	减少拆卸时间,提高拆卸效率,提高产品可回收性
25	将高价值零部件布置在易于拆卸的位置	提高回收利用的经济效益
26	使有毒有害的零部件易于分离	尽快拆解,减少可能产生的负面影响
27	产品设计应保证拆解对象的稳定性	有稳定的基础件,有利于拆卸操作
28	避免塑料中嵌入金属加强件	减少拆解工作量,便于粉碎操作,提高材料回收的纯度和价值
29	联接点、折断点和切割分离线应比较明确	提高拆卸效率

5. 进行可回收性评价

2003 年,日产和雷诺汽车公司联合开发了汽车回收利用评价系统(OPERA),其可以在开发阶段进行汽车可回收性模拟评价,计算可回收率和基于设计数据的再生费用。只要输入零部件材料、拆解时间等数据,OPERA 系统就可以在设计的初期阶段模拟汽车的回收率和再生费用,有利于车辆再生效率的提高。日产汽车公司已经在某些车型上开始采用这项技术，并且计划在不远的将来对所有新开发的车型都采用这项技术。OPERA 系统组成如图 3-14 所示。

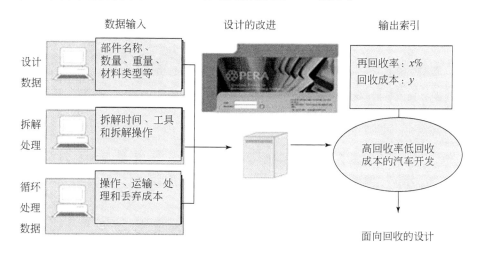

图 3-14　日产和雷诺汽车公司开发的 OPERA 系统组成

6. 重视可回收结构设计

在可回收结构设计方面，以日产 Serena 牌汽车为例进行分析。日产 Serena 牌汽车的可拆解结构如图 3-15 所示。其中前部外饰件（图 3-15 中 1、2）由原来的 15个固定点减少到 14 个；组合尾灯（图 3-15 中 3）由原来的 18 个固定点减少到 8 个。

图 3-15　日产 Serena 牌汽车可回收性结构设计部位

通过采用经济有效的可拆解结构设计，使线束的可回收率由 50% 提高 95%。易拆解线束固定方式，如图 3-16 所示。

为避免再利用的困难，应设计可清晰分辨材料成分的标识，如图 3-17 所示。例如，热塑性材料和热固性材料使用后经常混淆不易分。

图 3-16　易拆解线束固定方式　　　　　　图 3-17　部件材料成分标识

7. 注意材料的兼容性

产品的可回收性具有不同的层次，即产品级、部件级、零件级和材料级。对于产品和零部件级主要考虑的是产品和零部件的再使用性，而材料级主要考虑的是材料的可回收性。

决定产品和零部件的再使用性的主要因素有产品和零部件的可靠性、剩余寿命、再制造和检测的方便性以及可否实现非破坏性拆解等。对于材料的回收性能是由材料本身的回收属性、产品所含材料的纯度以及这些材料成分的一致性或兼容性来决定。材料本身的回收属性要受到现有技术水平的制约，现在不能回收的材料，将来或许就能采用一定的技术手段将其回收。

目前，回收技术状况是单一材料的回收和金属材料的回收技术相对比较成熟，而对于复合材料和混合材料的回收还存在着一定的困难，而且往往是以牺牲回收材料的质量为代价的。正因如此，才对材料的纯度和混合材料成分的一致性有比较高的要求。影响回收材料纯度以及混合材料兼容性的因素如下。

（1）联接件与被联接零件材料的兼容性。如果两者不兼容，可能造成回收材料纯度下降。例如，被联接的两个零件材料相同，但联接件材料却与它们不兼容。从拆卸的经济性考虑不需要再继续拆解下去，但对联接件却要进行非兼容材料的拆解处理。又如，由于某个联接被腐蚀，很难将其从被联接件上拆除，而该联接材料就被混入了其他材料的回收过程中，则需要进行拆解处理。

（2）被联接零件材料的兼容性。当拆解的经济性比较差时，往往就不再继续拆解。这时那些被作为材料回收的、还没有被拆解的零部件就被混在一起处理。对混合材料的处理一般会先将各种成分采用一定的技术手段进行分离，例如，利用磁铁分离铁金属，利用比重不同分离塑料，然后再进行回收。但这种分离的效果就比较差，大大降低了材料的纯度，也使回收材料的质量下降。因此在设计时，应尽量使被联接零部件的材料选择相同或者兼容。

（3）金属件嵌入塑料中。由于这些小金属件是在塑料成型过程中镶嵌在塑料零件中的,分离很不方便,而且经济性又较差。这就造成了材料可回收性的下降。因此,在产品设计时应予以避免。

(4)塑料零件缺少标识。产品使用的塑料种类繁多,成分千差万别,对它们的回收比较困难。由于它们在外形上极其类似,因此塑料的区分和分离成为一大难题。但可以采用 ISO 11469-2000《塑料——通用定义与塑料产品标记》进行塑料成分标识。

(5)标签、黏接剂或墨水的材料兼容性。很多产品为了美观、宣传和广告等目的在产品表面粘贴了很多标签或印上各种颜色的图案。虽然粘贴在装配过程中是一个快捷的操作,但拆下来就很困难了。因此,从回收和环保的角度来看,应尽量少贴标签或采用材料兼容的标签、黏接剂和墨水。

8. 减少 ASR 填埋量

为促进塑料材料的再利用,减少 ASR 的填埋量,大量使用热塑性材料。热塑性材料不仅易于再利用,而且可以开发其他易于循环的材料。除此之外,还注重塑料部件材料成分的识别和使用单一材料设计部件。日产汽车公司大量使用热塑性塑料,以增加产品的可循环性。聚丙烯(PP)是使用最多的热塑性塑料,用量占50%以上。这种材料可以制作各种零部件,从要求有良好耐冲击性的保险杠,到需要有良好耐热性的加热器部件。但是,目前日产汽车公司已经将聚丙烯材料减少到 6 种。塑料材料应用的比例如图 3-18 所示。

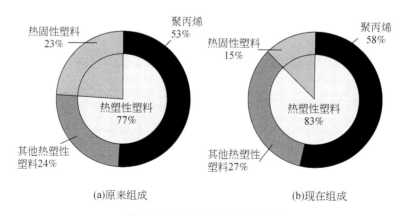

图 3-18　塑料材料应用的比例

3.4　可靠性设计

　　可靠性设计是汽车设计的重要指标,产品设计和制造的可靠性决定了汽车产品的可靠性。汽车设计在保证汽车可靠性程序中占有重要地位。如果在汽车在设计阶段留有产品缺陷,则在事后的制造、使用、维修中无论如何努力,均不可能得到解决,还要导致不断修改,赔偿用户损失,增加维修费用,带来人力、物力和时间上的巨大浪费。因此,设计阶段高度重视汽车可靠性问题是至关重要的。产品设计过程的可靠性决定了产品最终的可靠性。

　　汽车可靠性设计的内容和方法如下。

　　(1)根据市场、用户要求和使用环境,明确汽车系统的可靠性要求,确定其可靠性和可维修性指标,制定目标值,并确定设计方案。

　　(2)从技术上和经济上研究和选择汽车系统的构成(硬件、软件、人的要素)。

　　(3)将汽车系统的可靠性目标值分配给各个系统(总成)和零部件。

　　(4)考虑采用冗余(储备)设计法和备件的使用。

　　(5)灵活运用过去的经验,采用可靠性和维修性高的方式、零部件(利用过去的实例,经过验证的零件表)。

　　(6)考虑应力、环境因素及其时间的变化,采取充分估算安全余量的慎重做法。

　　(7)尽可能采用较简单的、标准化的方法和结构。

　　(8)维修性设计时应考虑便用中的检查、诊断和发生故障时修复容易的结构、维修方式及诊断方式。采用模量化、元件化,使零部件易于更换的结构。

　　(9)从人类工程学的角度考虑,采用易于操作、使用方便、失误动作较少的结构。

　　(10)当采用未曾使用或不太成熟的材料、零部件和方式方法时,应作事前评价,实施模拟实验,并验证其耐受环境的性能后,方可使用。

　　(11)对可靠性进行预测和评估,并查出存在的问题,进行改进。同时,对发生故障存在缺陷可能性较大的地方采取预防措施。

　　(12)各项指标进行平衡。不仅考虑可靠性和维修性,同时要考虑其他质量要素,如重量、尺寸、外观等,并把功能、成本费用包括在内,都应取得平衡,也可以采用折中处理。

　　(13)按设计进度,相应地作设计审查,由技术专家进行建设性评价和采取相应对策。

(14)要为设计人员提供使用方便的手册、资料、数据等,以利工作,并进行相互间的交流。

(15)要有组织地收集使用中的经验数据,并对结果加以分析,反馈到有关部门(数据库的建设和使用)。

(16)可靠性试验。

(17)可靠性管理技术开发。

3.5　节　能　设　计

汽车要求在生产和使用过程中节省能源,在使用过程中对环境污染小,便于用后的回收和再利用。汽车在使用过程中消耗的汽油是一种宝贵的资源,所以西方国家十分注重汽车的节能设计。节能设计可以从以下几个方面入手:

(1)采用节能控制;

(2)采用节能的原理结构;

(3)在不增加操作者劳动强度的条件下采用手动机构,减少不必要的能量存储等;

(4)用后回收和再利用。

如在汽车机械加工中采用装夹式不重磨刀具代替焊接式刀具,可大量节省刀柄材料。为了减少废品率,可采用均衡寿命设计。此外,采用镶装可换结构、提高产品的利用率、可靠性和寿命等措施都可达到节省能源的目的。减少污染包括减少对外部环境的污染和对操作者的危害。节能设计是个涉及多学科的新技术,它的实现需要设计人员更新传统观念,在产品设计过程中时时考虑节省原材料、节约能源、保护环境等问题,还要与管理部门、技术部门和生产部门通力合作,才能设计出环保型产品,才能实现环保型生产过程。

3.6　轻量化设计

汽车轻量化设计对于节约能源、减少废气排放都十分重要。汽车的轻量化设计已经成为主流车企研究的重要方向。研究显示,若汽车整车质量降低 10%,燃油效率可提高 6%～8%;汽车整备质量若减少 100kg,百公里油耗可降低 0.3～0.6L;汽车质量降低 1%,油耗可降低 0.7%。

汽车车身约占汽车总质量的 30%,空载情况下,约 70% 的油耗用在车身重量上。因此,车身变轻对于整车的燃油经济性、减少废气排放等大有裨益。

汽车的轻量化主要通过合理的结构设计和使用轻质材料的方式来实现。

(1)从汽车结构设计阶段就开始轻量化。

目前国内外汽车轻量化技术发展中,首要措施是轻量化结构设计,它融合到了汽设计的前期,使轻质材料在汽车上的应用,包括铝、镁、高强度钢、复合材料、塑料等、与结构设计以及相应的装配、制造、防腐、连接等工艺的研究应用融为一体。轻量化的手段之一就是对汽车总体结构进行分析优化,实现对汽车零件的精简、整体化和轻质化;利用 CAD/CAE/CAM 一体化技术,可以准确地实现车身实体结构设计和布局设计,对于采用轻质材料的零部件,还可以进行布局分析和运动干涉分析等,使轻量化材料能够满足车身设计各项要求。

(2)车身轻量化设计十分关键。

全铝车身设计可以有效减轻车身质量。福特 P2000 采用冲压焊接制造的铝质车身骨架,整备质量仅 906kg,比使用钢板轻 135.6kg,市区百公里油耗减少22.8%。P2000 也成为当今最轻的中型轿车,比传统轿车减重约 40%。该车所采用的黑色金属为222kg,而更多地采用铝、钛型钢材、聚酯、碳纤维及金属等复合材料,如钛制螺母、铸铝前车架、铝制动总泵、铝转向节、铝前制动盘。

(3)发动机、变速器同样需要轻量化。

车辆动力系统在汽车质量上占有很大比重,"瘦身"是不可避免的,首屈一指的是奔驰顶级豪华车迈巴赫(Maybach)和 SIR 轿车的 12 缸发动机的缸体,由于采用了合金材料和缸体连同油底壳设计质量只有 38kg。

研究表明,采用高强度钢板在相同强度条件下可以减少板厚及质量,同时还提高了汽车车体的抗凹陷性、耐久强度和冲击安全性。

3.7　汽车绿色设计实践

3.7.1　螺栓联接可拆卸性设计因素分析

1. 螺栓联接可拆卸性实验设计与数据获取

基于对 3.2 节内容的分析,可以看出影响产品可拆解性设计的因素是多样化的,是一个较为复杂的问题,为了分析某些影响因素对产品拆卸过程的影响,本节以某变速器 M17 螺栓为实验研究对象(图 3-19),对其进行了拆卸时间的统计工作及其拆卸过程影响因素的主次分析。

图 3-19　变速器螺栓拆卸实验对象

在螺栓拆卸实验的设计过程中,本节主要考虑以下几个因素的影响:①产品的拆卸状态,用螺栓的扭紧力矩来模拟;②拆卸工具的不同,分别采用两种拆卸工具对螺栓拆卸并进行不同实验状况下的拆卸时间统计,一是采用棘轮扳手,用工具代号Ⅰ来表示;二是梅花扳手拆卸,用工具代号Ⅱ来表示;③拆卸人员素质,用具有最大拉力不同的拆卸工作人员实施拆卸,拆卸工作人员的最大力矩用测力计来测量。

注意,随机选取的 5 个拆卸人员,他们都进行了一定的专业训练,因此,认为他们的拆卸熟练程度是基本一样的。同时为了防止一些额外的因素对拆卸时间造成误差的影响,对上述螺栓进行了每人次 4 组拆卸,每组拆卸 6 个螺栓,共计 24 次拆卸,将它们的均值作为该螺栓规定条件下的标准拆卸时间。按照上述拆卸方式,对该螺栓的 30 个拆卸方案的拆卸时间进行了统计,其统计结果如表 3-7 所示。

表 3-7　拆卸实验结果

数据代码	扭紧力矩/(N·m)	最大拉力/(9.8N)	拆卸时间/s	
			工具Ⅰ	工具Ⅱ
1	25	28	18.07	29.56
2	50	28	18.12	30.49
3	75	28	22.34	34.37
4	25	24	18.06	30.77
5	50	24	18.56	31.02

数据代码	扭紧力矩/(N·m)	最大拉力/(9.8N)	拆卸时间/s	
			工具 I	工具 II
6	75	24	22.38	35.73
7	25	20	18.25	29.18
8	50	20	18.94	30.86
9	75	20	23.17	37.04
10	25	15	18.21	33.41
11	50	15	18.80	34.71
12	75	15	23.65	39.92
13	25	12	19.05	34.05
14	50	12	20.17	34.87
15	75	12	24.63	40.39

2. 拆卸过程影响因素分析

影响拆卸过程的因素既有定性因素,也有定量因素。为了较好地比较各个因素对拆卸时间的影响,本节采用了由拆卸数据直接观察对比分析和灰色关联度分析的联合分析方法来比较各个因素的主次影响,为了便于拆卸过程因素的比较分析,现将灰色关联度的计算原理介绍如下。

(1)灰色关联度计算基础理论。灰色系统方法在20世纪80年代由邓聚龙教授提出,其已形成一个相对完整的定量分析及因素分析的理论体系,也广泛应用许多领域,如工业、农业、经济与管理等。而灰色关联分析就是灰色系统的典型的定量分析方法,也是进行因素辨识及求解的有效手段。其基本思想就是通过一系列数学运算,如均值化、极差处理得到子因素相对于母因素的关联度,从而根据计算的关联度的大小来比较各个子因素对母因素的影响程度,具体介绍如下。

设一个特定系统的母因素为 Y,子因素有 m 个,分别记为 $X_i(i=1,2,\cdots,m)$,假设已经得到了 n 个点,母因素 Y 和子因素 $X_i(i=1,2,\cdots,m)$ 的观测数据如下:

$$
\begin{matrix}
x_{11} & x_{12} & \cdots & x_{1n} \\
x_{21} & x_{22} & \cdots & x_{2n} \\
\vdots & \vdots & & \vdots \\
x_{m1} & x_{m2} & \cdots & x_{mn} \\
y_1 & y_2 & \cdots & y_n
\end{matrix}
$$

将以上进行重新处理,并引入新的标记,具体如下:

$$x_1^0(k) = \frac{x_{1k}}{\overline{x}_1}, \quad k = 1, 2, \cdots, n$$

$$x_2^0(k) = \frac{x_{2k}}{\overline{x}_2}, \quad k = 1, 2, \cdots, n$$

$$\vdots$$

$$x_m^0(k) = \frac{x_{mk}}{\overline{x}_m}, \quad k = 1, 2, \cdots, n$$

其中,$\overline{x}_i$ 为第 i 个子因素 n 个观测数据的平均值。

因此,基于以上的数据变换可得到下面的 m 个序列:

$$X_1 = \{x_1^{(0)}(1), x_1^{(0)}(2), \cdots, x_1^{(0)}(n)\}$$
$$X_2 = \{x_2^{(0)}(1), x_2^{(0)}(2), \cdots, x_2^{(0)}(n)\}$$
$$\vdots$$
$$X_m = \{x_m^{(0)}(1), x_m^{(0)}(2), \cdots, x_m^{(0)}(n)\}$$

上述过程称为对子因素数据的均值化处理。由于实际数据中,不同因素的数据常具有不同的量纲,为了对它们进行比较和量化分析,首先需要对这组数据通过上述的数据的均值化处理来消除不同量纲的影响。

同样,对母因素 Y 的 n 个数据也需要均值化,可得一个序列记为

$$X_0 = \{x_0^{(0)}(1), x_0^{(0)}(2), \cdots, x_0^{(0)}(n)\}$$

其中,$x_0^{(0)}(k) = y_k / \overline{Y}, k = 1, 2, \cdots, n$。

令 $M = \{1, 2, \cdots, m\}$,$N = \{1, 2, \cdots, n\}$,记

$$\Delta_l = \min_{i \in M}\{\min_{k \in N} | x_0^{(0)}(k) - x_i^{(0)}(k) |\}$$

$$\Delta_2 = \max_{i \in M}\{\max_{k \in N} | x_0^{(0)}(k) - x_i^{(0)}(k) |\}$$

$$\Delta_3 = | x_0^{(0)}(k) - x_i^{(0)}(k) |$$

$$d_{0i}(k) = \frac{\Delta_1 + \lambda \Delta_2}{\Delta_3 + \lambda \Delta_2}, \quad k = 1, 2, \cdots, n$$

其中,$d_{0i}(k)$ 是第 k 个点的子因素 X_i 与母因素 X_0 的相对差值。当绝对差值 Δ_3 越大时,$d_{0i}(k)$ 越小;反之,$d_{0i}(k)$ 越大,因而,$d_{0i}(k)$ 的大小定性地描述了 X_i 对 X_0 的影响程度,称为 X_i 与 X_0 在 k 处的点关联系数。因此,λ 为分辨系数,一般在 $0 \sim 1$ 选取,其通常定为 $\lambda = 0.5$。

同时令

$$r_{oi} = \frac{1}{n} \sum_{k=1}^{n} d_{0i}(k), \quad i \in M$$

最终,子因素 X_i 对 X_0 的关联度被获得,其反映了各个子因素对母因素的影响程度,该数值越大,说明该子因素与母因素间的关联性越强,即子因素对母因素的影响较大。

(2)螺栓联接可拆卸性设计因素分析。基于表 3-7 的结果可知,影响螺栓联接可拆卸设计(拆卸时间)分析的因素既有定性因素,如拆卸工具类型,又有定量因素,如螺栓扭紧力矩及其拆卸工作人员的拉力,因而使得对螺栓联接拆卸时间影响因素的分析变的比较困难,因此采用了上述的拆卸数据直接观察对比分析和灰色关联度分析的联合分析方法,有数据结果可以容易看出当工具不同时,数据变化很大,说明工具的影响是最大的。

而扭紧力矩及其拆卸工作人员力量的变化对其影响不易于分辨,为了量化这两种因素的影响,为了对二者的影响因素的主次进行分析,针对拆卸工具Ⅰ和Ⅱ的灰色关联分析过程被展现如下。

①对于工具Ⅰ的灰色关联分析如下。

基于表 2-2 的结果的拆卸工具Ⅰ的测试的 15 组数据的结果,结合灰色关联分析的基本思想可得到其分析的母因素,即拆卸时间数据为

$$y_0 = (y_1, y_2, \cdots, y_n)$$
$$= (18.07, 18.12, 22.34, 18.06, 18.56, 22.38, 18.25, 18.94, 23.17, 18.21,$$
$$18.80, 23.65, 19.05, 20.17, 24.63)$$

子因素有两个构成,分别是螺栓的扭紧力矩及其拆卸人员的最大拉力,具体如下:

$$x_1 = (x_{11}, x_{12}, \cdots, x_{1n})$$
$$= (25, 50, 75, 25, 50, 75, 25, 50, 75, 25, 50, 75, 25, 50, 75)$$
$$x_2 = (x_{21}, x_{22}, \cdots, x_{2n})$$
$$= (28, 28, 28, 24, 24, 24, 20, 20, 20, 15, 15, 15, 12, 12, 12)$$

应用上述数据和灰色关联的计算过程,可得到这两个子因素,即扭紧力矩与拆卸人员的最大拉力,对母因素,即拆卸时间影响的关联度分别为 $r_{01} = 0.5815$, $r_{01} = 0.5505$。由上述数据可知,对于工具Ⅰ而言,扭紧力矩对拆卸时间的影响大于拆卸人员拉力的影响。

②对于工具Ⅱ的灰色关联分析如下。

类似于工具Ⅰ的分析过程,将对应数据代入后,得到工具Ⅱ的两个子因素,即扭紧力矩与拆卸人员的最大拉力,对母因素,即拆卸时间影响的关联度分别为 $r_{01} = 0.6100$, $r_{01} = 0.5591$。同样,对于工具Ⅱ而言,扭紧力矩对拆卸时间的影响大于

拆卸人员拉力的影响。

基于上述分析可以得到影响螺栓可拆卸性设计（拆卸时间）大小的因素分别为：拆卸工具类型＞扭紧力矩＞拆卸人员拉力大小。

3.7.2 螺栓联接可拆卸性设计因素优化

基于上述获得的实验数据，本节对不同拆卸工具（工具Ⅰ和工具Ⅱ）下的螺栓联接可拆卸性设计因素，采用基于神经网络的遗传算法进行优化，具体内容如下。

1. 基于神经网络的遗传算法

1）神经网络（NN）

神经网络的基本要素是人工神经元。在一个简化的数学模型神经元中，突触的作用是通过连接权重调节相关的输入信号的影响表示，和非线性特性表现出神经元的传递函数表示。神经冲动然后计算的输入信号的加权总和，用传递函数变换。人工神经元的学习能力是通过调整其权重实现的。神经网络学习的目的是更新权重，使得给定的输入，获得期望的输出。训练结束后，神经网络是用来预测独立的输入数据或变量的结果。而 BP 神经网络，即误差反传误差反向传播算法的学习过程，由信息的正向传播和误差的反向传播两个过程组成。输入层各神经元负责接收来自外界的输入信息，并传递给中间层各神经元；中间层是内部信息处理层，负责信息变换，根据信息变化能力的需求，中间层可以设计为单隐层或者多隐层结构；最后一个隐层传递到输出层各神经元的信息，经进一步处理后，完成一次学习的正向传播处理过程，由输出层向外界输出信息处理结果。当实际输出与期望输出不符时，进入误差的反向传播阶段。误差通过输出层，按误差梯度下降的方式修正各层权值，向隐层、输入层逐层反传。周而复始的信息正向传播和误差反向传播过程，是各层权值不断调整的过程，也是神经网络学习训练的过程，此过程一直进行到网络输出的误差减少到可以接受的程度，或者预先设定的学习次数为止。

BP 神经网络是一种多层向前反馈的神经网络，该网络最主要的特点是信号向前传递，而误差反向传播。在向前传递中，输入信号从输入层经过隐含层的逐层处理，直至到达输出层。每一层的神经元状态只影响下一神经元状态。如果输出层得不到所要求的期望输出，则转入反向传播，根据预测误差来进行网络权值和阈值的调整，从而使 BP 神经网络预测输出不断逼近期望输出。BP 神经网络的拓扑结构如图 3-20 所示。

图 3-20 中，$X_1, X_2, \cdots, X_n$ 是 BP 神经网络模型的输入值，$Y_1, Y_2, \cdots, Y_m$ 是 BP

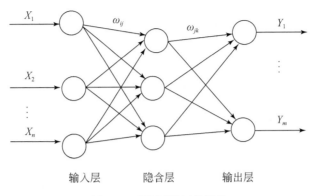

图 3-20　BP 网络拓扑结构

神经网络模型的预测值,ω_{ij} 和 ω_{jk} 为 BP 神经网络的权值。从图 3-20 可以看出,BP 神经网络可以看做一个非线性的函数,网络输入值为该函数的自变量,预测值为该函数的因变量。当输入的节点数为 n,输出节点数为 m 时,BP 神经网络就 . 表达了从 n 个自变量到 m 个因变量的函数映射关系。BP 神经网络的预测首先要进行网络的训练,通过训练可以使网络具有记忆联想以及预测能力。BP 神经网络的训练过程包括以下几个步骤。

(1)网络的初始化;根据系统输入输出的序列 (X,Y) 确定网络输入层节点数为 n,隐含层节点数为 s,输出层节点数为 m,初始化输出层、输入层以及输出层神经元之间的连接权值 ω_{ij} 和 ω_{jk},初始化隐含层阈值 a,初始化输出层阈值 b,以及给定学习效率和神经元的激励函数。注意对于隐含层节点个数理论上可以是无限多个,但是如果太少使得它的部分优越功能丧失,而太多用增加了计算机运行时间。对于隐含层,通常有下面的公式来估算其节点个数,其具体表达如下:

$$s = \sqrt{m+n} + t \qquad (3\text{-}4)$$

其中,t 为 $1\sim10$ 的常数。考虑到实际问题需要,本节在运行程序的过程中,设置输入层节点数为 2,其分别代表两个因素变量,即拆卸扭紧力矩和拆卸工作者的最大拉力;设置输出层节点数为 1,其代表拆卸时间,隐含层节点数设置为 10,阈值 a 和 b 随机确定。

(2)隐含层输出值计算;根据输出向量 X,输入层和隐含层间连接权值 ω_{ij} 及隐含层阈值 a,计算隐含层输出 H。

$$H_j = f(\sum_{i=1}^{n} \omega_{ij} x_i - a_j), \quad j = 1,2,\cdots,s \qquad (3\text{-}5)$$

其中,s 为隐含层的节点数;f 为隐含 层的激励函数,该函数有多重表达形式,本章所选函数为 Sigmoid 函数：

$$f(x) = \frac{1}{1 + e^{-x}} \tag{3-6}$$

（3）输出层输出计算；根据隐含层输出 H，连接权值 ω_{jk} 和阈值 b，据算 BP 神经网络预测输出 O。

$$O_k = \sum_{j=1}^{l} H_j \omega_{jk} - b_k, \quad k = 1, 2, \cdots, m \tag{3-7}$$

（4）误差计算；根据网络预测输出 O 和期望输出 Y，计算网络预测误差 e。

$$e_k = Y_k - O_k, \quad k = 1, 2, \cdots, m \tag{3-8}$$

（5）权值更新；根据网络预测误差 e 更新网络连接权值 ω_{ij}、ω_{jk}。

$$\omega_{ij} = \omega_{ij} + \eta H_j (1 - H_j) x(i) \sum_{k=1}^{m} \omega_{jk} e_k, \quad j = 1, 2, \cdots, n, \quad j = 1, 2, \cdots, s \tag{3-9}$$

$$\omega_{jk} = \omega_{jk} + \eta H_j e_k, \quad j = 1, 2, \cdots, s, \quad k = 1, 2, \cdots, m \tag{3-10}$$

其中，η 为学习效率。

（6）阈值更新；根据网络预测 误差 e 更新网络节点阈值 a、b。

$$a_j = a_j + \eta H_j (1 - H_j) \sum_{k=1}^{m} \omega_{jk} e_k, \quad j = 1, 2, \cdots, s \tag{3-11}$$

$$b_k = b_k + e_k, \quad k = 1, 2, \cdots, m \tag{3-12}$$

（7）判断算法迭代是否结束，若没有结束，返回步骤（2）。

2）遗传算法（GA）

遗传算法是一类模拟生物进化过程与机制求解问题的自适应人工智能技术。它的核心思想源于这样的基本认识：从简单到复杂、从低级到高级的生物进化过程本身是一个自然、并行发生的、稳健的优化过程，这一优化过程的目标是对环境的适应性，而生物种群通过"优胜劣汰"及遗传变异来达到进化的目的。根据达尔文的自然选择与孟德尔的遗传变异理论，生物的进化是通过繁殖、变异、竞争和选择四种基本形式来实现的。如果把待解决的问题描述为对某个目标函数的全局优化，则遗传算法求解问题的基本做法是：把待优化的目标函数解释为生物种群对环境的适应性，把优化变量对应为生物种群的个体，而由当前种群出发，利用合适的复制、杂交、变异与选择操作生成新的一代种群。重复这一过程，直至获得合乎要求的种群或规定的进化时限。由于具有鲜明的生物背景和对任何函数类可用等突出特点，遗传算法自 20 世纪 80 年代中期以来引起人工智能领域的普遍关注，并被广泛应用于机器学习、人工神经网络训练、程序自动生成、专家系统的知识库维护等一系列超大规模、高度非线性、不连续、极多峰函数的优化。20 世纪 90 年代以来,对该类算法的研究日趋成为计算机科学、信息科学与最优化领域研究的热点。

　　遗传算法采纳了自然进化模型,如选择、交叉、变异、迁移、局域与邻域等。图 3-21 表示了基本遗传算法的优化过程。遗传算法的基本组成元素有初始种群的构造、适应度函数、选择、交叉和变异。

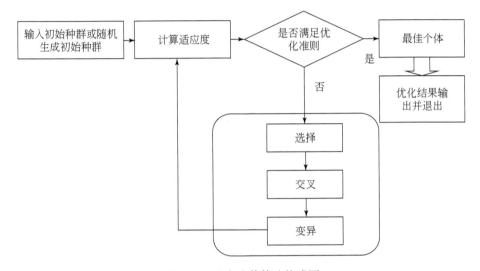

图 3-21　基本遗传算法构成图

　　本节对所采纳的遗传算法的各个操作内容介绍如下。

　　种群初始化:随机产生 pop_size 个初始种群,$A = \{A_1, A_2, \cdots, A_{\text{pop\_size}}\}$。在一个指定值范围内产生一个个体,即通过线性插值函数产生染色体,即 $\{a_1, a_2, \cdots, a_p\}$,注意 a_i 是螺栓联接拆卸的一个影响因素。

　　选择操作:选择操作是通过轮盘赌法实施的,也就是说,选择策略是根据适应值执行的。因此,一个染色体的选择概率为

$$p_i = \frac{F_i}{\sum\limits_{i=1}^{\text{pop\_size}} F_i} \tag{3-13}$$

其中,F_i 是个体的适应度函数。注意通常对于最大化问题的适应度函数,其计算方法同上式,而对于求极小值的适应度函数的计算需要对其求反处理。

　　交叉操作:交叉操作是通过一个实际的体积交叉法实现的。在第 h 个染色体和第 l 个染色体的位置的操作被表示为

$$\begin{aligned} a_{hj} &= a_{hj} \cdot (1-z) + a_{lj} \cdot z \\ a_{lj} &= a_{lj} \cdot (1-z) + a_{hj} \cdot z \end{aligned} \tag{3-14}$$

其中,z 是一个随机数。

变异操作:变异操作的实现如下:将染色体上第 h 个基因 a_{ij} 替换到第 l 个基因上给出了对染色体个基因:

$$a_{hl} = \begin{cases} a_{hl} + (a_{hl} - a_{\max}) \cdot f(g), & r \geqslant 0.5 \\ a_{hl} + (a_{\min} - a_{hl}) \cdot f(g), & r < 0.5 \end{cases} \tag{3-15}$$

其中,$a_{\max}$ 是 a_{hl} 的上界;$a_{\min}$ 是 a_{hl} 的下界。$f(g) = r_2(1 - g/G_{\max})$ 中,g 代表当前遗传量,$G_{\max}$ 是遗传算法代数的最大值,并确保 $1 - g/G_{\max}$ 是正值,$r \in (0,1)$ 是一个随机变量。

因此,基于上述步骤,遗传算法具有了下面的步骤:

(1)初始化种群个数 pop_size,变异概率 pr_m ,交叉概率 pr_c 和最大代数 $G_{\max}$;

(2)计算所有染色体的目标函数值;

(3)通过旋转轮盘实施选择操作;

(4)进行染色体的交叉和变异操作;

(5)反复步骤(2)～(4)到给定的最大代数,将最好的染色体作为问题的最优解输出。

3)基于神经网络的遗传算法(NN-GA)

基于神经网络的遗传算法与基本遗传算法的不同就是需要建立合适的 BP 神经网络,应用神经网络的输出建立遗传算法的适应度函数,然后再通过遗传算法的选择、交叉和变异操作来进行模型的优化及最优解的输出。该算法为了充分利用神经网络的非线性拟合能力和遗传算法的非线性寻优能力,因此,面向螺栓联接拆卸时间分析的 NN-GA 算法的具体步骤介绍如下,该算法流程图如图 3-22 所示:

(1)初始化 GA 和 NN 的各个参数;

(2)拆卸时间与拆卸因素的关系,随机地产生神经网络的输入输出数据,并产生拆卸时间分析的近似函数;

(3)应用神经网络的输出建立遗传算法的适应度函数;

(4)通过旋转轮盘实施选择操作;

(5)进行染色体的交叉和变异操作;

(6)反复步骤(2)～(5)到给定的最大代数,将最好的染色体作为问题的最优解输出。

注意在运行算法的过程中,设置的 NN 的初始化参数见神经网络的介绍,设置的 GA 的算法步骤为:种群个数 pop_size＝100,变异概率 pr_m＝0.2,交叉概率 pr_c＝0.4,最大代数 $G_{\max}$＝100。

2. 面向拆卸工具Ⅰ的螺栓联接的拆卸因素优化分析

面向拆卸工具Ⅰ的拆卸因素优化的神经网络模型构建及预测结果分析。基于表 3-7 所示的工具Ⅰ的拆卸实验结果,它的神经网络模型能够构建,注意构建的过程中,输入变量为因素变量拆卸扭紧力矩和拆卸工作者的最大拉力,输出变量为螺栓联接的拆卸时间。当运行上述的神经网络算法后,可获得其预测和测试结果,分别如表 3-8 和表 3-9 所示,同时进行它们的误差分析。另外,并将测试样本的输出图绘出,如图 3-22 所示。注意在构建神经网络模型的过程中,前 12 个实验样本作为训练样本,后 3 个实验样本作为测试样本。

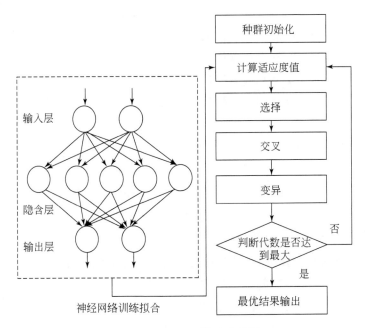

图 3-22　NN-GA 算法流程图

表 3-8　面向工具Ⅰ的神经网络的训练结果(训练数据)

数据代码	实验数据	NN 训练数据	误差	相对误差/%
1	18.07	18.0704	0.0004	0.0022
2	22.34	22.4077	0.0677	0.3030
3	18.06	18.1548	0.0948	0.5249
4	18.56	18.3937	−0.1663	0.8960
5	22.38	22.3761	−0.0039	0.0174

续表

数据代码	实验数据	NN 训练数据	误差	相对误差/%
6	18.94	18.5671	−0.3729	1.9688
7	18.21	18.2817	0.0717	0.3937
8	18.80	18.5124	−0.2876	1.5298
9	23.65	24.7130	1.063	4.4947
10	19.05	14.5787	−4.4713	23.4713
11	20.17	19.8213	−0.3487	1.7288
12	24.63	24.6192	−0.0108	0.4385
平均值	20.1600	19.8747	−0.2853	2.981

表 3-9　面向工具 I 的神经网络的测试结果(测试数据)

数据代码	实验数据	NN 测试数据	误差	相对误差/%
1	18.25	18.5689	0.3189	1.747
2	18.12	18.1922	0.0722	0.398
3	23.17	21.2151	−1.9549	8.437
平均值	19.85	19.3254	−0.5246	3.5273

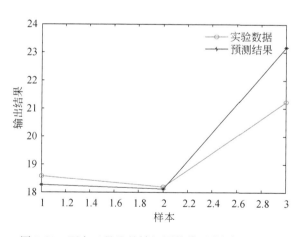

图 3-23　面向工具 I 的神经网络模型的测试结果图

　　由表 3-8 可知,拆卸工具 I 的拆卸时间预测的训练样本和实验数据的平均误差为−0.2853,相对误差的绝对值不超过 3%,这表明 NN 的训练结果是可接受的且合理的。由表 3-9 和图 3-23 可知,拆卸工具 I 的拆卸时间预测的测试样本和实验数据的平均误差为-0.5246,平均相对误差的绝对值不超过 3.6%,这说明 NN 能够准确地实现拆卸工具Ⅰ的拆卸时间的预测。换言之,NN 的预测输出能够看做其实际输出。

　　另外,应用神经网络的输出建立遗传算法的适应度函数后,运行基于神经网络的遗传算法,可获得面向工具Ⅰ的拆卸时间优化的最优解为 14.58s 和最优个体,即{25.12,12.01},该算法的最优个体的适应度变化情况,如图 3-24 所示。对比最优的实验结果 18.06s,工具Ⅰ的拆卸效率提升了 19.26%,即(18.06-14.58)/18.06×100%=19.26%。这表明基于神经网络的遗传算法有效地实现了工具Ⅰ的拆卸因素的优化。

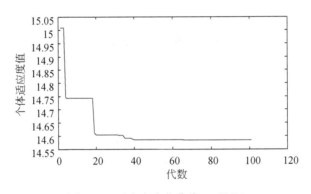

图 3-24　适应度变化曲线(工具Ⅰ)

3. 面向拆卸工具Ⅱ的螺栓联接的拆卸因素优化分析

　　类似地,进行了拆卸工具Ⅱ的神经网络预测的结果分析,如表 3-10 和表 3-11 所示。由表 3-10 可知,拆卸工具Ⅱ的拆卸时间预测的训练样本和实验数据的平均误差为-0.3721,相对误差的绝对值不超过 6.7%,这表明 NN 的训练结果是可接受的且合理的。由表 3-9 和图 3-11 可知,拆卸工具Ⅱ的拆卸时间预测的测试样本和实验数据的平均误差为-2.2239,平均相对误差的绝对值不超过 6.4%,这说明 NN 能够准确地实现拆卸工具Ⅱ的拆卸时间的预测。换言之,NN 的预测输出能够看做其实际输出。

　　另外,应用神经网络的输出建立遗传算法的适应度函数后,运行基于神经网络的遗传算法,可获得面向工具Ⅱ的拆卸时间优化的最优解为 26.42s 和最优个体,即{25.02,23.31},该算法的最优个体的适应度变化情况,如图 3-25 所示。对比最优的实验结果 29.18s,工具Ⅱ的拆卸效率提升了 9.46%,即(29.18-26.42)/

$29.18 \times 100\% = 9.46\%$。这表明基于神经网络的遗传算法有效地实现了工具Ⅱ的拆卸因素的优化。

表 3-10　面向工具Ⅱ的神经网络的训练结果(训练数据)

数据代码	实验数据	NN 训练数据	误差	相对误差/%
1	29.56	30.3637	0.8037	2.72
2	30.49	30.8334	0.3434	1.13
3	34.05	34.7701	0.7201	2.11
4	30.77	26.6407	−4.1293	13.42
5	31.02	32.2644	1.2444	4.01
6	35.73	34.5205	−1.2095	3.39
7	29.18	31.2262	2.0462	7.01
8	30.86	31.7773	0.9173	2.97
9	37.04	33.0788	−3.9612	10.69
10	33.41	34.7863	1.3763	4.12
11	34.87	39.6800	4.8100	13.79
12	39.92	33.9976	−5.9224	14.84
平均值	33.0750	32.8282	−0.3721	6.6833

表 3-11　面向工具Ⅱ的神经网络的测试结果(测试数据)

数据代码	实验数据	NN 测试数据	误差	相对误差/%
1	34.37	34.0648	−0.3052	0.8880
2	34.71	35.1544	0.4444	1.2803
3	40.39	33.5791	−6.8109	16.8628
平均值	36.4900	34.2661	−2.2239	6.3437

3.7.3　螺栓联接可拆卸性评价实例分析

本节以解放发动机缸体或缸盖联接螺栓联接拆卸实验的数据为基础,进行其基于概率的可拆卸性评价分析。

1. 可拆卸度和可拆解性度

为便于实现零部件的基于概率的可拆卸性和产品的可拆解性的评价,下面介绍可拆卸度和可拆解度的概念。

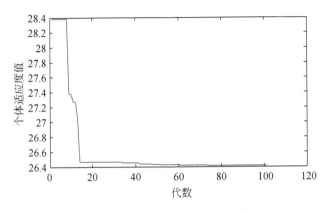

图 3-25　适应度变化曲线(工具Ⅱ)

定义 3.1　待拆卸零部件在规定的拆卸条件下及规定拆卸时间内,其从特定产品上被拆卸下来的概率,称为可拆卸度。

由于零部件的实际拆卸时间 T 是一个随机变量,假设规定的(或给定的)拆卸时间是 t,则在 $T \leqslant t$ 时间内零部件能够被拆卸下来的概率或可能性,即其可拆卸度 $R(t)$ 可表示为

$$R(t) = P(T \leqslant t) \tag{3-16}$$

当给定的不同的拆卸时间 t 时,则可拆卸度 $R(t)$ 将会具有不同的取值,由于研究非破坏性条件下产品的拆卸状态,显然地,随着拆卸时间的增加,零部件将逐渐趋于拆卸完成,即随 $R(t)$ 是拆卸时间是关于时间 t 的递增函数。

定义 3.2　通过非破坏性拆解方法,产品被分解成零件的数量(或质量)与构成产品零件的总的数量的(或总质量)比值,即为拆解比率。然而实际上,产品的拆解具有层次之分的,因而,拆解比率在广义上可以被理解为装配体被拆解成子装配体或零件的程度。

根据上述定义,拆解比率可表达为

$$\lambda = \left[(N_d - n_{cd})/(N_0 - n_c) \right] \times 100\% \tag{3-17}$$

其中,N_d 为被拆解零件的数目;n_{cd} 为被拆解的联接件数目;N_0 为产品零件的总数目;n_c 为产品的联接件总数目。

在不计算拆卸操作时间的情况下,通过非破坏性拆解方法,拆解比率代表了产品所能抵达的拆解状态。如果 $\lambda = 100\%$,则表示对产品在某一层次上已被完全拆解;如果 $\lambda = 0$,则表示在该层次上还未对产品实施拆解,它以比率的形式表达了决策者的拆解目标或要求。

由于在规定的时间内和规定的条件下,对产品进行非破坏拆解时,其能否到达的规定的拆解比率具有较强的随机性特征,因此,可用概率方法来定性地评价和描述产品的可拆解性。

定义 3.3　产品在规定的条件下和规定的时间内所能达到规定的拆解比率的概率,称为可拆解度。

设随机变量 T 表示从开始拆解至到达规定的拆解比率所需要的拆解时间,用 t 表示规定的拆解时刻,则产品在该时刻 t 的可拆解度 $D(t)$ 为随机变量 T 小于或等于时间 t 的概率,也就是

$$D(t) = P(T \leqslant t) \tag{3-18}$$

2. 拆卸工具

拆解螺纹联接的工具主要是扳手。扳手是利用杠杆原理拧转螺栓、螺钉、螺母和其他螺纹紧持螺栓或螺母的开口或套孔固件的手工工具。扳手通常在柄部的一端或两端制有夹柄部施加外力柄部施加外力,就能拧转螺栓或螺母持螺栓或螺母的开口或套孔。使用时沿螺纹旋转方向在柄部施加外力,就能拧转螺栓或螺母。

扳手通常用碳素结构钢或合金结构钢制造。常用的扳手类型主要有以下几种:梅花扳手、套筒扳手、活扳手、钩形扳手(又称月牙形扳手)、内六角扳手、扭力扳手。

本实验中,用到的是套筒扳手、内六角扳手和扭力扳手。

拆卸对象是解放发动机缸体或缸盖联接的螺栓。

3. 实验方法

本实验由两人合作完成。具体做法是:由一人进行计时工作,另一人用指定工具对螺栓进行拆卸操作。计时人员从操作人员拿起工具时开始计时,在拆卸人员将所拆卸下来的螺栓放到拆卸零部件所放位置时结束计时。考虑到实验中的操作人员是本课题组成员,而非熟练操作人员,数据会和真实数据有一定偏差,为了排除偏差,实验中分时间段进行,然后对每对时间进行单独分析。并考虑到单人操作会有其特殊性,为排除个人因素的影响,这里由四个操作人员,分别进行此次实验。

由于拆卸时间和拧紧力矩有一定关系。实验中,对拧紧力矩进行指定。

4. 实验结果分析

考虑到实验参与者均非熟练操作人员,因此实验数据分多组进行分析,首先,

对前三组实验所得数据进行分析,如图 3-26 所示。

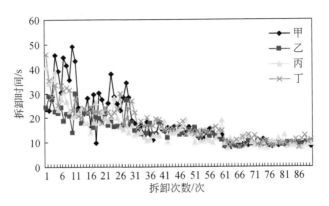

图 3-26　前三组拆卸时间数据图

　　图 3-26 是四个实验参与者甲、乙、丙、丁分别进行三组 90 次拆解缸盖螺栓试验所的数据图。由图 3-26 可以看出,在前 50 组数据中,每个人拆卸螺丝所获得时间数据呈线性减少,主要原因是此四个拆解试验者都非熟练拆解人员,初次参加拆卸实验,有一个从生疏到熟练的过程,这就反映在了拆卸时间的长短上。而在 50 次拆解以后,可以看出曲线趋于平缓,也就是说熟练程度对拆解操作的影响反映在初始拆卸阶段,经过多次拆卸,熟练程度达到一定水平后,对拆卸时间的影响很小,可以忽略。因此,前三组对后面分析拆解操作的影响因素意义不大,对后面几组数据进行分析。后三组数据所得直方图,如图 3-27 所示。由图 3-27 可以看出,拆卸时间的频数呈偏态分布。

　　取同一实验参与者的三组拆卸时间数据作为样本数据,用统计软件 SPSS 对样本数据进行拟合检验。这里可用的检验方法很多,如卡方检验、Kolmogorov-Smirnow D 检验等,考虑到 PP 图(stablized probability plot)的形状具有稳定性,波动近似相等,而且不依赖于分布,在拟合检验中,更直观、更容易解释。因此,这里分别对样本数据作出正态分布、韦布尔分布和对数正态分布检验的 PP 图,用 PP 图对数据进行拟合检验。拟合为正态分布的 PP 图,如图 3-28 所示。拟合为韦布尔分布的 PP 图,如图 3-29 所示。拟合为对数正态分布的 PP 图,如图 3-30 所示。对三个 PP 图进行比较,可以看出此次统计所获得的拆卸时间用对数正态分布来拟合更合适。当然,为了能量化评价拟合结果,对所获得的数据对数化处理后,可进行 Kolmogorov-Smirnow D 检验,得到 $P = 0.265$。由于单样本 Kolmogorov-Smirnow D 检验用于检验变量是否为正态分布时,认为如果 P 值大于 0.05,则数

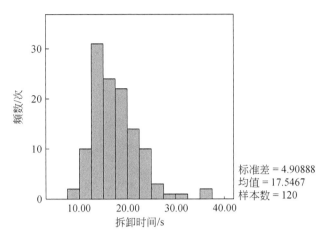

图 3-27   拆卸时间直方图

据服从正态分布。因此,这里所得数据服从对数正态分布。

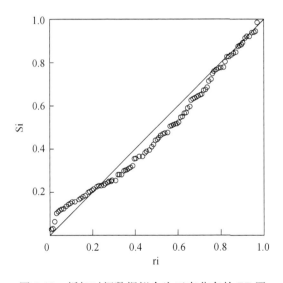

图 3-28   拆卸时间数据拟合为正态分布的 PP 图

$$f(t) = \frac{1}{\sqrt{2\pi}\sigma t}\exp\left(-\frac{1}{2\sigma^2}\,(\ln t - \mu)^2\right) \tag{3-19}$$

该螺纹联接的拆卸概率(可拆卸度)为

$$R(t) = \int_0^t \frac{1}{\sqrt{2\pi}\sigma s}\exp\left(-\frac{(\ln s - \mu)^2}{2\sigma^2}\right)\mathrm{d}s \tag{3-20}$$

在这里,通过统计可得 $u = 2.75$,$\sigma = 0.12$。则平均拆卸时间 MDT $= E(t) =$ $\exp\left(\mu + \dfrac{1}{2}\sigma^2\right) = \exp\left(2.75 + \dfrac{1}{2} \times 0.12^2\right) = 21.48\text{s}$。

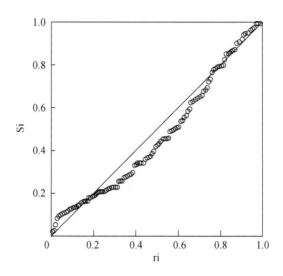

图 3-29　拆卸时间数据拟合为韦布尔分布的 PP 图

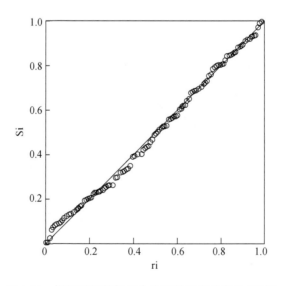

图 3-30　拆卸时间数据拟合为对数正态分布的 PP 图

令 $Z = \dfrac{\ln t - u}{\sigma}$，将对数正态分布转化成标准正态分布，即

$$f(Z) = \frac{1}{\sqrt{2\pi}} \mathrm{e}^{-\frac{z^2}{2}} \tag{3-21}$$

由于该螺纹联接的拆卸时间分布呈对数正态分布，则其概率密度为：当 $t = 14.73\mathrm{s}$ 时，可得 $Z = -0.5$，由式(3-20)和(3-21)可得，$R(t) = 1 - \Phi(Z)$，则可得

$$R(14.73) = 1 - \Phi(-0.5) = 1 - 0.6915 = 0.3086$$

即该螺纹联接用 14.73s 拆卸完成的概率，即可拆卸度为 30.86%。注意，由此可知，要对单个零件的可拆卸性进行评价，关键在于通过调查或拆卸实验找出其拆卸时间分布规律，当拆卸时间分布规律及其特征参数已知时，则可进行零件的可拆卸性评价。

3.7.4　汽车发电机可拆解性评价实例分析

汽车产品是由大量零部件组合而成的，汽车产品的可拆解性取决于两个方面：一是零件本身的可拆卸性，在 3.6.3 节中已经详细分析；二是这些零件的组合方式、各零件相互作用的关系。在零件可拆卸度一定的前提下，由于它们的组合方式不同，对其进行拆解时，部件、总成或整车的可拆解度将会有很大差别。这里通过实验进行可拆解性评价。

以车用 JF133 型交流发电机拆解为例，拆解的发电机的结构图如图 3-31 所示。图中只标出了主要部件，书中所用标号都以图 3-32 中的标号为准。

交流发电机的传动带轮紧固螺母及前、后端盖紧固螺杆的拧紧力矩，根据 QC/T 29094—1992《汽车用交流发电机技术条件》中的规定，如表 3-12 所示。

表 3-12　交流发电机的传动带轮紧固螺母及前、后端盖紧固螺杆的拧紧力矩

螺纹公称直径	传动带轮紧固螺母				端盖紧固螺杆	
	M14×1.5	M16×1.5	M18×1.5	M24×1.5	M5	M6
拧紧力矩/(N·m)	35~46	40~50	45~55	100~122	4~5.5	4.5~6.5

这里交流发电机的传动带轮紧固螺母的螺纹公称直径为 M14×1.5，因此，其拧紧力矩在 35~46N·m，端盖紧固螺杆的螺纹公称直径为 M5，其拧紧力矩在 4~5.5N·m。因此，在进行发电机拆解实验时，可按此拧紧力矩，对发电机进行装配。

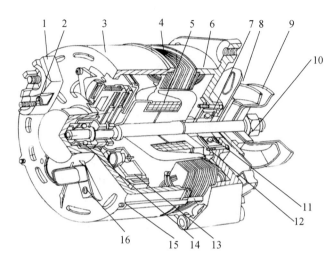

图 3-31　发电机总成结构图

1-电刷组件;2-电刷组件上固定螺钉;3-后端盖;4-定子总成;5-转子总成;6-前端盖;7-前轴承;8-
风扇;9-传动带轮;10-带轮固定螺母;11-轴承挡圈固定螺钉;12-轴承挡圈;13-整流器;14-后轴承;
15-前后端盖联接螺栓;16-整流板固定螺钉

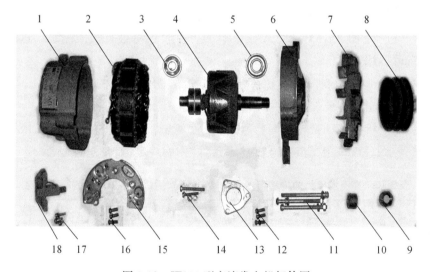

图 3-32　JF133 型交流发电机解体图

1-后端盖;2-定子总成;3-后轴承;4-转子总成;5-前轴承电刷组件;6-前端盖;7-风扇;8-传动带轮;9-带
轮固定螺母;10-轴套;11-前后端盖联接螺栓;12-轴承挡圈固定螺钉;13-轴承挡圈;14-整流板固定螺钉;
15-整流器;16-整流器定子绕组联接螺钉;17-电刷组件上固定螺钉;18-电刷组件

1. 拆卸工具

正确的使用拆解工具是保证拆解质量的手段之一。拆解时所选用的工具要与被拆零件相适应,如拆卸螺母、螺钉应根据其六方尺寸,选取合适的固定扳手或套筒扳手,应尽可能不用活动扳手;对于配合零件,如衬套、齿轮、带轮和轴承等应尽可能使用合适的拉器,不允许用锤子直接敲打等。

这里拆解发电机所用的工具有套筒扳手、螺丝刀、拉器、锤子和台钳。

2. 拆解方法

不同的交流发电机,其结构有所不同。交流发电机的拆解方法有多种,对发电机的主要部件,常见的拆解方法有以下三种。

1)方法一

(1)拆下后端盖上电刷组件上固定螺钉,取出电刷组件。

(2)拆下前、后端盖的连接螺栓,分离前、后端盖,定子应随后端盖一起取下。

(3)整流器上的定子绕组联接螺钉,使定子总成与后端盖分离。

(4)拧下整流板固定螺钉,拆下整流器总成。

(5)拆下驱动带轮固定螺母,从转子轴上取下带轮、风扇、轴套,使转子和前端盖分离。

2)方法二

(1)拆下前、后端盖的连接螺栓,分离前、后端盖,定子应随后端盖一起取下。

(2)整流器上的定子绕组联接螺钉,使定子总成与后端盖分离。

(3)拧下整流板固定螺钉,拆下整流器总成。

(4)拆下驱动带轮固定螺母,从转子轴上取下带轮、风扇、轴套,使转子和前端盖分离。

(5)拆下后端盖上电刷组件上固定螺钉,取出电刷组件。

3)方法三

(1)拆下驱动带轮固定螺母,从转子轴上取下带轮、风扇和轴套。

(2)拆下前、后端盖的连接螺栓,分离前、后端盖,定子随后端盖一起取下。

(3)整流器上的定子绕组联接螺钉,使定子总成与后端盖分离。

(4)拧下整流板固定螺钉,拆下整流器总成。

(5)拆下后端盖上电刷组件上固定螺钉,取出电刷组件。

以上三种方法是比较常见的拆解交流发电机的主要部件的方法。在拆解过程中,根据拆解目的的不同,选择合适的方法。

3. 拆解实验结果分析

对交流发电机进行拆解实验,完全拆解后零件如图 3-32 所示。这里选取的完全拆解顺序为 9→8→7→10→11→16→2→14→15→1→3→4→12→13→5→6→17→18。

对所得拆解数据经过整理,部分数据如图 3-33 所示。在图 3-33 中,拆卸时间数据分别为带轮固定螺母 9、电刷组件上固定螺钉 17、前后端盖联接螺栓 11 的拆卸时间。

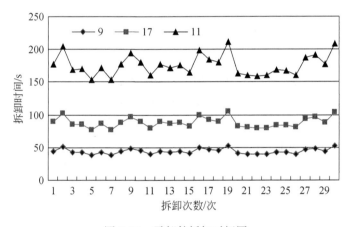

图 3-33　零部件拆卸时间图

经过整理分析,螺纹联接和过盈配合拆卸所得到的拆卸时间数据都呈偏态分布,其中螺纹联接通过大量实验已可知其拆卸时间近似服从对数正态分布,而过盈配合的拆卸时间也可认为是对数正态分布,根据拆卸时间数据可得到各分布的参数。而其他接触联接的拆卸时间数据基本呈正态分布。因此,可得到各零部件的拆卸概率密度曲线,如图 3-34 所示。图中 f1~f18 分别表示图 3-32 中标号为 1~18 的零件的拆卸数据拟合得到的各零部件的拆卸概率密度曲线。

经过计算,得到完全拆解时的拆解时间概率密度曲线,如图 3-35 所示。由图 3-35 可以看出,此发电机的拆解概率密度曲线呈偏态分布。图 3-36 为完全拆解时的可拆解度曲线。由图 3-36 可以得到,当给定拆解时间为 1000s 时,发电机能够被完全拆解的概率,即可拆解度为 0.7061。当给定的拆解时间为 1200s 时,则该发电机能够被完全拆解的可拆解度为 0.8962。因此,通过分析,可以对发电机的可拆解性进行评价。

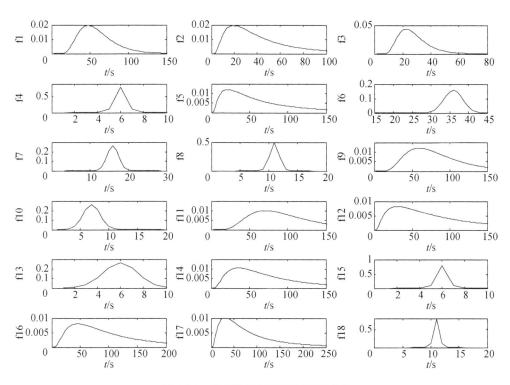

图 3-34　各零件的拆卸概率密度曲线

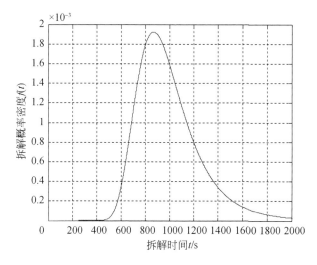

图 3-35　完全拆解时的拆解概率密度曲线

　　假定要拆解的目标是轴承 5，则根据前面的拆解顺序，可得到图 3-37 所示的拆解概率密度曲线和图 3-38 所示的可拆解度曲线。由曲线可以得到，若给定拆解时间为 850s，则轴承 5 能够被拆卸下来的概率，即可拆解度为 0.7190。若给定拆解时间为 1050s，则轴承 5 能够被拆卸下来的概率，即可拆解度为 0.9421。

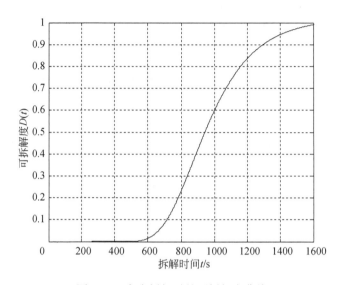

图 3-36　完全拆解时的可拆解度曲线

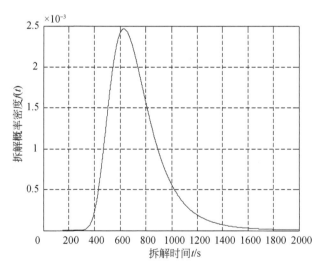

图 3-37　拆解到轴承 5 的拆解概率密度曲线

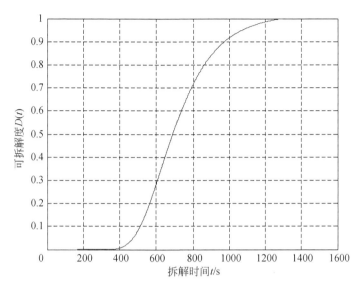

图 3-38 拆解到轴承 5 的可拆解度曲线

这里,只分析了此拆解序列下,拆卸轴承 5 的可拆解度。当拆解序列不同时,得到的可拆解度曲线也会有所不同。若已知各拆解序列下的零件的可拆卸度,则可得到各拆解序列下的拆卸目标轴承 5 的可拆解度,通过可拆解度的分析,可以得到最优的目标拆解序列。

3.7.5 汽车电机可靠性设计建模与评价实例分析

本节在构建电机故障树模型的基础上,进行其可靠性分析,具体如下。

1. 汽车电机可靠性模型构建

1)故障树的基本元素

故障树通常由事件和逻辑门构成。

主要的事件包括如下。

顶事件:它是分析的目标事件,在构建故障树时,通常用符号"□"表达。

中间事件:它是子系统故障事件,是造成顶事件的原因,通常用符号"□"表达。

基本事件:它是基本的故障事件,是造成中间事件和顶事件的原因,通常用符号"○"表达。

主要的逻辑门包括如下。

逻辑或:它表示事件之间构成了逻辑或的关系,也就是输入事件中有一个发生故障则输出事件发生故障,通常用符号"⌂"表达。

逻辑与:它表示事件之间构成了逻辑与的关系,也就是所有的输入事件发生故障则输出事件发生故障,通常用符号"⌂"表达。

2)汽车电机可靠性模型构建

基于上述的故障树的元素构成,基于汽车电机的各个零部件故障的逻辑关系,构建起故障树模型,如图 3-39 所示,并给出其具体事件含义,如表 3-13 所示。

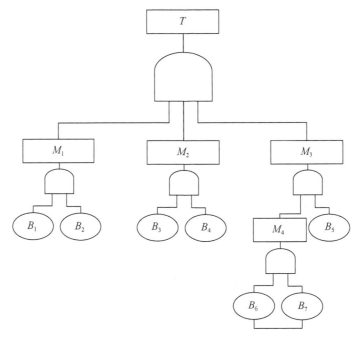

图 3-39　汽车电机故障树模型

表 3-13　汽车电机故障树事件描述

事件	具体含义描述	寿命分布
B_1	定子铁心故障	$N(20000, 1100)$
B_2	定子绕组故障	$\exp(16000)$
B_3	转子铁心故障	$N(18000, 1000)$
B_4	转子绕组故障	$\exp(16000)$
B_5	轴承故障	$\exp(12000)$
B_6	转轴故障	$N(18000, 1000)$
B_7	花键故障	$N(16000, 1100)$

事件	具体含义描述	寿命分布
M_4	转轴部件故障	—
M_1	定子故障	—
M_2	转轴故障	—
M_3	转轴系统故障	—
T	电机故障	—

3)汽车电机可靠性计算方法

汽车电机可靠性计算方法根据逻辑关系不同介绍如下。

对于不同的基本事件,中间事件或顶事件的计算方法介绍如下:假设一个系统由 n 个零部件构成,它们的寿命分别是 $x_1,x_2,\cdots,x_n$。

对于逻辑与系统,系统的寿命 x 可表达为

$$x = \min\{x_1,x_2,\cdots,x_n\} \tag{3-22}$$

对于逻辑或系统,系统的寿命 x 可表达为

$$x = \max\{x_1,x_2,\cdots,x_n\} \tag{3-23}$$

对于混合系统,则按照两种计算方法的组合推理获得。

4)汽车电机可靠性计算算法

本节拟用融合随机模拟和神经网络的混合智能算法进行电机可靠性的计算。关于神经网络的具体介绍见 3.7.2 节。注意在运行程序的过程中,设置输入层节点数为 7,其分别代表 7 个基本事件的寿命分布;设置输出层节点数为 1,其代表顶事件的故障寿命,隐含层节点数设为 12,另外,设置神经网络训练数据个数为 5000,其被分为两组 3000 个用于训练,2000 个用于预测。

(1)可靠性函数的随机模拟算法。

①初始化故障树模型中各个基本事件的寿命函数且设置模拟循环数量为 M 次;

②从各个基本事件的寿命分布 $f_{r1}(x),f_{r2}(x),\cdots,f_{rk}(x)$ 中随机产生其寿命数据为 $x_1,x_2,\cdots,x_k$;

③基于顶事件与各个基本事件的关系,结合故障树模型进行顶事件可靠性寿命的计算;

④反复步骤①~③到给定的次数 M,则获得了系统寿命的 M 个样本;

⑤计算这 M 个样本的平均值,则获得系统的平均寿命 $E(x)$;

⑥给定寿命 x'，记录在 M 个样本中 $x>x'$ 的个数设定为 M'，则系统使用到寿命时间 x' 的可靠性 $R(x)$ 可表达为 $R(x)=M'/M$。

(2)基于神经网络的随机模拟算法。

基于神经网络的随机模拟算法的步骤介绍如下：

①初始化故障树模型中各个基本事件的寿命函数且设置模拟循环数量为 M 次；

②基于顶事件与各个基本事件的关系，应用随机模拟计算进行神经网络输入输出数据的产生；

③获得神经网络的预测输出并应用随机模拟计算进行平均寿命 $E(x)$ 和可靠性 $R(x)$ 的计算。

2. 汽车电机可靠性评估

设置其电机的各个零部件的寿命分布如表 3-13 所示，注意 $N(\mu,\sigma^2)$ 和 $\exp(\lambda)$ 分别代表正态分布和指数分布。

应用上述算法，运行程序后，获得电机的平均寿命为 $E(x)=4492.4h$。它表示该电机的平均使用时间为 4492.4h。

另外，获得不同使用时间下的电机的可靠度，如表 3-14 所示。由表 3-14 可知，$R(800)=0.871$ 代表该电机使用到 800h 不发生故障的概率或可能性为 0.871。

同时，为了进一步验证所提出方法的有效性，获得了该算法的预测输出和预测输出误差结果，分别如图 3-40 和图 3-41 所示。

表 3-14　汽车电机可靠度结果

x	600	800	1000	1200	1400
$R(x)$	0.889	0.871	0.841	0.8111	0.778

由图可知，其预测输出和实际输出非常接近，这表明应用基于神经网络的随机模拟算法进行可靠性评估是可行和有效的。

3.7.6　发动机进气歧管节能优化设计实例分析

近年来，随着对发动机性能要求的不断提高，以往的发动机的设计理念正在不断更新。进气歧管是发动机关键部件之一，其核心功能是为发动机各缸提供充足均匀的混合气，是影响发动机动力性和油耗的关键因素。塑料进气歧管在质量方面，仅为铝合金进气歧管的 40% 左右。一方面塑料进气歧管大多采用尼龙 PA66

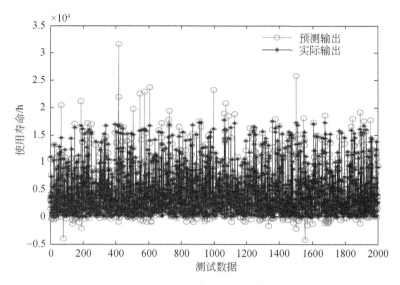

图 3-40　提出方法的预测输出

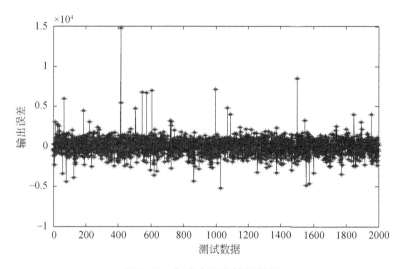

图 3-41　提出方法的输出误差

材料,其比重约为铝合金材料的 50%;另一方面,塑料进气歧管比铝合金进气歧管管壁厚度少 1~1.5mm;在动力性及经济性方面,由于金属进气歧管的内壁表面粗糙,常有砂眼等表面缺陷,不利于混合气的流动,增加了气流阻力,而塑料进气歧管恰好相反,其光滑的内壁减小了气体流动阻力,减少了功率的损失,发动机的动力性可提高 3%~5%,使发动机的经济性和排放都能得到明显改善。塑料进气歧管已经是一个产品化的趋势,下面以 4G15 发动机项目为背景,进行发动机塑料进气歧管设计分析。

1. 进气歧管的能量损失

进气阻力不仅会减小产生波动效应的动能,衰减压力波,而且会摩擦生热,提高进气温度,减少进入缸内的新鲜空气量。进气歧管的流动阻力,按其性质可分为两类:一类是沿程阻力,实际上是管道摩擦阻力,与管长、管径和管内流动面上的表面质量有关,并与歧管长度成正比;另一类是局部阻力,它是由流通截面大小、形状以及流动方向变化在局部产生涡流损失所引起的,经常出现涡旋区和速度的重新分配。

1)进气歧管的延程能量损失

沿程能量损失是发生在缓变流整个流程中的能量损失,其损失大小与流动状态有密切关系。根据雷诺试验得出的结论:层流中的沿程损失与平均速度的一次方成正比;紊流中的沿程损失与平均速度的 1.75～2 次方成正比。通常管道中单位重力流体的沿程损失用 Darcy-Weisbach 公式计算,即

$$hf = \frac{\lambda l}{d} \cdot \frac{v^2}{2g} \tag{3-24}$$

其中,λ 为沿程损失系数;l 为管道长度;d 为管道内径;$\frac{v^2}{2g}$ 为单位重力流体的动压头。

从式(3-24)可以看出,流体的沿程能量损失与流体的黏度、流速、管道的半径以及管壁的光滑程度有关,可以通过提高管道内壁表面的粗糙度如采用塑料进气歧管可以减小能量损失,还可以通过修改歧管长度的办法来减小能量损失。

2)进气歧管的局部能量损失

在内燃机的气体流动中,由于管道较短,加之塑料进气歧管壁面比较光滑,其沿程阻力并不大;而局部阻力则是流道中的主要损失,一般发生在流动状态急剧变化的急变流中,由一系列的局部阻力叠加而成,主要与进气歧管的曲率半径、截面变化及雷诺数有关。该研究发动机进气歧管中的单位重量流体的局部能量损失,用下式表示:

$$hf = \zeta \cdot \frac{v^2}{2g} \tag{3-25}$$

其中,ζ 为局部损失系数,是一个无量纲系数,根据不同的管件由试验确定。

进气系统能量损失分布如表 3-15 所示。

表 3-15 进气系统能量损失分布

能量损失位置及内容	能量损失/%
摩擦损失(friction)	12
进气总管入口(manifold entrance)	2
节气门连接法兰处(contraction to throttle body)	2
节气门体(throttle body)	9
稳压腔入口(diffuser)	4
进气歧管入口(primary runner entrance)	52
歧管弯曲部位(primary runner 180°bend)	18

3)曲率对能量损失的影响

发动机在进气过程中,流体在弯管中流动的能量损失一方面表现在切向应力的作用使气体在管道内因流动方向的改变而产生的沿程能量损失;另一方面是因局部截面积的变化引起气体在管内形成涡流所产生的能量损失。

由于离心力的作用使气体在弯管内流动时在靠近弯管外侧时流速相对较小,但受压力较大,相反在靠近弯管内侧时流速较大,受压力却较小。弯管内的气流运动及歧管曲率半径如图 3-42 所示。

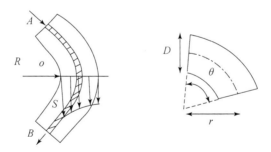

图 3-42 弯管内的气流运动及歧管曲率半径

由图 3-42 可以看出,在弯管内侧流速较大段 Ao 内并没有出现边界分流现象,却在扩压段 oB 中 S 点开始产生边界分离现象,涡流区的形成势必会使气流在此区域内产生过大的局部能量损失。

由牛顿第二定律和伯努利方程得弯曲管道中流线上质点的速度 v 和曲率半径 r 的关系为

$$v = \frac{c}{r} \tag{3-26}$$

其中，c 为沿径向的积分常数

歧管内因压力的存在而引起的能量损失受进气歧管弯曲情况的影响可表示为

$$\Delta p = \Delta \zeta \rho \frac{v^2}{2} \tag{3-27}$$

其中，ρ 为气体密度，kg/m；v 为气体流速，m/s。

由于在弯曲管道中，内侧速度较外侧速度高，这就在管路截面形成较大梯度的速度分布，从公式(3-26)、(3-27)及图 3-42 可以看出，在管道弯曲部分的法线方向上，局部能量损失与速度成正比，而速度又与曲率半径成反比，阻力系数与歧管弯曲角度 θ 成正比，与曲率半径 r 成反比，歧管曲率半径不仅会对管内压力波造成衰减，甚至会在管内产生波的反射，这将造成管内的能量损失，因此应采用圆滑过渡的进气歧管。

4)截面面积变化对能量损失的影响

气流在进气歧管内的流动情况可大致分为管道进出口、截面逐渐缩小和截面突然扩大三种形式，管路中的能量损失也是由这三部分而引起。

(1)管道进出口。

可将稳压腔与各歧管、进气总管与稳压腔之间的流动情况等效为图 3-43 所示的管道进出口模型。

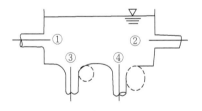

图 3-43　管道进出口模型图

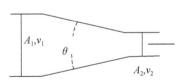

图 3-44　管道界面逐渐减小模型

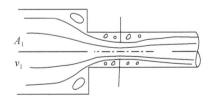

图 3-45　管道界面逐渐减小模型

气流从管道入口①进入稳压腔的过程是体积突然扩大过程，在此过程中管中动能会发生很大的变化；管道入口②看做突然缩小过程，由于面积比(A_2/A_1)

→无限趋于 0,此时局部损失系数 ξ_1 为 0.5;现将管道入口处做成圆角形式③,此时局部损失系数为 0.1;若将管道入口做成圆滑曲线④形式,此时局部损失系数 $\xi_3 = \xi_1 - \xi_2$。

由上述关系可以看出,在进气歧管稳压腔与各歧管入口接口设计过程中,在接口处不与其他附件产生干涉的情况下尽量加大角度,更有效减小由接口变化所引起的局部能量损失。

(2)截面积逐渐缩小。

由于截面逐渐缩小的管道(图 3-44)不会造成分流的现象,气流主要沿壁面流动,这段能量损失主要表现在沿程能量损失上,所以在进气歧管设计中,为了减少能量损失可以通过减小截面收缩角 θ,也就是保证内截面变化率,即 A_2/A_1 趋向于 1,此时能保证局部阻力系数 ξ 最小也就保证了能量损失得到有效减少。

(3)截面突然缩小。

可将流体在管道内由半径大的管道流向管道半径突然缩小的管道过程的流动现象等效为图 3-45。其流动过程可由三部分组成:一是流体由大直径管路流入小直径管道后;二是在惯性力的作用下,会继续向小半径截面 AC 收缩后;三是流束逐渐扩大最后布满整个小直径截面管道。

在此流动过程中会在大直径截面与小直径截面连接的接口及小半径截面处有漩涡区域,此漩涡的存在,使流体的速度及各质点的相互干涉,给气流的流动带来一定的能量损失。由此可见,在设计进气歧管时应尽量使用等截面的管路。

2.4G15 发动机塑料进气歧管 CFD 辅助设计

1)进气歧管气道截面的选择

由于在设计进气歧管时,气道布置采用蜗壳式在较小的空间里更容易获得足够的气道长度和紧凑的结构布置,且按照前驱车大多数采用上端进气而重新布置及设计了进气歧管的进气口,由于进气口位置变化,气道的走向及避让情况都作了重新调整。

相同的时间内气体的流动速度越高充气效率越高。因此要尽可能提高气体的流速。气道截面积的选择如下。

(1)根据流体力学,一般气体是在渐缩管内加速,而根据经验所设计的汽油机进气歧管气道长度都控制在 410mm 以内,太长的气道会使汽油机的高速性能变差,在 410mm 的长度范围内靠真空度的加速气流速度很难达到音速,因此进气道的截面积由稳压腔往气缸盖方向是逐渐缩小的。

（2）最小截面积取在进气歧管气道靠近缸盖法兰处,将气道末端保留一段等径直气道来避免产生涡旋,在此段范围内气体由加速变为匀速流动。

（3）气道设计中圆角也是一个较重要的参数。过渡圆角尽可能取大一些,可减少因离心力引起壁面上的流速和压力的不均。

（4）进气歧管气道末端截面积与截面形状应与气缸盖进气法兰上的进气道口理论上应保持一致,而考虑到铸造以及装配公差,则应将进气歧管气道出口做得小一些,即使装配时进气歧管气道与缸盖气道有些许错位也会得到补偿,不会产生较大的凸起"台阶"挡在气道中阻碍进气。进而保证进气,减少功率损失。

2）塑料进气歧管的三维建模

用三维软件等进行进气歧管零部件造型设计,能较容易地完成复杂结构的设计,尤其是在结构布置方面,可以直观地在满足整车安装空间的限制条件下,进行多种方案优选和设计改进;采用此种设计方法不仅大大缩短了设计方案的周期和提高设计的完成质量,而且能够大大提高设计效率;使用三维设计软件 Unigraphics NX 对4G15 发动机进气歧管进行建模,得到进气歧管的方案模型如图 3-46 所示。

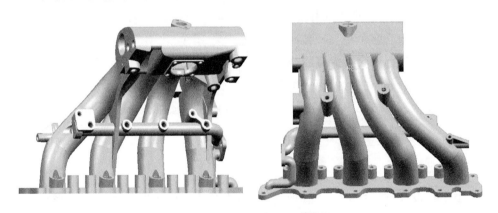

图 3-46　4G15 发动机三维模型

进气歧管结构紧凑,各进气道的长度差异较小,进气均匀性好,调节进气口角度,收缩稳压腔的长度增大发电机布置空间。

3）CFD 三维流场计算分析

（1）提取进气歧管气道芯。

基本确定外部的装配边界方案后,再在 Unigraphics NX 三维造型软件中对已经建立的进气歧管三维模型经行内表面的抽取（提取进气歧管的气道芯）,提取内表面为片体,对片体上的孔进行修补,后通过缝合形成实体道芯,如图 3-47 所示。

建模好的进气歧管气道芯需以 STL 格式导出备用。

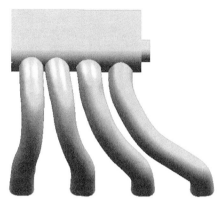

图 3-47　进气歧管的气道芯

（2）划分网络。

将导出的 STL 文件导入到 AVL Fire 软件里的 Fire Workflow Manager，导入后自动形成面网络，利用 FAME Hybrid（全自动网络生成工具）生成特征边缘线网络。在确保面网络与线网络生成的基础上，用 FAME 工具生成体网格。生成的体网络如图 3-48 所示。

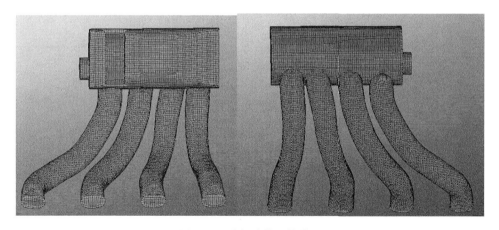

图 3-48　进气歧管网络模型

（3）设定初始条件。

在 AVL-Fire 软件中采用如下边界条件：

①固定壁面边界，假定壁面为绝热、无滑移、无渗透，采用湍流壁面函数对边界

层进行处理,壁面边界设定为定温条件,即 293K。

②指定质量流量 3.8g/s。

③静压 70kPa。

④计算湍流模型采用 κ-ε 双方程模型,计算稳定性好,对计算资源的要求和花费低。

⑤采用拉格朗日-欧拉法对流体控制方程进行迭代求解,动量守恒方程、连续性方程、湍流方程采用的差分格式为中心差分格式,能量方程采用上分法。

⑥设置迭代次数为 500 次;湍动能 $\varepsilon = 0.02 \text{ m}^2/\text{s}^2$;湍流长度尺度 $L_t = 0.001 \text{ m}$。

⑦压力、动量、湍动能和耗散率收敛标准都为 0.00002。

⑧利用 FEAM Advanced Hybrid 自动网格生成工具,对进气歧管进行体网络划分。

⑨设定气道在同一时间内只有一个气道开通,其余各气道末端全处于封闭状态。设计方案如表 3-16 所示。

表 3-16　计算方案

方案	出口 1	出口 2	出口 3	出口 4
Case1	开	关	关	关
Case2	关	开	关	关
Case3	关	关	开	关
Case4	关	关	关	开

(4)计算结果及分析。

各歧管在设定的迭代步骤下的流场的变化情况可以通过在 Fire 里做切片得到,可以很直观地进行分析和对比。图 3-49~图 3-52 计算结果为一至四管的速度场分布图;图 3-53~图 3-56 计算结果为一至四管的压力场分布图。

进气歧管的流动速度不高,最大的流速约为 11m/s,且位于一管稳压箱与支管的分叉处和支管与法兰的连接处,即图 3-49 所示 1、2 处。二管与三管在这两处也同样流速较大,即图 3-50 所示 4、5 处与图 3-51 所示 7 处,但都约为 8m/s。四管在这两处有轻微流速较大现象,但不明显。整个流动路径上没有局部流速极大的情况,二管与三管支管上部有轻微速度增大,但都只有 6m/s 左右,即图 3-50 所示 3 处和图 3-51 所示 6 处。

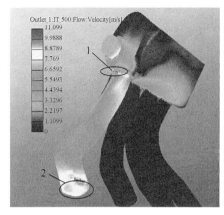
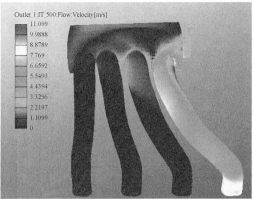

图 3-49　一管速度场分布图

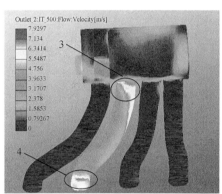
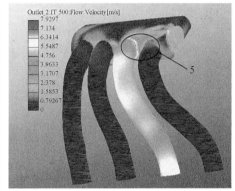

图 3-50　二管速度场分布图

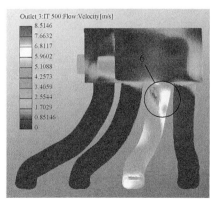
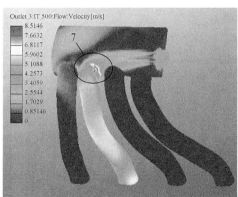

图 3-51　三管速度场分布图

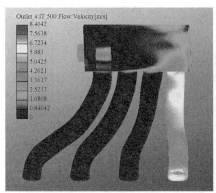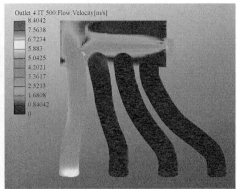

图 3-52　四管速度场分布图

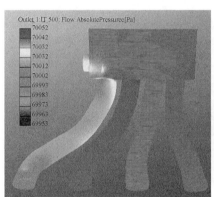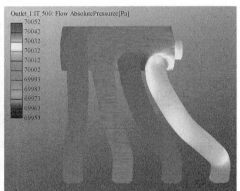

图 3-53　一管压力场分布图

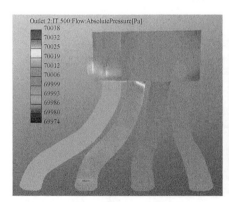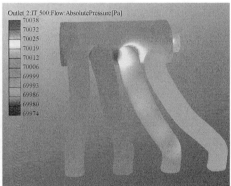

图 3-54　二管速度场分布图

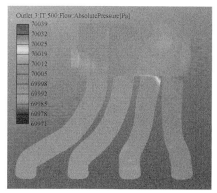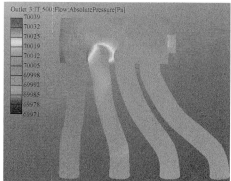

图 3-55　三管速度场分布图

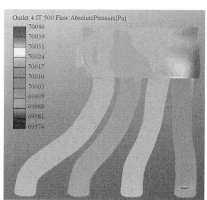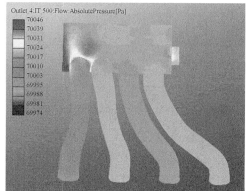

图 3-56　四管速度场分布图

从压力分布图可以看出,歧管内部没有出现明显压力损失区域,在稳压腔与歧管之间的对接面和管路拐弯等区域有稍微的压力损失。管路弯曲的内侧压力要低,整个歧管的压力损失主要是由支管形状造成的局部损失。

表 3-17～表 3-20 给出了各歧管在 Fire 软件中平均值输出结果。

表 3-17　一管平均值输出结果

迭代次数	总出气口质量流量/(kg/s)	被动标量	平均湍流动能/(m²/s²)	平均耗散率/(m²/s³)	平均湍流标量/s
460	0.00379998	0.962687	0.0474587	2.90809	0.575389
470	0.00379998	0.963664	0.0473768	2.90679	0.581490
480	0.00379999	0.964623	0.0472600	2.90144	0.587360

迭代次数	总出气口质量流量/(kg/s)	被动标量	平均湍流动能/(m²/s²)	平均耗散率/(m²/s³)	平均湍流标量/s
490	0.00379999	0.965469	0.0471639	2.90070	0.592874
500	0.00379999	0.966413	0.0471056	2.90740	0.597935

表 3-18　二管平均值输出结果

迭代次数	总出气口质量流量/(kg/s)	被动标量	平均湍流动能/(m²/s²)	平均耗散率/(m²/s³)	平均湍流标量/s
460	0.00379994	0.983597	0.0470921	3.73983	0.501230
470	0.00380001	0.984389	0.0473466	3.76888	0.498614
480	0.00379997	0.985132	0.0477469	3.80701	0.493213
490	0.00379995	0.985894	0.0479363	3.83020	0.487152
500	0.00379998	0.986585	0.0478562	3.83369	0.481865

表 3-19　三管平均值输出结果

迭代次数	总出气口质量流量/(kg/s)	被动标量	平均湍流动能/(m²/s²)	平均耗散率/(m²/s³)	平均湍流标量/s
460	0.00379990	1.02830	0.0945727	7.91867	0.658858
470	0.00379997	1.02770	0.0956268	7.92368	0.662030
480	0.00379957	1.02702	0.0964622	7.92114	0.663715
490	0.00379967	1.02627	0.0960593	7.86651	0.663990
500	0.00379983	1.02558	0.0942728	7.72738	0.660133

表 3-20　三管平均值输出结果

迭代次数	总出气口质量流量/(kg/s)	被动标量	平均湍流动能/(m²/s²)	平均耗散率/(m²/s³)	平均湍流标量/s
460	0.00379983	1.00274	0.152106	17.7472	0.775377
470	0.00379956	1.00258	0.152580	17.7199	0.778259
480	0.00379975	1.00244	0.153181	17.7360	0.777741
490	0.0038002	1.00232	0.153438	17.7183	0.780321
500	0.00380048	1.00171	0.153319	17.6699	0.790799

图 3-57 为各歧管的出口质量流量在相应迭代步上的对比折线图。

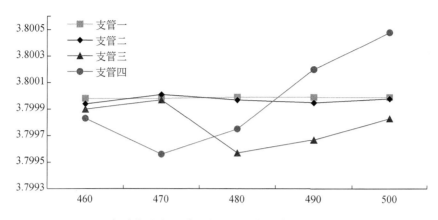

图 3-57 各歧管的出口质量流量在相应迭代步上的对比折线图

表 3-21 为四管计算流量数值。

表 3-21 四管计算流量数值

1、2、3、4 管各自流量/(g/s)			
一管	二管	三管	四管
3.799986	3.799970	3.799788	3.799964

通过以上图表可以得出该塑料进气歧管四缸的进气一致性较好。

CFD 软件的模拟结果除了可以用进气歧管内的气体流动模拟来评估进气歧管的流通能力,分析歧管中压力损失的分布情况,分析进气歧管中对能量损失造成的影响的不合理结构。还可以通过最后得到的各气道质量流量来判断各缸进气是否均匀。

用下面的公式来判断进气歧管的进气不均匀率:

$$E_S = (Q_{max} - Q_{min})/Q_{mean} \qquad (3-28)$$

其中,Q_{max} 为气道出口的最大质量流量;Q_{min} 为气道出口的最小质量流量;Q_{mean} 为平均质量流量。

我们可以得出,进气歧管的进气不均匀率如表 3-22 所示。

表 3-22 各管的流量及进气不均匀率

1、2、3、4 管不均匀率/(10^{-2}%)			
一管	二管	三管	四管
0.026	0.184	0.868	2.421

所得进气不均匀率非常的小,均满足小于3%。可知气道的流通能力很好。

(5)结构优化。

在进气歧管三维数值分析后,对歧管的不足之处进行结构优化,优化后三维模型抽芯如图3-58所示。在一管的支管与稳压箱连接处进行圆滑过渡,倒8mm圆角如图3-58注释1所示;对支管尾部与法兰连接处,进行圆滑修补如图3-58注释2所示。

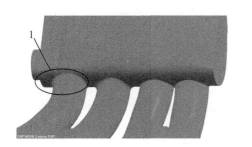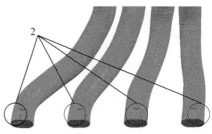

图3-58　机构优化三维模型抽芯

通过三维数值分析,得出优化后的速度分布图和压力分布图如图3-59和图3-60所示。

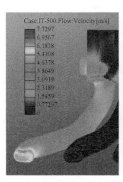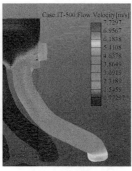　　

　　　(a)正面　　　　　　(b)反面　　　　　　　　(a)正面　　　　　　(b)反面

图3-59　第二次优化后速度分布图　　　图3-60　第二次优化后压力分布图

优化前,最大的流速约为11m/s,且位于一管稳压箱与支管的分叉处和只管与法兰的连接处,即图3-49所示1、2处。优化后,可以看出,流速均匀性明显提高,在稳压箱与支管的分叉处速度不均匀性降低,流速只有5m/s,如图3-59所示;支管与法兰的连接处流速均匀;从压力分布图可以看出,优化后支管与法兰连接处有无压力损失。

表 3-23 列出了优化后一管在 Fire 软件中平均值输出结果。

表 3-23　优化后平均值输出结果

迭代次数	总出气口气质量流量/(kg/s)	被动标量	平均湍流动能/(m²/s²)	平均耗散率/(m²/s³)	平均湍流标量/s
460	0.00379999	0.979845	0.0477565	2.77313	0.580621
470	0.00379998	0.980352	0.0476692	2.77767	0.585908
480	0.00379998	0.980902	0.0475896	2.78018	0.590963
490	0.0038	0.981405	0.0474849	2.77650	0.595997
500	0.00380001	0.981864	0.0473929	2.77315	0.601043

表 3-24 为优化前后质量流量数值和不均匀率的对比。图 3-61 为通过对比优化前后管的出口质量流量在相应迭代步上的对比折线图。通过对比发现,优化后,质量流量几乎已经达到预设值对质量流量的数值。

表 3-24　优化前后数值对比

第一次	质量流量/(10^{-2}kg/s)	不均匀率/(10^{-2}%)
优化前	3.799986	0.026
优化后	3.799992	0.079

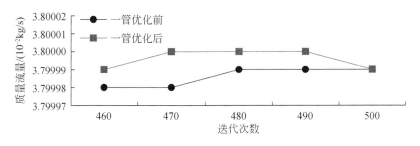

图 3-61　恶化前后质量流量对比折线图

优化后,无论速度分布还是压力分布,都十分均匀,没有速度明显增大和减小的地方;压力分布没有明显压力损失的地方;通过对比发现,优化后,质量流量几乎已经达到预设值对质量流量的数值;不均匀率符合要求。由此可知,优化方案可行。

第4章　汽车报废量预测及逆向物流网络构建

4.1　概　　述

随着我国汽车工业的迅猛发展,汽车保有量持续增长,其中私家车数量的增长十分惊人,与此同时,报废车辆增长速度也是惊人的。作为世界汽车第一产销大国,我国2013年民用汽车保有量已突破1亿辆。现阶段我国每年的平均汽车报废量都在100万辆以上,2012年我国报废汽车量更是达到798万辆。伴随着我国汽车保有量的飞跃式增长,报废汽车的数量也将不断扩大,出现了安全隐患、环境污染和资源浪费等诸多问题,并且由报废汽车引发的矛盾越来越突出,因此,迫切需要综合考虑安全、环保和资源利用等方面的因素,研究、制定并完善具有预见性的报废汽车管理体系及规章规范,逐步建立与安全环保、资源利用相适应的报废汽车回收体系。

目前,对于汽车报废量预测采用估算的方法,按全国汽车保有量的4%～6%来进行估算,但是这个方法忽略了其他因素,如汽车销售量等对汽车报废量的协同影响;相关部门在对汽车报废标准规定了报废年限的同时,也对延缓报废进行了规定,所以直接根据报废年限来对报废汽车数量进行预测的过程,存在较大偏差。现将国内外关于汽车报废量预测及回收研究现状介绍如下。

1. 国外研究现状

Andersen和Larsen以人口数量、人均汽车保有量、国民GDP等数据和汽车生产日期分布为因素,建立数学模型,研究了欧洲汽车的报废量数据,确定了一种新的欧盟国家报废汽车基线预测量方法。Ignatenko等以报废汽车量为依托,构建了柔性的回收系统模型,并应用该模型运算,最后其结果符合欧盟"能量和材料的高效回收"的相关要求。Williams等对现代汽车制造中应用的新模式进行分析后,针对使用的非铁性和非金属性材料,构建了一个综合运用混合整数线性规划对报废汽车批量回收进行预测的数学模型。Reuter等对报废汽车回收过程进行分析,深入研究了其中的技术、经济和环境影响因素,构建了新的报废汽车回收预测模型。

Ferrao 和 Amaral 在对欧盟有关报废汽车的规定进行深入分析后,构建了其经济评价模型。Johnson 等通过研究,构建了对一给定产品结构的最优拆解次序的算法模型。Berger 和 Debaillie 将现有的生产和分销网络扩展成了一个具有拆卸、检测处理功能的综合网络。Mahdi 等对报废车辆逆向物流网络进行设计,其模型中包含对第三方供应商的研究,并建议网络以第三方供应商为角度,实现网络总成本最小化。

2. 国内研究现状

金晓红等通过对汽车产品生产、销售、使用、报废等生命周期的细致分析,明确了汽车报废系统中各个变量相互的因果关系,并利用系统动态学方法建立了汽车报废系统的流图,在对流图深入分析后,构建了汽车报废系统的数学模型,在此模型的基础上对我国目前汽车报废量进行了仿真和预测,并简单分析了我国汽车报废量未来趋势以及各因素的影响范围。

中国科学技术信息研究所的杨阳等对系统动力学模型进行了分析,综合考虑了北京市私有小汽车的数量、车龄、销量、报废,以 Vensim DSS(Ventans Simulation Envieoment)为编程基础,综合验证系统的平稳性和真实性,确定模型的相关变量和约束条件,并利用该系统模型检验已有数据,监测模型在模拟过程中的变化过程,判断该模型是否合理、真实,以实现对模型结构或参数的调整。该文章还研究了不同政策对北京市私有小汽车数量的影响,并通过模型预测结果,提出增加除摇号外其他政策、"十二五"期间对老旧汽车提前准备报废等可行性政策建议。

俞骏威通过对我国报废汽车回收现状和相关政策、标准的分析,并对欧洲相关法规和指令进行一定程度的借鉴,对我国报废汽车回收、再利用效率的提高提出了参考性建议。

重庆大学的刘晓培通过国内外报废汽车回收利用现状的深入调查和研究,分析并总结了目前我国在报废汽车回收利用上的问题;从经济性、再回收性、环保性三个方面,提出了关于报废汽车回收影响因素的层次结构图,确定了影响因素的权重;并由汽车生产商牵头组建回收网络主体为报废汽车回收中心,核心为汽车回收利用研发中心的报废汽车综合回收利用系统,详细描述了回收系统运作情况,最后提出了能够保证报废汽车回收系统正常运行的保障措施。

复旦大学的李红霞把生产者责任延伸原则作为基本理论依据,综合分析美、德等发达国家在报废汽车回收市场的成功经验,并对我国汽车报废回收体系的发展现状进行了分析,其重点是上海地区报废汽车的回收体系。论文以报废汽车回收现状为着力点,着重探究关于市场交易、补贴、政策和市场运行体制等制度性问题,以上海宝钢汽车回收拆解公司为例,深入分析了上海地区报废汽车回收方式、政策法规、拆解技术、补贴情况、市场运行、信息传递等方面的现状和问题。

重庆大学的赵鹏、雷涛等以灰色理论为基础,将汽车的生产、销售、使用和报废视为一个复杂的灰色系统,将汽车生产量、汽车保有量、公路旅客运输周转量以及汽车报废量四个因素作为系统变量,以前三个变量作为后一变量的影响因素,建立 $MGM(1,n)$ 模型,并对汽车报废量进行预测。在对关联度进行分析后,实验验证了三个影响因素与报废量高度关联,从而证明用以上变量建立 $MGM(1,n)$ 模型可行;文章最后对模型求解,并通过残差对两种预测模型的预测结果进行比较,实验证明 $MGM(1,n)$ 模型比回归模型的报废汽车预测量精度高。除此之外,与线性回归和神经网络等模型相比较,$MGM(1,n)$ 模型在预测过程中适合于小样本,分析也更具有现实意义。

刘景洋等根据统计数据,以汽车新增消费量为基础,采用加权平均法对计算我国汽车使用年限进行了预测,其结果为 12 年;根据各省市 1998~2008 年汽车新增消费量统计数据,预测了 2010~2020 年我国各省市可能的汽车报废量;并对中载货车、客车和轿车结构特征进行了分析,突出体现了报废汽车在我国东、中、西部地域分布特征。

裴恕和田秀敏对目前国内外汽车报废情况进行了概括;对国内外车辆回收再利用技术和发展趋势进行了透彻的分析;针对我国特殊的车辆回收再利用市场情况,提出了适合我国国情的车辆回收再利用策略。在车辆的全生命周期中,加入绿色设计理念,既可以充分利用资源,又可以保护生态环境,进而达到我国社会、经济和生态环境可持续发展的目标。

周玉红和姜朝阳对国内外汽车回收与再制造技术及未来趋势进行了概述;对我国车辆回收与再制造的市场情况进行了分析,并提出了基于我国实际国情的车辆回收与再制造技术发展规划。通过对汽车生产、销售、使用和报废周期的绿色设计与制造,促进了我国社会和生态环境的可持续发展。

赵树恩介绍了汽车全生命周期和循环经济概念,深入探讨了对于汽车零部件的回收再利用模式及循环策略,为我国汽车回收行业的可持续发展提供必要的理论基础和实践指导。

张成等在对汽车产品全生命周期和循环经济的概念进行分析的同时,建立了产品的资源循环模型,对汽车全生命周期各个阶段加以规划细分,并分析了汽车的材料组成,提出了我国汽车回收循环利用可行模型;还提出了三个层次的汽车回收网络结构和以我国现实国情为基础的汽车回收策略。

刘光复对废旧汽车回收模型的研究以及资源化技术研究现状进行了总结和归纳,构建了废旧汽车资源化的系统模型。

秦晔等以废旧汽车循环再利用模型为基础,构建了报废汽车回收经济性评估模型,并结合相关回收实例,进一步论证了零部件可再制造性,提出企业组织管理水平以及政策法规严重影响废旧汽车循环再利用经济性的提高。

代应等以绿色回收定义为基础,深入研究报废汽车量,研究汽车回收系统主要功能、相关要素、组织构架和系统内外因素;构建了以生产商、消费者、报废回收场站等多层次、多节点绿色回收系统结构模型;确定了报废汽车在绿色回收系统中回收模式策略、回收网络模型、性能评价等重要问题,为我国汽车再制造企业建立回收系统提供了必要的参考。

李文丽通过对废旧汽车回收模式类型的归纳和总结,衡量了各种回收模式的优缺点,从经济、环境和技术等方面总结了报废汽车回收情况的影响因素,并逐步建立了报废汽车回收价指标体系,对我国建立行之有效、方便的废旧汽车回收模式有一定的指导意义。

陈欢以灰色理论为基础,以累加技术生成新数据为技术手段,加入季节变动指数因素,从而降低了随机因素对实验结果的波动;构建了微分方程,用拟合曲线进行预测。实验证明,对汽车产品的销售数据使用非线性季节性灰色预测模型进行预测是有效的。其结果对企业了解产品动态具有很强的指导性,从而使企业不断调整销售策略。文章综合分析了汽车销量的影响因素,并对影响因素数值序列进行了研究比对,构建了关联度量化评价模型,并运用多层次综合评价法确定各指标的影响程度以便综合进行评价分析。实验结果表明,汽车产品方案的选优可以采取灰色关联综合分析法,其结果具有参考性,可以帮助相关部门作出汽车产品决策。

黄琦基于灰色理论构建了汽车销售量预测模型,并使用 GM(1,1) 模型对汽车销售量进行了预测。实验结果表明,模型的汽车年销量预测结果具有一定的参考价值,其对我国汽车年销量和报废量的预测有一定的指导作用。

崔月凯和高洁等以汽车保有量的 1996~2009 年中国统计年鉴数据为基础,运用逐步线性回归方法对汽车保有量进行预测并取得了很好的效果。通过对模型进行分析,得出了交通运输业的发展是影响我国民用汽车保有量的主要因素的结论。

本章在运用系统动态学对汽车报废量进行建模分析的基础上,选择与汽车报废量有直接关联的影响因素,且其数据可靠、易于获取,建立报废汽车预测模型,利用已知信息揭示系统运动规律,确定报废汽车量影响因素,综合运用神经网络模型、线性回归模型和基于遗传算法的神经网络模型对汽车报废量进行预测,通过相关参数的比较分析,确定报废汽车量预测方法,为相关部门解决此类问题提供一定的参考依据。

4.2　汽车报废量动态建模与分析

系统动态学是一门研究复杂反馈模型动态行为的方法学,它同时也是一种系统管理方法。系统动态学是基于系统设计理念、信息反馈控制理论、决策理论、仿真方法和电子计算机应用等发展形成的一门边缘学科。系统动态学是根据英文"System Dynamics"译出的,也被译为"系统动力学""系统动态研究"或"SD 方法"等。系统动态学是美国麻省理工学院斯隆管理学院福雷斯特教授在 20 世纪 50 年代创立的。当时,人们的注意力主要集中在工业和经济系统方面,对诸如调节库存、调节生产、雇佣劳动力、扩大企业规模、销售产品和调整价格等过程中发生的不稳定问题进行了研究,人们称它为"系统动态学"。随着工业动态学的发展完善,它逐步被应用到了其他领域。

4.2.1　系统动态学的基本构成

1. 因果回路图

因果回路图(CLD)是表示模型反馈结构的一种重要工具。CLD 可以快速地描述出系统动态成因,进而引导出并表达个体的心智模型,我们可以利用 CLD 将问题形成原因的重要反馈传达给他人。因果链表达变量之间的关系,因果链用箭头表示,如表 4-1 所示。

表 4-1　因果链极性定义及数学公式

符号	解释	数学公式
$X \xrightarrow{+} Y$	如果其他条件对等, X 的增加(减少),势必会引起 Y 的增加(减少),直到高于(低于)原值。如果处于累加状态, X 加入 Y	$\dfrac{\partial Y}{\partial X} > 0$ 在累加的情况下 $Y = \displaystyle\int_{t_0}^{t} (X + \cdots)\, \mathrm{d}s + Y_{t_0}$

续表

符号	解释	数学公式
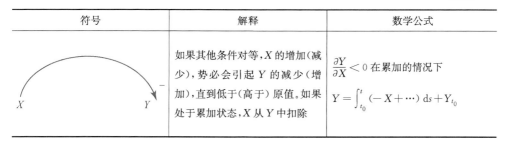	如果其他条件对等,X 的增加(减少),势必会引起 Y 的减少(增加),直到低于(高于)原值。如果处于累加状态,X 从 Y 中扣除	$\dfrac{\partial Y}{\partial X} < 0$ 在累加的情况下 $$Y = \int_{t_0}^{t} (-X + \cdots) \, \mathrm{d}s + Y_{t_0}$$

一条正因果链的"因"增加时,"果"要高于原值;同时"因"减少时,结果低于原值。相应的一条负因果链的"因"增加时,"果"要低于原值;同时"因"减少,"果"要高于原值。因果链的极性描述的是系统的机构,而不是变量。换而言之,其描述的是一种变化可能引起的结果,但并不意味着这一结果一定会发生。

2. 存量流量图

存量流量图是因果关系图的进一步延伸,其延伸的内容是区分变量性质,采用更加直观的符号描述系统中各个要素之间的相互关系,它是能够明确系统的反馈方式和控制规律的图形表示法。

相较于因果关系图所描述的反馈结构的基本方面,存量流量图在其基础上表示不同性质的变量的区别。另外,因果关系图只能描述量增加或减少,而不能描述其累积变化。因此,存量流量图是一种图形表达信息远远大于文字描述和因果关系图,描述逻辑比叙述更为直观、生动和准确的结构描述。

(1)状态变量。状态变量是描述系统的累积效果的变量,随着时间推移,状态变量能反映物质、能量、信息相应的变化,是系统从初始时刻到某一时间点的物质或信息流不断累积的结果,是一个随机函数。在系统中,用一个矩形来表示状态变量,矩形内的名称即为状态变量的名称,状态变量的输入流用箭头指向其的实线箭头表示,状态变量的输出流则是由其向外的实线箭头表示。

(2)速率变量。速率变量是表达系统的累积效应变化快慢的变量。速率变量是状态变量随时间变化的值,反映了系统变化的快和慢,是系统变化的导数。因此,速度变量为一个离散函数。

(3)辅助变量。决策过程的中间变量称为辅助变量。它是描述系统相应决策过程的中间环节,描述了状态变量和速率变量信息沟通过程,它没有累积和倒数意义,而描述从"状态变量"到"速率变量"之间的"局部结构",这种"局部结构"和相关

"常量"构成了系统的"控制策略",是分析反馈结构的有效手段,也是系统模型化的重要内容。

　　(4)常量。在系统变化范围内数值改变很小和保持不变的量称为常量。常量也被称为系统的局部目标或标准。

　　存量流量图中使用的流向及其描述符号如下。

　　(1)守恒流。守恒流也称物质流,表示在系统中流动着的物质,如材料、在制品、成品、商品订货量,劳动力、人口、作物、物种,固定资产、工厂及城市占地,天然资源、能源、污染量、现金、存款及货币流。物资流在流动过程中需要时间,因此有延迟现象。守恒流线即物质流线,是改变所流经变量的数量。在存量流量图中用实线箭头表示。

　　(2)非守恒流。非守恒流也称信息流,是连接状态变量和速率变量的信息通道。守恒流是系统活动过程中产生的实体流,属于被控现象,是构成系统的基本流。信息流是与系统管理(控制)有直接关系的流,是形成管理与控制网络的流,是决策的依据,因此对于系统的管理(控制)来说非常重要。它获取或提供相关关联变量的当前信息,不改变其数值。通常情况下在图中用虚线箭头表示。

　　信息流和物质流均存在延迟现象。数据和情报相同,收集后就变成历史数据;对相关文件进行传递、整理和分析均消耗时间。所以从数据产生到决策者做决策的过程中,信息延迟是不可避免的,这个延迟对决策影响很大。

4.2.2　报废汽车的系统动态学建模与分析

　　汽车从生产、销售、使用再到报废经历了一个个相对独立又彼此联系的环节,形成了一个闭环的系统。系统简图如图4-1所示。

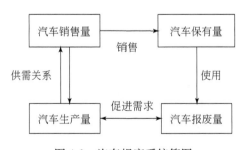

图4-1　汽车报废系统简图

　　在这一系统模型中,四个基本变量汽车销售量、汽车保有量、汽车生产量和汽车报废量相互联系,其主要关系描述如下:①汽车生产量增加促进汽车销售量增加,汽车销售量增加会引起汽车保有量逐步增加;②汽车销售后,随着时间推移,汽车的报废量逐渐增加,当然,在使用过程中也涉及很多问题,如国家的报废政策、汽车维修水平、汽车电子技术水平、人均 GDP 等都会对汽车报废量产生影响;③汽车报废量增加后,会促生新的生产需求,进而促进汽车生产商制定更高生产计划,以求增加生产量,增大企业利益。

可以看出,通过简单的系统模型无法对汽车的生命过程进行描述,它是在多个因素的影响下共同作用的结果。而汽车报废量的结果又会对各项政策和技术有一定的影响。

(1)报废汽车因果关系图。根据前面内容所确定的影响汽车报废量的主要变量及其关系可画出相应的因果关系图,如图 4-2 所示。图中因果链是带箭头的线段,表示两个要素之间的关系;在因果链上加了正负符号意味着相邻变量的相互影响,正号表明箭头所指的变量与箭头源变量成正比,负号表明箭头所指的变量与箭头源变量成反比。图中还给出了一些与主要变量相关的其他变量。

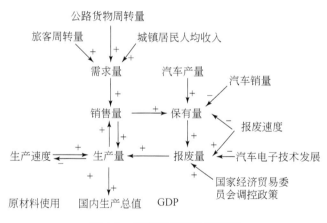

图 4-2　报废汽车因果关系图

由图 4-2 可以分析出,旅客周转量、公路货物周转量及城镇居民收入与汽车的需求量都是正相关关系,而汽车的报废速度与汽车保有量、汽车的电子技术发展与汽车的报废量都是负相关关系。

(2)报废汽车存量流量图。在对报废汽车量进行系统动态学建模时,首先要确定模型中变量的类型,主要有速率变量、水平变量、辅助变量和常量。在汽车报废动态学系统中,水平变量为汽车需求量、汽车生产量、汽车库存量、汽车保有量、汽车报废量等。这些变量分别受速率变量影响,各变量之间的关系可直接从存量流量图反映,如图 4-3 所示。

由图 4-3 可知,其中汽车需求量有三个影响因素,分别为旅客周转量、公路货物周转量和城镇居民收入。这三个因素对于汽车需求量的影响是瞬时的。同样,原材料使用量影响生产量,与此同时,需求量通过销售速度影响生产量。汽车库存量与 GDP 息息相关,同时,生产量通过生产速度影响汽车库存量。汽车保有量和汽车成品量成正比,库存量通过销售速度刺激保有量。汽车保有量所引起的生产需求系数又对消费速度和生产速度有一定的影响。销售率和人均 GDP 同时作用于生产速度和销售速度,进而影响库存量和保有量。报废量受国家报废政策、汽车平均寿命和汽车电子技术水平的影响,与此同时,保有量通过报废速度刺激报废量,而报废率则是通过影响报废速度进而影响汽车报废量。

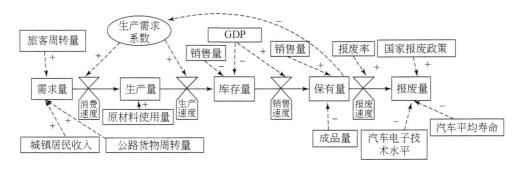

图 4-3　报废汽车存量流量图

通过对以上影响因素的分析比较,很容易可以得出结论:对汽车报废量有影响的七个主要相关因素分别为国内生产总值、城镇居民收入、汽车产量、汽车销量、汽车保有量、公路货物周转量以及旅客周转量。同时获得了它们的历史数据,如表 4-2 所示。

表 4-2　报废汽车量及其影响因素历史数据(1995～2012 年)

年份	生产量/万辆	销售量/万辆	汽车保有量/万辆	公路货物周转量/亿吨公里	旅客周转量/亿吨公里	GDP/亿元	城镇居民收入/元	汽车报废量/万辆
1995	145.27	144.18	1040.02	4694.9	4603.1	60793.73	4283	36
1996	147.49	145.87	1100.08	5011.2	4908.8	71176.59	4838.9	39
1997	158.26	156.59	1219.09	5271.5	5541.4	78973.03	5160.3	43
1998	162.78	160.31	1319.3	5483.38	5942.8	84402.28	5425.1	46
1999	183.16	183.3	1452.94	5724.3	6199.2	89677.05	5854	50

续表

年份	生产量/万辆	销售量/万辆	汽车保有量/万辆	公路货物周转量/亿吨公里	旅客周转量/亿吨公里	GDP/亿元	城镇居民收入/元	汽车报废量/万辆
2000	206.82	207.84	1608.94	6129.4	6657.4	99214.55	6280	55
2001	234.15	237.11	1802.04	6330.4	7207.1	109655.17	6859.6	64
2002	325.12	325.05	2053.2	6782.5	7805.8	120332.7	7702.8	71
2003	444.37	439.08	2382.93	7099.5	7695.6	135822.8	8472.2	85
2004	507.05	507.11	2693.71	7840.9	8748.4	159878.3	9421.6	93
2005	570.77	575.82	3160	8693.2	9292.1	184937.4	10493	109
2006	727.97	721.6	4985	9754.2	10130.85	216314.4	11759	145
2007	888.24	879.15	5099.61	11354.7	11506.8	265810.3	13786	175
2008	934.51	938.05	5696.78	32868.2	12476.1	314045.4	15781	220
2009	1379.1	1364.48	6539	37188.8	13511.4	340902	17175	270
2010	1826.47	1806.19	7185.7	43389.7	15020.8	401202	19109	290
2011	1841.89	1850.51	10578	51374.7	16732.6	471564	23979	410
2012	1927.18	1930.64	11400	59992	18468.4	519322	24565	440

4.3 汽车报废量预测方法及结果分析

4.3.1 预测方法介绍

1. 多元线性回归(MLR)

多元线性回归模型为

$$v_0 = \beta_0 + \beta_1 x_1 + \beta_2 x_2 + \cdots + \beta_n x_n \tag{4-1}$$

其中,v_0 代表预测目标变量;$x_1, x_2, \cdots, x_n$ 分别代表具有系数 $\beta_0, \beta_1, \cdots, \beta_n$ 的因变量。由于本书考虑七个影响因素,因此报废汽车量的预测模型可表示为

$$v_0 = \beta_0 + \beta_1 x_1 + \beta_2 x_2 + \beta_3 x_3 + \beta_4 x_4 + \beta_5 x_5 + \beta_6 x_6 + \beta_7 x_7 \tag{4-2}$$

其中,目标变量 v_0 代表汽车报废量;$x_1, x_2, \cdots, x_7$ 代表七个影响因素,分别为生产量、销售量、汽车保有量、公路货运周转量、旅客周转量、国内生产总值和城镇居民人均收入。基于以上分析可以看出,一个因变量是独立变量系数的组合。因此,只有当其系数确定才可以有效地实现对报废汽车量的预测。

2. 神经网络(NN)

关于神经网络在第 2 章已详细介绍,下面概述一下本节所采用神经网络的具体步骤。

(1)初始化神经网络输入、输出和隐含层的神经元的个数,随机产生权值向量 w。

(2)计算隐含层和输出层的输出,同时进行值向量 w 的调整。

(3)进行预测误差的计算,即训练性能目标,当小于给定的或达到预期的目标后,训练结束,或者转步骤(2)。

注意应用神经网络进行报废量预测时,所使用的输入层神经元的个数为 7,代表七个影响因素;输出层的神经元的个数为 1,代表汽车报废量;隐含层的神经元的个数设置为 9。

3. 基于遗传算法优化的神经网络算法(GA-NN)

关于遗传算法和神经网络在第 2 章已详细介绍,下面概述一下本节所采用的基于遗传算法优化的神经网络算法的具体步骤。

(1)种群初始化。随机产生 pop_size 个初始种群, $A = \{A_1, A_2, \cdots, A_{pop\_size}\}$。在一个指定值范围内产生一个个体,即通过线性插值函数产生染色体,即 $\{a_1, a_2, \cdots, a_p\}$,注意一个 a_i 为神经网络的一个权值。

(2)确定适应度函数。根据步骤(1)得到一个染色体,从而得到了权重和阈值的神经网络分配。如果指定训练数据的输入,训练好的神经网络可以得到预测输出。在本书中,训练神经网络的预测输出与实际输出的绝对误差的逆函数作为染色体的适应度函数。它表示为

$$F_i = \frac{1}{\sum_i^m |y_i - o_i|} \tag{4-3}$$

其中, m 是训练数据点的个数; y_i 是神经网络的第 i 个节点的期望或实际输出; o_i 是神经网络的第 i 个节点的预测输出。

(3)通过轮盘赌法进行染色体的选择操作。

(4)进行染色体的交叉和变异操作。

(5)当获得优化的神经网络权值后,用该神经网络进行数据的训练输出即获得最优的训练输出。

注意应用该算法进行报废量预测时,所使用的输入层神经元的个数为 7,代表 7 个影响因素;输出层的神经元的个数为 1,代表汽车报废量;隐含层的神经元的个数设置为 9。训练数据点的数量设置为 18。遗传算法的种群大小为 20,遗传代数的最大值为 130,交叉和变异遗传算法的概率分别为 0.3 和 0.1。

4.3.2　预测结果分析

1. 预测模型的建立

(1)MLR 模型的构建。通过汽车报废量的七个影响因素的历史数据,结合实际报废车辆数,将 MLR 模型的相关系数使用 MATLAB 软件的回归函数 regress 获得,把它们代入式(4-2),然后得到汽车报废量预测的多元线性模型,即

$$t_p = -11.7798 + 0.09171x_1 - 0.0843x_2 + 0.0230x_3$$
$$+ 0.0021x_4 - 0.0025x_5 - 0.0003x_6 + 0.0091x_7 \qquad (4\text{-}4)$$

基于确定的 MLR 模型,结合七因素的数据,可获得汽车报废量的预测值,具体数据见表 4-3。

(2)NN 模型的构建。将汽车报废量的七个影响因素数据和报废量数据分别作为 NN 的输出和输入数据,运行 NN 算法后,则构建了相应的 NN 模型,当再次导入相应的七个影响因素数据后,可实现汽车报废量的预测,具体数据见表 4-3。

(3)GA-NN 模型的构建。同样的,将汽车报废量的七个影响因素数据和报废量数据分别作为 GA-NN 的输出和输入数据,运行 GA-NN 算法后,则构建了相应的 GA-NN 模型,当再次导入相应的七个影响因素数据后,可实现汽车报废量的预测,具体数据见表 4-3。

表 4-3　各预测方法报废汽车量预测结果及比较　　　　单位:万辆

年份	实际值	MLR 预测值	MLR 误差	NN 预测值	NN 误差	GA-NN 预测值	GA-NN 误差
1995	36	35.2084	0.7916	34.6975	1.3025	34.2039	3.0060
1996	39	38.9781	0.0219	38.1098	0.8902	38.9119	1.8256
1997	43	41.7094	1.2906	44.0491	−1.0491	40.3011	−0.2326
1998	46	44.5881	1.4119	48.0177	−2.0177	43.3132	−0.8659
1999	50	50.0236	0.0236	50.7064	−0.7064	49.9991	0.2877
2000	55	54.8776	0.1224	56.2409	−1.2409	55.7091	−0.5837
2001	64	61.0318	2.9682	63.2469	0.7531	63.9931	0.1259
2002	71	72.1563	1.1563	71.5095	−0.5095	70.9851	−0.4426
2003	85	85.0927	0.0927	76.7942	8.2058	84.9770	−0.6401

续表

年份	实际值	MLR 预测值	MLR 误差	NN 预测值	NN 误差	GA-NN 预测值	GA-NN 误差
2004	93	93.7226	0.7226	94.3345	−1.3345	92.9710	−0.6059
2005	109	108.3377	0.6623	109.7943	−0.7943	108.9658	−0.5536
2006	145	156.1636	11.1636	144.6328	0.3672	177.8118	−0.2004
2007	175	166.0462	8.9538	183.3182	−8.3182	174.9670	−0.4245
2008	220	227.8730	7.8730	219.2064	0.7936	219.9935	−0.0129
2009	270	264.4654	5.5346	268.6329	1.3671	269.9703	0.4663
2010	290	294.7458	4.7458	298.7651	−8.7651	289.9756	5.3383
2011	410	409.4826	0.5174	408.7277	1.2723	410.0161	0.1273
2012	440	436.4972	3.5028	438.2691	1.7309	440.0189	0.0985

2. 预测模型的建立

为了定量地评价三个预测模型的性能,需要对以下评价参数进行介绍,即绝对误差的平均值(MV)、绝对误差的标准差(SD)和相关系数(R^2),它们定义分别如下:

$$MV = \frac{1}{n} \sum_{i=1}^{n} |v_o - v_p| \tag{4-5}$$

$$SD = \sqrt{\frac{1}{n} \sum_{i=1}^{n} (v_o - v_p)^2} \tag{4-6}$$

$$R^2 = 1 - \frac{\sum_{i=1}^{n} (v_o - v_p)^2}{\sum_{i=1}^{n} (v_o - \overline{v}_o)^2} \tag{4-7}$$

其中,v_o 是报废量的实际值;$\overline{v}_o$ 是报废量的实际值的均值;v_p 是报废量的预测值。

此外,这三个参数的意义介绍如下:R^2 代表模型的相关关系,即总体性能的表征参数;MV 代表实际输出和预测输出的平均偏离程度;SD 代表实际输出和预测输出的分散程度。

基于所提出的性能参数,其计算结果如表 4-4 所示。

表 4-4　三种预测模型的性能比较

评估参数	MLR	NN	GA-NN
绝对误差平均值(MV)	2.8642	2.3010	0.8799
绝对误差标准偏差(SD)	4.3963	3.6020	1.5609
相关系数(R^2)	0.9994	0.9996	0.9999

　　从表 4-4 可以得到以下结论。第一,这些预测模型的实际值与预测值之间的相关系数 R^2 均大于 0.99。这意味着,当它们用于报废量的预测时,这些模型预测性能是高度满足的。也就是多因素的引入使得它们的预测性能明显提高。第二,对比获得的评估参数,即 MV、SD 和 R^2,GA-NN 模型要优于 MLR 和 NN 模型,这说明 GA-NN 模型比 MLR 和 NN 模型具有更好的预测性能。建立 NN 和 GA-NN 模型要比建立 MLR 模型需要更多的时间。最后,为了观察三个模型的性能,绘制其预测输出和误差输出曲线,分别如图 4-4 和图 4-5 所示,可以看出 GA-NN 模型的整体性能比 MLR 和 NN 模型更好。

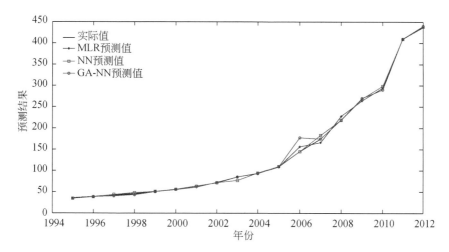

图 4-4　MLR、NN 和 GA-NN 模型的预测结果图

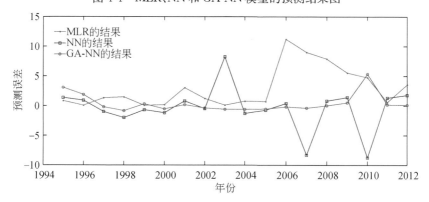

图 4-5　MLR、NN 和 GA-NN 模型的预测误差图

4.4 汽车报废量的未来趋势分析

4.4.1 影响因素数据的获取

对未来的报废量预测无疑对相关政策的制定有着重要的影响,因此有必要对此进行预测。本节拟采用多元回归方法获得各个报废量的影响因素方程,在此基础上,采用典型的预测方法进行未来汽车报废量的预测分析。

值得注意的是,当进行多项式拟合时,不同的阶数 m 会导致拟合公式不同的相关系数。如果 m 太小,则拟合公式的精度较低;如果 m 太大,计算就会比较困难。因此,m 必然存在一个合理的选择值,其拟合公式可以准确地描述实际情况。在本节中,m 设置为 2、3 和 4,将各因子的历史数据代入拟合的近似公式,根据不同的 m 获得不同的拟合公式。为了良好的拟合结果,引入了相关系数(R^2)进行评估。通常,R^2 的值越大,其拟合结果越好。因此,这里采用对比相关系数的方法,来获得不同因素的最优拟合公式,具体结果如下。

1. 汽车生产量的拟合结果

通过对比不同 m 的拟合结果发现,当 $m=4$ 时,拟合效果最好,其相应的相关系数 R^2 为 0.9814。最后,得出生产量 PV 的拟合公式,即

$$PV = -0.0713y^4 + 2.8459y^3 - 28.251y^2 + 112.95y + 26.227 \qquad (4\text{-}8)$$

其中,$y = Y - 1995$;Y 是年份。

2. 汽车销售量的拟合结果

同样,当 $m=4$ 时,销售量 SV 的拟合效果最佳,其相应的相关系数 R^2 为 0.9829。它的拟合公式 SV 表达为

$$SV = -0.0659y^4 + 2.6645y^3 - 26.353y^2 + 106.22y + 31.123 \qquad (4\text{-}9)$$

3. 汽车保有量拟合结果

相似的,当 $m=4$ 时,机动车保有量 VP 的拟合效果最佳,其相应的相关系数 R^2 为 0.9838。它的拟合公式为

$$VP = 0.1634y^4 - 3.6287y^3 + 53.213y^2 - 160.86y + 1225.6 \qquad (4\text{-}10)$$

4. 旅客周转量的拟合结果

同样,当 $m=4$ 时,旅客周转量 PT 的拟合效果是最好的,其相应的关联系数 R^2 为 0.9709。它的拟合公式为

$$PT = -2.824y^4 + 130.48y^3 - 1623.7y^2 + 6963.4y - 2542.8 \tag{4-11}$$

5. 公路货运周转量的拟合结果

同样,当 $m=4$ 时,公路货运周转量 HFT 的拟合效果最好,其相应的相关系数 R^2 为 0.9985。其拟合公式为

$$HFT = 2.7818y^3 - 35.61y^2 + 542.69y + 4078.3 \tag{4-12}$$

6. GDP 拟合结果

同样,当 $m=4$ 时,GDP 的拟合效果最佳,其相应的相关系数 R^2 为 0.9838。它的拟合公式为

$$GDP = 0.1634y^4 - 3.6287y^3 + 53.213y^2 - 160.86y + 1225.6 \tag{4-13}$$

7. 城镇居民人均收入的拟合结果

同样,当 $m=4$ 时,城镇居民人均收入 PURI 的拟合效果最好,其相应的相关系数 R^2 为 0.9948。它的拟合公式为

$$PURI = -0.1971y^4 + 10.607y^3 - 99.712y^2 + 702.15y + 3679 \tag{4-14}$$

基于所获得的各影响因素的拟合公式,得到了在未来的不同年份的预测数据,如表 4-5 所示。

表 4-5　汽车报废量影响因素预测(2013~2020 年)

年份	产量/万辆	销量/万辆	机动车保有量/万辆	公路货运周转量/十亿吨公里	旅客周转量/亿人每公里	GDP/十亿元	城镇居民收入/元
2013	2201.8	2223.5	13784	70542	20615	582420	28091
2014	2344.2	2386.3	16408	79245	22943	642624	31157
2015	2428.9	2499.7	19487	86798	25533	700950	34350
2016	2438.3	2547.2	23081	92593	28403	755530	37637
2017	2352.7	2510.9	27251	95957	31569	804330	40980
2018	2150.5	2371.1	32065	96148	35047	845060	44335
2019	1808.7	2106.6	37592	92355	38855	875270	47655
2020	1302.4	1649.7	43807	83701	43009	89229	50888

4.4.2　中国汽车报废量及其发展趋势

通过多项式拟合预测出未来 8 年汽车报废量影响因素的数据,结合上述的三个预测模型,对我国未来的汽车报废量预测,详细结果如下。

(1)通过多元线性回归(MLR)预测出我国未来的汽车报废量的结果,如表 4-6 中的第 2 列所示。

(2)通过神经网络(NN)预测出我国未来的汽车报废量的结果,如表 4-6 中的第 3 列所示。

(3)通过遗传-神经网络算法(GA-NN)预测出我国未来的汽车报废量的结果,如表 4-6 中的第 4 列所示。

从表 4-6 可以看出,这些模型的预测结果基本一致。这表明,预测结果是正确的。为了减少误差,我们把这些模型的平均值作为我国汽车未来的实际报废量。此外,本书绘制我国汽车报废量未来趋势图,如图 4-6 所示。

表 4-6　汽车报废量预测(2013~2020 年)

年份	MLR	NN	GA-NN	平均/实际值
2013	524.8	519.3	524.8	523.0
2014	609.6	603.2	609.4	607.4
2015	702.4	695.9	702.2	700.2
2016	803	799.5	802.8	801.8
2017	911.3	913.9	911.1	912.1
2018	1027.2	1034.9	1027.0	1029.7
2019	1150.3	1149.1	1156.0	1151.8
2020	1484.9	1487.6	1484.6	1485.7

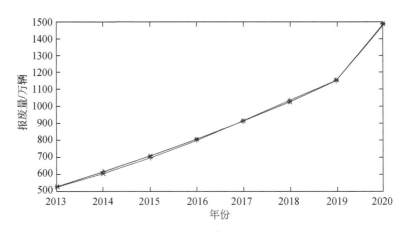

图 4-6　我国汽车报废量未来趋势图

由图 4-6 可知,我国汽车报废量将迅速增加,在未来几年,我国的报废汽车数量将超过 1400 万。因此,我国需要进一步提高车辆回收管理工作、促进我国汽车工业的可持续发展。

4.5　逆向物流网络及其构建

4.5.1　产品回收网络类型及特性

1. 产品回收网络类型

(1)再使用回收网络。这类网络所回收的主要是可再使用的产品。例如,可再利用的包装一旦返回到包装提供中心,就可以直接被再次利用。在整个过程中,回收时间是最大的不确定因素。而且,回收产品数量和损失也是主要的不确定性问题,同时运输费用也影响回收成本。

可再利用产品只需要简单的再处理,如清洗和检查,即可再次使用。由于再利用和原始利用之间基本上不存在区别,因此,再使用产品回收网络自然成为闭环结构形式。例如,主要用于产品包装回收的再使用回收网络。

(2)再制造回收网络。这种网络所回收的主要是可再制造的价值较高的产品或零部件,如照相机、复印机和汽车发动机等。

由于所涉及的对象价值较高,常常是由制造商来组织回收网络。再制造的产品或部件会用于新产品的生产,其回收市场和再利用市场有重合。此外,回收数量的不确定性也是影响该类型网络的一个重要因素,回收费用也较高。

(3)再利用回收网络。这种网络所回收的主要是可再利用价值较低的产品、零部件或材料,如纸张、塑料、钢铁副产品等。因此,此类网络要能大批量回收产品,以形成规模效应,使得回收有资源意义和经济价值。

再利用网络多是集中型网络结构,网络节点的各个责任方之间的紧密合作是确保大规模和批量处理的关键。由于这种回收方式的材料利用环技术的可行性并不严格依赖于回收产品的质量,因此,再利用网络结构简单,系统层次不多。

2. 产品回收网络特性

(1)集中度。集中度是指完成同种操作所需的活动地点数目,表示网络的横向幅度。同类作业活动应尽量安排在同一地点完成,形成规模效益,节约人力物力,且是网络横向整合的有效措施。

(2)层次数。网络层次是指物流需要顺次流经的节点数,表示网络的纵向深度。单层次网络中,所有操作都集中在某一节点;多层次网络中,不同的操作分别在不同的节点(设施和地点)完成。

(3)关联度。关联度主要是指产品回收网络与现存的物流网络的相关程度。产品回收网络可能单独建立,也可能是在原有网络基础上扩建而形成的。

(4)合作度。合作度涉及网络构建中的各负责方,这些企业通过签订合同或联合联营的方式进行合作,但把产品回收工作外包给第三方逆向物流经营者的方式比较普遍,可以提高效率,产生规模经济。

(5)闭合型。产品回收物流又回到制造处,经过加工后再次回到市场,称为闭合型网络。

(6)开放型。产品回收物流从一点开始,到另外一点结束,称为开放型网络。

4.5.2　产品回收网络布局及节点活动

1. 产品回收网络布局

产品回收物流过程大致分为三个阶段:第一阶段是收集阶段,即回收商从市场回收产品;第二阶段是运输阶段,即回收产品流向处理加工制造节点;第三阶段是再送阶段,即处理后可再利用的产品再次被配送到市场进行销售。

回收网络中的主要节点:一是收集点(店),进行报废产品收集与集结;二是拆解中心,在这里完成检验、拆解、分类以及不可再利用产品的废弃处理;三是加工制造厂,进行回收产品的资源化处理,包括再制造厂、材料再生厂;四是再配送仓库,用来储存经过处理后待配送的可再利用产品;五是用户,即消费和销售市场。以上联接节点的选址定位以及规模的决定就是网络布局需要解决的主要问题。

产品回收网络布局应以费用低、方便回收为目标,主要涉及以下几个问题:

(1)预测计划区域内可能回收产品的数量,确定应设置的收集点(店)数;

(2)根据拆解中心的任务和处理能力,确定拆解中心的位置及优化所对应的收集点物流关系;

(3)确定拆解中心与加工厂的物流关系,以及配送处理后的产品及零部件;

(4)解决拆解中心和加工厂的废弃物处理等。

2. 产品回收网络中的节点活动

产品回收网络中的节点活动一般涉及收集、检验与决策/拆解/分类、加工制造、废弃物处理和再配送。

（1）收集。将废旧产品通过有偿或无偿的方式集中到回收点。收集是逆向物流的起点，是产品回收网络的关键节点。它判定产品是否应该进入逆向物流网络及初步决定回收产品在逆向物流网络中的流向和处理方法。

（2）检验与决策/拆解/分类。通过对回收产品相应指标进行测试分析，并根据产品结构特点和产品各零部件的性能确定可行的循环再生方案，它决定了回收产品是否可再利用以及用何种方式回收利用。

（3）加工制造。通过再制造、循环再生加工等活动，将回收产品转变成有用的产品。

（4）废弃物处理。对那些没有经济价值或严重危害环境的回收品和零部件，通过机械处理、地下掩埋或焚化等方式进行销毁。废弃处理一般在拆解中心进行，因此可能导致进、出拆解中心的物流量不相等，并需要一定的处理费用。

（5）再配送。将回收后经过加工制造的产品配送到市场进行销售等，主要包括运输和仓储。

4.5.3　报废汽车回收中心选址实例分析

1. 构建模型

现将选址模型的假设条件列举如下：

（1）将报废汽车所在地按区进行统计，并将其视为点，而不考虑所在的车辆用户的居民区的地理位置的分布情况；

（2）报废汽车所在地通常按管辖区域统计；

（3）报废汽车所在地到回收中心每公里的费用设为常数；

（4）不考虑回收中心的回收能力限制，即能力足够大，能满足用户要求；

（5）目标区域内所有的运输费用相同，即不考虑该区域内的道路状况。

在报废汽车回收中心的选址过程中，若目标不同，则规划模型也不同，本节以顾客运输总费用最低为目标进行选址，可以构建如下模型：

$$\min C = \sum_i \sum_j a_{ij} c_{ij} d_{ij} \tag{4-15}$$

其中，i 为需求点指标，即报废汽车所在区域；j 为设施点指标，即报废汽车回收中心；a_{ij} 为报废汽车所在区域 i 到回收中心 j 车辆数；c_{ij} 为报废汽车所在区域 i 到回收中心 j 之间的单位运输费用；d_{ij} 为报废汽车所在区域 i 到回收中心 j 之间的距离，它的具体表达式为

$$d_{ij} = \sqrt{(x_j - l_i)^2 + (y_j - u_i)^2} \tag{4-16}$$

但是在实际的选址过程中,可能要遇到沼泽地、湖泊、旅游区、公园及居民区等,这些区域无法进行检测站的兴建。所以,在进行规划时,应该提前把这些区域排除。为了解决这种类型区域的回收中心选择问题,有必要引入具有区域约束的规划模型,现将有区域约束的回收中心选址规划模型表达如下:

$$\min C = \sum_i \sum_j a_{ij} c_{ij} d_{ij} \tag{4-17}$$

约束条件为

$$\begin{cases} h(x,y) \leqslant 0 \\ g(x,y) \geqslant 0 \end{cases} \tag{4-18}$$

其中,$h(x,y) \leqslant 0$,$g(x,y) \geqslant 0$ 是区域约束条件。

2. 优化算法

上述模型的求解方法有很多种,包括遗传算法、粒子群算法、神经网络等。采用人工鱼群算法,简单快速,且多个个体同时搜索,能够保证良好的跟踪性,优化过程中能够避免出现局部极值的情况。

1)算法的变量参数

人工鱼群算法的各变量参数如表 4-7 所示。

表 4-7　人工鱼群算法变量参数

序号	变量名	变量含义
(1)	N	人工鱼个体数
(2)	$\langle X_i \rangle$	人工鱼个体的状态位置,$X_i = (x_1, x_2, \cdots, x_n)$,其中 $x_i(i=1,2,\cdots,n)$为待优化变量
(3)	$Y_i = f(X_i)$	第 i 条人工鱼当前所在位置的食物浓度,Y_i为目标函数
(4)	$d_{ij} = \| X_j - X_i \|$	人工鱼个体之间的距离
(5)	Visual	人工鱼的感知距离
(6)	Step	人工鱼移动的最大步长
(7)	δ	拥挤度
(8)	try_number	觅食行为最大尝试次数
(9)	n	当前觅食行为次数
(10)	maxgen	最大迭代次数

2)算法的行为描述

人工鱼群算法的行为包括觅食行为、聚群行为、追尾行为和随机行为。

（1）觅食行为。

设人工鱼当前的位置为 X_i，在感知距离之内随机选择下一个位置 X_j，在极大值问题中，若 $Y_i < Y_j$，就可以沿着该方向前进；否则，再重新选择 X_j，判定是否满足前进的条件。如此反复尝试 try_number 次之后，若仍然不满足前进条件，就沿着随机方向移动。由于极大值问题和极小值问题可以相互转换，所以以下所述都是针对极大值问题进行讨论。

觅食行为的表达式可表示为

$$\begin{cases} X_{i+1} = X_i + \text{Step} \times \dfrac{X_j - X_i}{\| X_j - X_i \|} \times \text{rand}(), & Y_j > Y_i \\ X_j = X_i + \text{Visual} \times \text{rand}(), & Y_j < Y_i \end{cases} \tag{4-19}$$

（2）聚群行为。

设人工鱼当前位置为 X_i，搜索邻域内（即 $d_{ij} < \text{Visual}$）的伙伴数目 n_f 及中心位置 X_c，若满足 $Y_c / n_f > \delta Y_i$，则表明伙伴中心有足够的食物，而且中心位置比较宽松，那么朝伙伴们中心位置方向前进一步；否则执行觅食行为。

聚群行为表达式可表示为

$$\begin{cases} X_{i+1} = X_i + \text{Step} \times \dfrac{X_c - X_i}{\| X_c - X_i \|} \times \text{rand}(), & \dfrac{Y_c}{n_f} > \delta Y_i; n_f \geqslant 1 \\ X_{i+1} = \text{Formula}(4\text{-}19), & \dfrac{Y_c}{n_f} \leqslant \delta Y_i; n_f = 0 \end{cases} \tag{4-20}$$

（3）追尾行为。

设人工鱼当前位置为 X_i，搜索领域内（即 $d_{ij} < \text{Visual}$）的伙伴中 Y_j 为最大的伙伴 X_j，若满足 $Y_j / n_f > \delta Y_i$，则说明 X_j 的位置具有较高的食物浓度，并且其周围不拥挤，那么朝伙伴 X_j 的方向前进一步；否则执行觅食行为。

追尾行为的表达式可表示为

$$\begin{cases} X_{i+1} = X_i + \text{Step} \times \dfrac{X_{\max} - X_i}{\| X_{\max} - X_i \|} \times \text{rand}(), & \dfrac{Y_{\max}}{n_f} > \delta Y_i; n_f \geqslant 1 \\ X_{i+1} = \text{Formula}(4\text{-}19), & \dfrac{Y_{\max}}{n_f} \leqslant \delta Y_i; n_f = 0 \end{cases} \tag{4-21}$$

（4）随机行为。

随机行为易于执行，在邻域范围内随机选择一个位置，并向该方向前进。实际上随机行为就是觅食行为的一个缺省行为，也就是 X_i 的下一个位置为 $X_{i|\text{next}}$，表示为

$$X_{i|\text{next}} = X_i + r \cdot \text{Visual} \tag{4-22}$$

其中，r 是 $[-1,1]$ 区间的随机数；Visual 为感知距离范围。

3）算法的主要步骤

基于上述的行为描述，人工鱼群算法应该遵循以下几个步骤：

（1）对人工鱼群的各项参数进行初始化，包括最大步长 Step，感知距离 Visual，最大尝试次数 try_number，最大迭代次数 maxgen 以及人工鱼个体数 N；

（2）记录当前每个人工鱼个体的适应度值，并取最优者；

（3）实现鱼群的觅食行为、聚群行为以及追尾行为，并更新个体的位置；

（4）更新最优值并记录；

（5）检查终止条件，若最大迭代次数已执行完毕，则输出最优结果；否则，继续执行步骤（2）。

3. 实例验证

以辽宁省抚顺市为例进行报废汽车回收中心选址分析。抚顺市共划分为五个地区，分别为东洲区、新抚区、望花区、顺城区和沈抚新城。各个地区区政府和抚顺市政府所在地理位置的坐标如图 4-7 所示，若将抚顺市市中心位置视为相对坐标原点，则五个地区中心的坐标可以转化成表 4-8 所示的数值，同时对各个地区的车辆数量、车辆报废率以及单位运输费用进行了调查，综合分析调查结果，确定车辆报废率为 4%，其结果显示在表 4-8 中。其中，l、u 为相对横、纵坐标，a 为保有量，c 为单位运输费用。

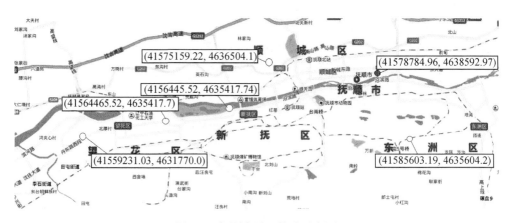

图 4-7　抚顺市城区构成示意图

表 4-8　各报废车辆回收区域地理位置及模型参数描述

序号	区域名称	l/m	u/m	$a/$辆	报废率/%	$c/$元
1	东洲区	6818.23	−2988.68	2884	4	2
2	新抚区	−3625.74	−2088.84	3556	4	2
3	望花区	−14319.44	−3175.23	1557	4	2
4	顺城区	−1109.74	285.12	5074	4	2
5	沈抚新城	−19553.93	−6822.91	2660	4	2

　　此外,还绘制了报废汽车所在区域的平面分布图,即各个行政区域中心位置的平面分布图,如图 4-8 所示。

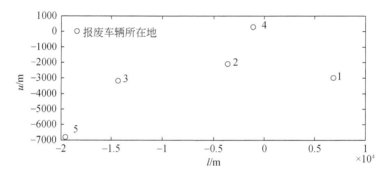

图 4-8　报废车辆所在区域平面分布图

　　(1)计划在市内建立一个大型报废车辆回收中心,对报废汽车进行回收。要求顾客的运输总费用最少,上述问题可以转化成

$$\min C = \sum_i \sum_j a_{ij} d_{ij} c_{ij} \tag{4-23}$$

约束条件为

$$\begin{cases} x \in (-19553.93, 6818.23) \\ y \in (-6822.91, 285.12) \end{cases} \tag{4-24}$$

运算后可以得到如下结果:

$$(x, y) = (-2216.23, -1525.54)$$
$$\min C = 8.756 \times 10^3$$

即报废车辆回收中心的位置坐标为(−2216.23, −1525.54),此时用户的运输总费用最低,最低费用为 8.756×10^3 元。图 4-9 中 A 即为回收中心所在位置。

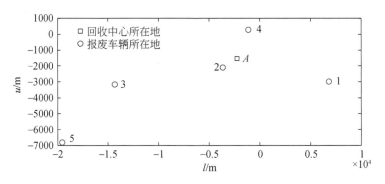

图 4-9　报废汽车回收中心位置图

（2）由于一些地区的特殊性，政府规定在以市中心为圆心，$1.2 \times 10^7 \text{m}$ 为半径的圆形区域内不允许修建任何大型场站，所以该问题可以转化为求解带有区域约束的模型，具体如下：

$$\min C = \sum_i \sum_j a_{ij} d_{ij} c_{ij} \tag{4-25}$$

约束条件为

$$\begin{cases} x^2 + y^2 \geqslant 1.2 \times 10^7 \\ x > 0, \quad y > 0 \end{cases} \tag{4-26}$$

运行算法后可以得到如下结果：

$$(x, y) = (-2832.85, -2783.68)$$

$$\min C = 9.048 \times 10^3$$

也就是说，将报废汽车回收中心建在（$-2832.85, -2783.68$）位置时可使用户的运输总费用最低，最低费用为 9.048×10^3 元。图 4-10 中 B 点即为回收中心的位置。

4.5.4　逆向物流资源优化分析

本节以第四方逆向物流的物流构建与物流资源优化为例，进行物流资源优化配置策略分析，即提出以下两个步骤策略实现第四方逆向物流任务与物流资源的优化配置，如图 4-11 所示。

（1）逆向物流任务的聚类整合。采用聚类算法对逆向物流任务进行聚类划分。聚类算法的统计指标主要包括物流任务的时间属性、空间属性和成本属性。以运输任务为例，时间属性指物流任务的时间窗限制，空间属性指物流任务起始点和目的地客户位置的坐标，将具有相同属性的物流任务进行聚类。

（2）逆向物流任务与物流资源的优化匹配。将第三方物流服务商按照其可同

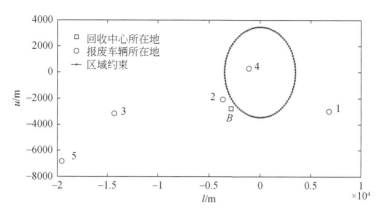

图 4-10　报废汽车回收中心位置图

时执行的物流活动的不同,分为多个物流活动资源节点。对聚类后的规模物流任务,再按照第三方物流服务商可执行物流活动资源分为规模物流活动、建立规模物流活动与物流资源节点间的优化匹配关系,以及逆向物流任务与第三方物流资源的优化匹配的调配决策模型,并设计算法求解。

图 4-11 中第三方物流服务商的各有效物流资源分别对应一个物流资源节点。通过物流任务聚类算法,将具有相似物流特征的零散逆向物流任务整合成规模物流任务,各规模物流任务按所需物流资源的种类不同,又可分为多种规模物流活动,通过物流资源优化匹配规则与算法将规模物流活动分配给合适的第三方资源节点执行。本书针对逆向物流任务与物流资源的优化匹配问题进行研究。

1. 物流资源优化配置模型

时间和成本是衡量物流资源优化配置效果的两个重要指标,因此,建立规模物流任务与第三方物流资源节点之间的优化匹配决策模型时主要考虑成本和时间因素。为便于建立数学模型,先作如下假设:

(1)假设存在多个规模化逆向物流任务(所有的物流任务已经经过聚类整合,达到了一定的规模),且每个物流任务包含一个物流活动序列,物流活动序列数大于或等于 1;

(2)假设所有的 3PL 服务商都能在物流任务要求的时间段内提供物流服务,即与物流任务的时间要求是相匹配的;

(3)同一物流资源节点在同一时刻只能执行一项物流活动;

(4)同一物流活动只能被一个物流资源节点执行;

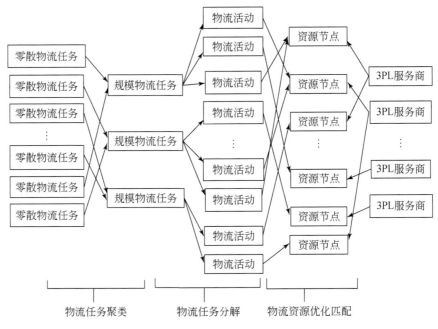

图 4-11　第三方逆向物流任务-物流资源优化配置

(5)所有的物流资源节点在零时刻可以利用,所有的物流活动在零时刻可以被执行。

基于以上假设,物流资源优化配置问题可描述为:假设有 K 个逆向物流任务 $\Gamma_1,\Gamma_2,\cdots,\Gamma_k,k\in\{1,2,\cdots,K\}$,每个物流任务包含一个物流活动序列($\Gamma_{kl},l\in\{1,2,\cdots,n_k\}$),$n_k$ 表示任务 Γ_k 的物流活动数,如回收、运输、仓储、拆卸、检测、退货处理、废弃处理等。每个逆向物流活动 $\Gamma_{kl}(l\in\{1,2,\cdots,n_k\})$ 可由不同的资源节点($N_i,i\in\{1,2,\cdots,m\}$)执行,由于各物流资源节点提供物流服务的时间和成本不一样,因此每个物流活动都有一个执行模式集合 $M_{\Gamma_{kl}}(m_{\Gamma_{kl}i},i\in\{1,2,\cdots,m\})$,其中元素 $m_{\Gamma_{kl}i}$ 表示活动 Γ_{kl} 由资源 i 提供,由 $m_{\Gamma_{kl}i}$ 方式执行时消耗的资源成本为 $c_{\Gamma_{kl}i}$,执行的时间为 $t_{\Gamma_{kl}i}$,相应的物流活动的开始时间和完工时间分别为 $S(\Gamma_{kl})$ 和 $E(\Gamma_{kl})$。引入决策变量 $x_{\Gamma_{kl}i}$,当活动 Γ_{kl} 由资源 i 提供时,则为 1,否则取 0,没有对应的执行模式。则完成各个物流任务的成本为

$$c_k=\sum_{i=1}^{m}\sum_{l=1}^{n_k}c_{\Gamma_{kl}i}x_{\Gamma_{kl}i},\quad k\in\{1,2,\cdots,K\} \tag{4-27}$$

完成所有物流任务的总成本为

$$C = \sum_{k=1}^{K} \sum_{i=1}^{m} \sum_{l=1}^{n_k} c_{\Gamma_{kl}i} x_{\Gamma_{kl}i} \tag{4-28}$$

设 $E(\Gamma_{kl})$ 表示第 k 个物流任务的第 l 个物流活动 Γ_{kl} 在资源节点 N_i 上执行的完工时间,则活动 Γ_{kl} 完工时间的计算公式为

$$E(\Gamma_{kl}) = \max\{E(\Gamma_{k(l-1)}), E(\Gamma_{hp})\} + t_{\Gamma_{kl}i},$$
$$i \in \{1,\cdots,m\}; k,h \in \{1,\cdots,K\}; l,p \in \{1,\cdots,n_k\} \tag{4-29}$$

其中,$E(\Gamma_{k(l-1)})$ 表示物流活动 Γ_{kl} 紧前活动 $\Gamma_{k(l-1)}$ 的完工时间;$E(\Gamma_{hp})$ 表示物流活动 Γ_{kl} 在资源节点 N_i 上的紧前活动 Γ_{hp} 的完工时间。那么由式(4-29)可以看出,物流活动 Γ_{kl} 的开始时间由它资源节点上的紧前活动和该任务的紧前物流活动完工时间中的最大值决定。

完成所有任务的总时间为

$$t_{\max} = \max\{E(\Gamma_{kl})\}, \quad k \in \{1,\cdots,K\}; l \in \{1,\cdots,n_k\} \tag{4-30}$$

物流资源配置的目的就是确定各物流活动在资源节点的执行顺序、执行模式和开始时间,P_k 表示物流任务 Γ_k 规定的完成任务的最晚时刻,在满足各物流任务时间约束的条件下,使得物流任务的总执行成本最小和总完成时间最短,以及每个物流任务的完成时间 E_k($E_k = E(\Gamma_{kn_k})$)满足给定的时间限制,因此上述问题的数学模型可描述如下。

成本目标:

$$C = \min \sum_{k=1}^{K} \sum_{i=1}^{m} \sum_{l=1}^{n_k} c_{\Gamma_{kl}i} x_{\Gamma_{kl}i} \tag{4-31}$$

时间目标:

$$T = \min\{\max\{E(\Gamma_{kl})\}\} \tag{4-32}$$

其约束条件为

$$E_k \leqslant P_k, \quad k \in \{1,2,\cdots,K\} \tag{4-33}$$

$$S(\Gamma_{k(l+1)}) - S(\Gamma_{kl}) \geqslant t_{\Gamma_{kl},i}, \quad i \in \{1,\cdots,m\}; k \in \{1,\cdots,K\}; l \in \{1,\cdots,n_k\} \tag{4-34}$$

$$S(\Gamma_{kl}) - S(\Gamma_{hp}) \geqslant t_{\Gamma_{hp},i}, \quad i \in \{1,\cdots,m\}; k,h \in \{1,\cdots,K\}; l,p \in \{1,\cdots,n_k\} \tag{4-35}$$

式(4-31)表示完成所有的物流任务的总成本最小;式(4-32)表示完成所有总任务的时间最短;式(4-33)表示每项任务的完成时间不超规定的完成时间的限制;式(4-34)表示执行同一物流任务 Γ_k 的相邻物流活动的开始时间之差不小于活动 Γ_{kl} 的执行时间;式(4-35)表示物流活动 Γ_{kl} 与同一资源节点上执行的紧前活动 Γ_{hp}

的开始时间之差不小于活动 Γ_{hp} 的执行时间。

2. 模型求解

上述资源优化配置模型为一个多目标组合优化问题,需要对时间、成本两个优选目标分配权重 w_1 和 w_2,通过定义效用函数将多目标优化问题转化为单目标优化问题。由于遗传算法通过模拟自然选择与自然进化机理进行搜索,且具有隐含并行性和全局解空间搜索等特点,在高度复杂的非线性问题中得到了非常广泛的应用。因此,采用遗传算法来求解此模型,其主要步骤如下。

(1)编码和解码。每个染色体由两部分基因串组成,第一部分基因串确定物流任务的执行先后顺序,第二部分基因串用来确定每个物流活动的执行资源节点。设物流活动总数为 q,即 $q = \sum_{i=1}^{k} n_k$,则第一部分基因串的长度为 q,其中每个物流活动都用相应的物流任务号 k 表示,每个物流任务号 k 出现的次数为此物流任务包括的物流活动总数 n_k。从左到右扫描染色体,对于第 l 次出现的物流活动号 k,表示该物流任务 k 的第 l 个物流活动。假设有 4 个物流任务,每个物流任务可分解为 3 个物流活动,共 12 个物流活动需要执行,共有 6 个资源节点可完成不同的任务。一个可行的第一部分基因串可以表示为[121423234314]。第二部分基因串是确定每个物流任务的执行资源 N_i,一个可行的第二部分基因串可表示为[234155362121],图 4-12 显示了染色体编码的两部分基因串。

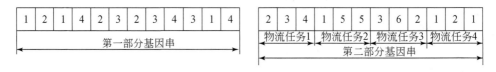

图 4-12　染色体编码的基因串

解码时先根据第一部分基因串确定一个有序的物流活动表,然后把第二部分基因串转换为每个物流活动的被执行节点,最后根据此物流活动表对各物流活动以最早允许的被执行时间逐一进行执行,从而产生物流任务与物流资源的配置方案。

(2)适应度的计算和评价。由于时间和成本的量纲不一样,如何将时间和成本统一到目标函数中,是计算个体适应度的关键问题。本书对成本和时间的目标函数进行归一化处理,对种群个体 v'_i,定义适应度函数 f'_i 为

$$f'_i = M' \left(w_1 \frac{T_{\max}}{T_{\max} - T_i} + w_2 \frac{C_{\max}}{C_{\max} - C_i} \right) \tag{4-36}$$

其中，w_1 和 w_2 分别表示成本和时间的权重；若种群个体不满足约束条件式 (4-33)，则表示不满足物流任务完成时间的约束条件，则 M' 大于 1，否则等于 1。 f'_i 值越小，适应度越高。

(3)交叉和变异算子。下面详细介绍交叉和变异算子的编码。

①交叉操作。第一部分的基因串采用一种基于物流任务的交叉，该交叉操作的过程为：所有的物流任务随机分成两个集合 J_1 和 J_2，子代染色体 o_1/o_2 继承父代 p_1/p_2 中集合 J_1/J_2 内的物流任务所对应的基因，o_1/o_2 其余的基因位则分别由 p_2/p_1 删除了 o_1/o_2 中已经确定的基因后所剩的基因按顺序填充。第一部分基因交叉操作如图 4-13 所示。第二部分基因串采用两点交叉的方法，首先随机选择两个交叉点，然后将两个父代位于两交叉点之内的基因互换，从而得到两个交叉后代。

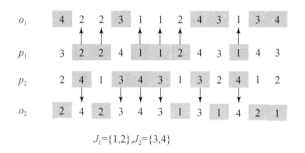

$$J_1 = \{1,2\}, J_2 = \{3,4\}$$

图 4-13 第一部分基因交叉操作

第二部分基因串采用两点交叉的方法，首先随机选择两个交叉点，然后将两个父代位于两交叉点之内的基因互换，从而得到两个交叉后代。交叉操作如图 4-14 所示。

②变异操作。对第一部分基因即基于物流任务的编码，以一定的概率随机选择变异位实行交叉变异，第二部分基因即基于物流资源节点的编码，以一定的概率随机选择变异位实行单点变异。

3. 实例分析

现有 6 个物流任务，各任务对应多项物流活动，分别由 8 个第三方物流服务商的物流资源节点来完成。各物流任务主要的活动参数如表 4-9 所示。表中"/"左边数字代表该活动由该行所在的物流节点执行所需的时间，右边数字代表该物流

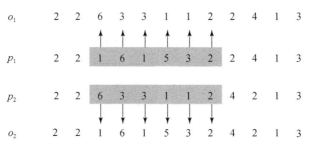

图 4-14 第二部分基因交叉操作

节点执行该活动所需的物流成本,"—"表示不存在此执行模式。遗传算法的参数设置如下:种群规模为 200,迭代次数为 40,交叉和变异概率分别为 0.8 和 0.1。针对时间和成本的不同要求,w_1 和 w_2 取不同的权重值,本实验分别取时间和成本的目标权重 w_1 和 w_2 为 0.9 和 0.1,运用上述算法进行优化配置,得到优化结果。最优染色体编码是:第一部分基因为 [3 6 4 2 1 3 5 6 2 3 1 5],第二部分基因串为 [6 5 4 3 1 7 3 2 8 5 1 8]。执行完所有物流任务所需的总时间为 38 个单位时间,最小成本为 226 个单位成本,具体物流资源优化配置结果如图 4-15 所示。

表 4-9　物流任务的有关活动参数

Γ_k	Γ_1		Γ_2		Γ_3			Γ_4	Γ_5		Γ_6	
P_k	36		40		44			24	44		38	
Γ_{ki}	Γ_{11}	Γ_{12}	Γ_{21}	Γ_{22}	Γ_{31}	Γ_{32}	Γ_{33}	Γ_{41}	Γ_{51}	Γ_{52}	Γ_{61}	Γ_{62}
N_1	4/20	—	8/20	—	6/20						12/16	
N_2	6/16	—	—	—		10/20	12/18	26/22			8/24	
N_3	—	6/16	—	8/20	10/12	8/32	—			18/28	—	
N_4		4/20	8/16	6/24		14/20						
N_5		8/12				12/16	16/20			14/36		
N_6	8/12	—	10/14		4/24						10/20	
N_7	—	—	—	—		22/12	8/20			18/28	—	2/20
N_8	—	—	—	12/16	—	—		18/22	24/28	—		8/16

图 4-15 中纵坐标 N_i 表示资源节点,横坐标表示各个物流任务的物流活动对应的开始执行时刻和完成时刻,如 $\Gamma_{6,1}$ 表示第 6 个物流任务的第 1 个物流活动,此活动在 6 时刻由资源节点 N_1 执行,完成时刻为 18,第 6 个物流任务的第 2 个物流活动由资源节点 N_8 执行,开始时刻为 24,完成时刻为 32,满足了最晚完成时刻为

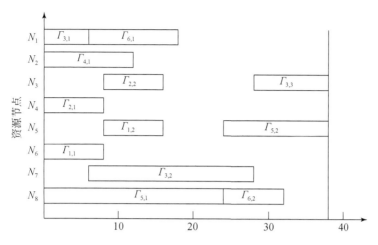

图 4-15　物流任务-物流资源匹配结果

38 的约束限制。以此类推,从图 4-15 可以得到任一物流任务的完工时间,与已知条件对比,可以看出每一个物流任务均能在要求的最晚时刻前完成,满足了物流任务的完成的时间约束条件。本算例针对时间和成本两个目标,偏重于总任务的时间最短,即牺牲总成本来偏向时间的最短化。在实际过程中,应根据实际情况来确定时间和成本的目标权重 w_1 和 w_2 的值。本实例中,若 w_1 和 w_2 分别取 0.3 和 0.7,则得到最优的染色体编码的第一部分基因为[6 5 4 3 5 2 1 3 6 2 1 3],第二部分基因串为[6 5 6 8 3 7 5 2 2 3 1 8]。执行完所有物流任务所需的总时间为 44 个单位时间,最小成本为 194 个单位成本。

第5章　报废汽车拆解厂设计及经济性分析

5.1　报废汽车拆解厂规划建设

5.1.1　基本要求

报废汽车拆解回收企业的总体规划设计不仅涉及该企业的投资生产规模、拆解工艺的技术水平和经营管理的经济效益,而且影响废旧汽车回收利用程度等方面的社会效益。因此,报废汽车回收拆解企业的规划设计必须与出台的相关的法律法规及和各级的相关政策的要求相符合。

1. 规划设计依据

目前,涉及报废汽车回收拆解厂总体规划设计的相关要求,主要有法律法规、相关标准和政策条例三个层面。

(1)法律法规。报废汽车拆解厂的规划设计必须符合我国相关法律法规中的要求,例如,环境方面的法规有《环境保护法》《水污染防治法》《固体废物污染环境防治法》《大气污染防治法》等。在进行预处理、拆卸及总成和车壳破碎过程中报废汽车回收拆解企业设计应确保零部件、有毒有害物及其他废弃物的存放、转运及再制造或废弃处置等过程安全、无污染或使污染降至最低。

(2)政策条例。报废汽车拆解厂的规划设计必须符合各级政府制定的相关政策条例中提出的经营管理要求,如《关于加快发展循环经济的若干意见》《报废机动车回收管理办法》《汽车产品回收利用技术政策》《机动车强制报废标准规定》等。报废汽车回收拆解企业的规划设计应满足该企业的回收、拆解、销售等经营过程中的相关法律法规及各级政策条例的要求,具有必备的设备与设施条件。

(3)相关标准。报废汽车拆解厂的规划设计必须符合强制性国家标准、行业标准中规定的技术法规要求,以及参照执行各类推荐性标准等。如《环境空气质量标准》《工业企业厂界噪声标准》《污水综合排放标准》《大气污染物综合排放标准》《恶臭污染物排放标准》《危险废物填埋污染控制标准》《危险废物焚烧污染控制标准》

《一般工业固体废物贮存、处置场污染控制标准》《建筑照明设计标准》《工业企业采光设计标准》《采暖通风与空气调节设计规范》等。

特别是,基于以上标准制定的 GB 22128—2008《报废汽车回收拆解企业技术规范》和 HJ 348—2007《报废机动车拆解环境保护技术规范》是拆解厂设计要求的重要依据,也是实现整个报废汽车回收利用行业产业升级的基本要求。

报废汽车拆解要考虑多方面的因素,在符合法律规定要求的前提下要采用更经济、环保、高效的拆解方式。报废汽车拆解需要考虑的相关因素如图 5-1 所示。

2. 报废汽车拆解企业总平面布置基本要求

在报废汽车拆解企业总体规划的基础上进行的总平面布置,根据拆解回收工业企业的回收拆解规模、生产工艺流程、厂区及车间内的物流运输,以及在企业运营过程中的环保作业、安全生产、防火及卫生等要求,结合厂区所处的自然条件,周围环境影响等经过综合分析后确定。以 GB 50187—2012《工业企业总平面设计规范》和 HJ 348—2007《报废机动车拆解环境保护技术规范》为主要规划设计依据,并符合 GB 22128—2008《报废汽车回收拆解企业技术规范》等规定的要求进行平面布置设计。

3. 厂区功能划分

根据 HJ 348—2007《报废机动车拆解环境保护技术规范》中的相关要求,拆解厂区应划分为五个不同的功能区。应该包括生产管理区、待拆解的报废汽车储存区、拆解作业区、可回收件储存区、废弃物处置区域等。

破碎区域的各个作业工位也应该进行合理的规划,包括破碎管理区、待破碎原料储存区、破碎材料分选区、破碎件储存区、废弃物处置区。

5.1.2　总平面布置设计

1. 案例概况简介

南方某工业园区主厂区已经建成并投入生产,具备水、电等供给条件,且有废水净化处理设施,在整个厂区总平面布局规划设计中已预留报废汽车回收拆解厂用地。报废汽车的年拆解量为 20000 辆乘用车。但是,建成的生产区(东侧)与办公区、预留用地区(西侧)在地势有近 10m 的水平高差,办公区和预留用地区基本处于同样水平高度,两区域呈“东高西低”的台阶形特征。前期已建成的厂区已在

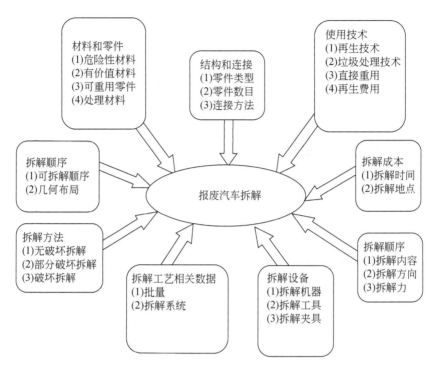

图 5-1　报废汽车拆解考虑的相关因素

其南部设有 2 个厂门。

报废汽车回收拆解厂在厂区西侧北部,面积为 29053m²(43.58 亩);预留用地的西侧沿南北方向(偏西)是通往高速入口的城市主干道(有辅道、双向六车道);北侧与另外企业厂区紧邻。预留用地已平整完成,沿厂区四周已进行了简单的植树绿化。

2. 平面布置

依据报废汽车回收拆解企业规划设计的相关法律、相关标准和各级政策条例及该企业的生产纲领、地理位置、生产任务、动力供给等条件,遵循效益较高、技术先进、生产清洁、成本合理、效率较高、有利扩展等原则,提出规划方案。总平面布置如图 5-2 所示,详见设计图样《报废汽车拆解厂总平面布置图》。

本方案是以预留区的东西对称线为中心,在一个整体车间内将拆解、破碎及总成部件细拆作业区布置在一起,将主要的拆卸流水线及总成细拆作业区形成一体化车间集中布置在中心区域,使各个作业区域之间的物流联系更合理高效;废旧汽

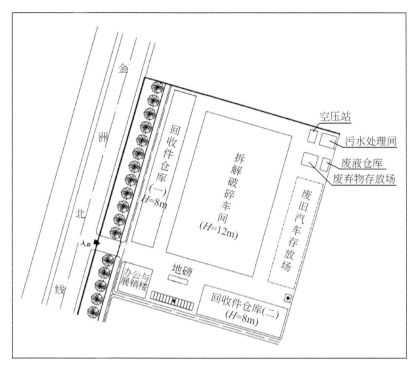

图 5-2　报废汽车拆解厂总平面布置图

车存放场、回收件仓库(一)布置在东西两侧;办公与零部件销售区(包括停车场)布置在南侧,与厂门邻近;污染控制区、动力供给设施区布置在东侧北部;回收件仓库(二)布置在南侧东部。

依照规定划分出:生产管理区——办公与展销楼;报废汽车储存区——废旧汽车存放场;拆卸作业区——拆解破碎车间;拆卸件储存区——回收件仓库(一);污染控制区——废弃物存放场、污水处理间;动力供给设施区——变电站、空压站;开发预留区——回收件仓库(二)。

各个功能区以厂内道路为分界,区域界线明确;办公与展销楼(包括停车场)与其他区域可以通过设置栅栏或绿化带等方式隔离。

3. 功能区设计

(1)废旧汽车存放场。设计其面积为2088m²(87m×24m)。每辆报废汽车(乘用车类)存放占用面积约为10m²(2m×5m),计划存放180~200辆。报废汽车分区存放,分小型车区、微型客车区,平铺或叠层存放。废旧汽车存放场位于厂区东部,为防止油液等泄漏污染地面甚至地下水,地面应该做防污染处理。

(2)拆解破碎车间。拆解破碎车间总面积为 8424m²(117m×72m)。报废车辆快速拆解区、车壳破碎区、整车拆解区、轮胎处理区及总成和零部件细拆区在车间内分区布置,形成相互联系的单元区域。其中,报废车辆快速拆解区面积为 504m²(28m×18m),车壳破碎区域面积为 2106m²(117m×18m);整车拆解区域面积为 1053m²(117m×9m);总成拆解区域与辅助区面积为 2106m²(117m×18m)。拆解破碎车间厂房设 6 个大门和 2 个防火安全门。在车间西侧的北端设有辅助区,即男女休息室(更衣间、淋浴间,设在二层)、厕所(设在一层);车间南端设有车间办公室和工具维修间。零部件检验室设置在车间中部的离总成细拆区域较近的西北侧。

拆解破碎车间中各个分区规划如下。

①破碎区。破碎区设置在靠近废旧汽车存放场一侧(车间东侧),面积 2106m²(117m×18m)。破碎区内从北向南主要设有汽车壳体破碎设备线、整车快速解体机、电动单梁桥式起重机、起重电磁铁吸盘以及无线数传吊秤等设备。其中,起重电磁铁吸盘和无线数传吊秤组合使用,对废钢存放坑的破碎钢料进行称重和装货。在汽车壳体破碎设备靠近通道一侧设有车身壳体暂存区域,拆解下线的车身壳体暂存在此区域。当壳体存放达到一定的数量且满足设备连续加工破碎能力后,由半门式起重机和定柱式旋臂起重机输送到破碎线上,进行破碎处理。

车身壳体暂存区面积约为 300m²,一层可平铺存放 20~25 台车壳,存放区不足时可存放两层,存放量达到 40~45 台。其中,车身壳体破碎分选线长度达 72m,有初级破碎、物料分选等多重工序。进行二级破碎后的废钢送入废钢存放坑暂存,废钢存放坑尺寸为 8m×8m×1.5m(容积为 96m³),可存储破碎钢铁近 1000t。废钢存放坑周围设有安全防护栏。整车快速解体工位面积达 504m²,快速解体机作业区地面硬化,铺设厚度为 10mm 的钢板,防止作业时破坏地面。

②整车拆解线。整车拆解区设置在靠近破碎区域的一侧。整车拆解线面积为 1053m²(117m×9m)。整车拆解区域与破碎区域之间主通道宽度为 9m,与车间南北两侧大门正对;靠近通道的一侧设物品存放区,为了不干涉车间内的物流存放区,宽度不超过 2m。

报废车辆以 5 工位流水作业方式被拆解,工位依次为整车外部件拆卸工位、残余液体抽排工位、汽车内饰件拆卸工位、整车翻转工位和总成部件拆卸工位。在整个拆解作业区地面铺设 10mm 厚的钢板,防止残余油液污损地面,以维护车间良好的卫生状况。

　　③轮胎处理及塑料粉碎区。轮胎处理区在整车拆解区西侧、车间北部,与外部拆解工位相对。面积为 $567m^2$($63m\times9m$),其中轮胎暂存区、轮辋存放区和已抽完钢丝的轮胎存放区面积均暂定为 $112m^2$,当积存的轮胎达到一定数量后再进行集中处理。塑料和线束粉碎区在整车拆解区西侧、车间南部,面积为 $324m^2$($36m\times9m$)。轮胎处理区与总成及部件细拆区之间的通道宽度设为 9m,方便两个区域之间物流联系。

　　④零部件细拆区。总成及部件细拆区设置在靠近回收件储存库一侧。总成拆解以专业分工作业方式进行,作业间(区)分为总成外部清洗、总成分解、发动机拆解、变速器拆解、后桥部件拆解、转向总成拆解、零件喷淋清洗线、电机与电器设备拆解、仪表台拆解、车门拆解、汽车空调拆解、座椅拆解及零部件检验室等,共 14 个作业间(区)。

　　其中,将总成外部清洗、总成分解、发动机总成拆解、变速器总成拆解、后桥总成拆解、转向总成拆解及零件喷淋清洗作业间(区)布置在靠窗户一侧;零部件检验、电机及电器设备拆解、仪表台拆解、车门拆解、水箱拆解、汽车空调拆解布置在同一跨度的另一侧。靠墙一侧细拆区域采用 2 吨半门式起重机将各总成清洗之后送到各个细拆区域进行精细化拆解。在发动机、变速器、转向总成和前后桥总成细拆区地面铺设 10mm 厚的钢板,防止油液渗漏污损地面,造成环境污染。

　　主通道设置在两作业区中间,与车间大门正对,宽度为 5m;两边各设 2.5m 的物品存放区。外部清洗台尺寸为 $3.5m\times3m$,清洗台下方地面设有污水收集槽,两侧设有挡板,防止污染墙壁。发动机拆解和变速器拆解各设 4 个工位。其中,各有两个拆装台架和两个拆解平台。拆解平台尺寸均为 $1.2m\times1.5m$。

　　(3)回收件仓库。回收件仓库面积为 $2268m^2$($126m\times18m$)。主要分类存放检验合格的总成部件,各个存储架分发动机部件存储架、变速器部件存储架、转向总成部件存储架、悬挂及制动总成部件存储架、仪表部件存储架、电机与电气设备存储架。货架共有 600 个,单元货架尺寸为 $2.4m\times0.8m\times1.4m$。主入口与库房办公室间设有地磅,对零部件出入称重登记。

　　4. 厂区物流方向

　　(1)厂区内的物流方向。如图 5-3 所示,沿 1 号物流线,废旧汽车在办公区进行检查登记及称重之后,由叉车将废旧汽车送往待拆卸的废旧汽车存放场储存。

　　沿 2 号物流线,叉车将存放在废旧汽车存放场的报废车辆按拆解需要送往拆解破碎一体化车间进行拆卸及破碎等处理。

沿 3 号物流线,严重损坏或者技术状况低劣无法进行深度拆解的报废汽车送入快速解体区域进行解体。

沿 4 号物流线,总成及零部件周转叉车在拆解破碎一体化车间沿主干道内循环流通。

沿 5 号物流线,当废钢存放坑内存储量达到一定量后,废钢被运往钢厂进行处理。

沿 6 号物流线,回收件存储库中技术状况良好的、具备可再制造能力的零部件运送到回收件仓库(二)。

沿 7 号物流线,零部件检验合格或经喷砂处理后送往回收件仓库(一)。

沿 8 号物流线,回收件仓库(一)中的一些经检验合格和经喷砂处理后具备再利用能力或可再制造加工能力的零部件送往其他制造生产企业。

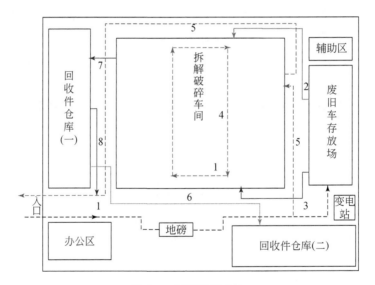

图 5-3　厂区物流方向

(2)设计方案特点分析。本方案的主要特点是集中与对称。

本方案是以预留区的东西对称线为中心,将拆解破碎区域集中布置在中心区域;废旧汽车存放场布置在厂区东侧;办公与零部件销售区(包括停车场)布置在南侧,与厂门邻近;污染控制区、动力供给设施区布置在东侧北部;预留加工区布置在南侧东部。

废旧汽车存放场位于厂区东侧,远离办公与零部件销售区、生活区,可减少视觉冲击对企业环境形象的影响,有利于厂区整洁环境的建立。场地位于厂区的下风向,可避免场地内排出的气味、灰尘影响厂区的环境卫生。回收件储存库布置在西侧,对外形成隔离屏障,可减少视觉冲击对企业形象的影响。拆解破碎车间中检验合格的零部件可直接送入回收件仓库储存,物流集中。将整车拆卸、总成细拆、车壳破碎、轮胎处理和汽车快速解体等工位布置成一体,集中在报废拆解一体化车间,节约建筑成本、方便作业;并且各工作区域之间的物流循环更合理高效,提高了各个车间面积的利用率和各工位物流通达率。

污水处理间、空气压缩站、废弃物存放场、废液存放库等辅助设备及场所和废旧汽车存放场布置在厂区的东侧,与主车间邻近,处于最小风频方向,降低污染物对其他作业区的污染。

存在空气污染、噪声污染的区域远离生活区,该方案各车间布置紧凑,将生活区和作业区隔开方便管理,物流通道畅通。

拆解破碎车间、废旧汽车存放场和回收件仓库之间的道路宽度均为10m,保证厂区内车辆顺利通行。厂内主干道路呈环形布置,符合运输、消防等有关规定的要求;主干道连接厂区主要出入口,物流路线设计综合考虑纵、横方向物流情况。拆解破碎车间由于集中布置,中心部位自然光线相对较差。

5.2　报废汽车拆解厂工艺分析与规划

5.2.1　报废汽车拆解技术路线

1. 主要技术路线类型与特点

报废汽车回收过程中汽车拆解是最主要的工艺,决定整个报废汽车回收过程的效率,报废汽车拆解的技术路线主要分为以下两类。

1)第一类:环保预处理＋总成拆解＋深度拆解＋零部件利用＋压缩剪切＋材料回收

环保预处理是在报废汽车拆解前所进行的准备工作,对有毒有害材料及危险品(如废油、废液、蓄电池、制冷剂等)进行合理的收集并处置,防止二次污染的控制过程。

深度拆解分为两个过程:第一个过程是整车拆解,采用流水工艺线拆解的方式在主拆解车间内进行,而对于严重破损的车辆进行快速解体。第二个过程是对于可进行细拆的部件送至细拆区域,在主拆解车间内另一侧设发动机、变速器、电器设备等拆解工位(区),对总成部件进行适度拆解和检验分选。

各拆解工位配备专用的拆卸工具,拆卸下的零部件由专用的物料容器盛装并由搬运工具运输;非金属或金属材料按种类或成分进行识别分类;对可用于再制造的零部件进行清洗和检测,登记存储以便进行再利用。

拆解车间内由于总成及零部件拆卸的过程中会产生很多油污,为防止废油、废液等有毒有害物质渗漏到地面,污染土地或地下水,拆解工位区域的地面应该铺设钢板或者设置废液、废油收集槽,车间内的排水设施设置油水分离池,将废油和废水分开处理,提高零部件的回收率,将对环境的影响降到最低。

对于拆卸下的体积较大的薄壁件,如轿车壳体等,按各个薄壁件的材料种类不同分开存放,收集到一定程度之后对其进行剪切破碎或整体压缩,提高回收利用率。

上述的技术路线对自动化拆解设备的要求不是很高,拆解工艺简单。分析我国汽车拆解行业的现状,该种技术路线比较适用于国内报废汽车的回收利用。

2)第二类:环保预处理+部分拆解+破碎分选+材料回收+ASR(汽车破碎残余物)

除环保预处理和部分拆解外,该技术路线是将整车一次性在破碎分选线中进行多级破碎分选处理,其主要流程如下。

(1)剪切破碎。将拆卸下来的报废汽车总成及零部件经检验不合格的,投入破碎流水线压扁并用多刃旋转除漆破碎装置将其切成碎块。

(2)分选。全部碎块通过气力分离装置,将轻质塑料碎片分离;通过磁选机,分离出钢和铁的碎块;将这些碎块送入钢厂或者制铁厂,进行回炉炼制再利用。

可以根据金属不同的浓度、密度,分别选出密度不同的各种金属或者合金,也可以根据金属的磁性采用磁选的方式进行。但是由于轿车上一般采用的铝、镁都是合金,进行破碎之后形成的碎块不能再进行分选。这样对镁铝回收企业的回炉重熔是个很大的难题,进行高纯度分离的工艺很复杂,这样提高了回收成本、降低了回收率。此外,由于需要大型的破碎分选设备等,采用这种技术路线的占地面积大,动力消耗大,小型粉碎机的功率在1000kW以上,大型的在4000kW以上,投资需求也大。

这种技术路线自动化程度较高、工人作业强度较低、回收效率较高。多数发达国家采用该种方法进行报废汽车的回收,报废汽车整体回收利用率和回收效率较高。

2. 技术路线选择的影响因素

（1）技术方面。报废汽车拆解工艺技术的选择对整个报废汽车拆解过程的工艺设计、设备布置、拆解方式选择、工艺作业顺序以及拆解人员等的组织有直接的影响。选择先进的技术可以充分利用再生资源、节省各种消耗、降低作业人员的工作强度和对环境影响。

（2）效益方面。在满足环境要求和经济效益的前提下，对零部件的拆解方式应选择非破坏的精细化拆解和直接破碎等方式进行拆解，高效地分离回收不同类型材料，收集处置有害物质，减小再利用过程对环境污染，最大化地提高经济效益和社会效益。

（3）环保方面。车用材料中有很多重金属、有毒有害物质，如果这些材料随意丢弃会对环境和人类带来很大的威胁，应该采用高效合理的回收方式进行回收再利用，提高资源材料的回收利用率，降低对环境的不利影响。

3. 拆解与回收利用技术路线选择

本项目所采用的技术路线是将现有的两种典型的技术路线进行组合，既考虑国内目前汽车回收利用的实际情况，也考虑企业的条件和应取得最大的经济效益。因此，选择的技术路线为：待拆解车辆的环保预处理＋整车拆卸＋部件细拆＋破碎分选＋存储及再制造回收＋ASR。

工作过程包括预处理、拆卸、拆解、检验分类、破碎、拆解物品储存回收和废弃处理。对报废汽车拆解分为两个步骤：第一步是将一些大的总成部件从车体上拆卸下来；第二步是将拆卸下来的总成部件一部分进行储存破碎等处理，能进行精细化拆解的送到细拆区域进行分解，提高材料回收利用的纯度。拆解过程从外到里，从大到小、从简单到复杂，分为整车拆卸、内饰件拆卸、各总成拆卸及部件细拆。

拆解线采用环保高效的流水工艺作业，运用各种拆卸设施设备，降低作业人员的劳动强度、改善工作环境，废油废液经集中收集并分类回收、分罐储存。蓄电池集中存放回收，整个拆解线对各类回收物资与资源进行严格分类存放，减少零部件拆解及其材料再利用过程危险物质和环境污染。

4. 生产过程流程

采用流水式拆解工艺线，按照所设计的拆解工艺顺序和作业节拍将报废汽车在拆解线上一次拆卸，在各个工位布置相应的拆卸设备工具等。提高拆卸效率、车间的面积利用率、零部件的回收率等。报废汽车拆解厂的业务流程一般为废旧汽车的接收、废旧汽车的存放(一般存放区域分为运输区、待拆解区、预处理区、拆解区、零部件存储区、辅助区等)、整车拆解、总成拆解、汽车车体及零部件破碎、拆解材料存储等。报废汽车拆解厂的生产工艺流程如图5-4所示。

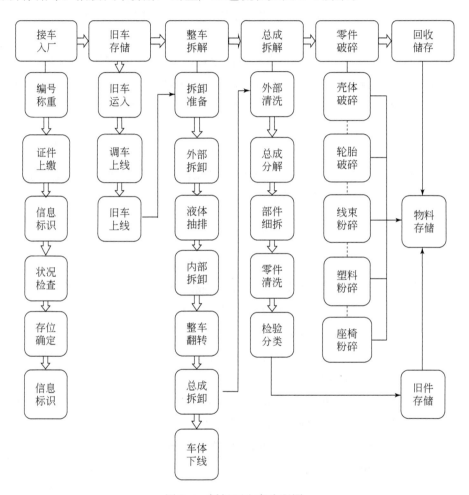

图 5-4　拆解厂生产流程图

5.2.2　废旧汽车回收拆解工艺流程

1. 预处理流程

根据报废汽车回收方面的相关法律法规、政策制度的规定,将达到规定里程数、使用年限,检测不合格的机动车强制报废回收,回收企业要先对报废汽车进行预处理,预处理的流程如下。

1)接车入厂

对回收网点收来的破损报废车辆或自行来厂进行报废处置的废旧车辆,由报废拆解厂相关业务人员(入厂接车员)进行废旧车辆的检查确认和入厂接收。

(1)状况检查分析。废旧车辆(由专门的废旧汽车回收网点收集的或来厂自行报废处置的废旧车辆)进入厂区时,都应停放在厂区入口处的指定区域,一般最宜停放在厂区大门附近,同时不对厂区内、厂区外物流造成影响的地方。主要对废旧车辆的发动机、变速器、差速器和油箱、散热器等各个总成部件的破损等状况进行检查,并将有关信息记录、输入数据库。采取适当的方式对泄漏进行处理,防止废油废液滴漏到地面污染环境。

(2)编号称重。将状况检查完毕的废旧车辆依次编号后分别称重。将主要信息录入数据库。

(3)报废登记。对报废汽车进行整体登记,参考报废汽车拆解的相关规范要求,设置几个主要信息关键词,填写所登记车辆的这几个典型的信息并录入数据库,将主要信息的标签贴在该登记车辆上。

主要信息包括报废汽车车主(单位或个人)名称、牌照号码、证件号码、车型、车身颜色、品牌型号、发动机号、车辆识别代号(或车架号)、质量、出厂年份、接收或收购日期。

(4)证照收缴。根据报废汽车拆解企业的法律法规、政策条例及当地主管单位的要求,将报废汽车的相关证件执照等文件收缴。

(5)存位确定。根据报废汽车类型,确定该车在待拆解车辆存储区域内的位置并将存储信息录入数据库,以便进行资源查询、生产计划制定等管理工作。

2)清洗存储

清洗存储主要包括以下几个要求。

(1)清洗消毒。接车入厂程序完成后,由叉车将待拆解的报废汽车运送到废旧汽车存放场内设置的外部清洗间,进行车辆外部清洗和消毒处理。

(2)存入车位。由叉车再将已完成清洗消毒的车辆放入接车入厂时设定的废旧汽车存储场中的具体存放位置。

(3)存储要求。根据 GB 22128—2008《报废汽车回收拆解企业技术规范》中5.3 款规定的报废汽车存储要求来执行。

2. 整车拆解——非破坏性拆解

1)整车拆解流程

整车拆解流程介绍如下。

(1)拆解准备。①旧车运入。根据当日生产计划,由叉车将存放在确定位置指定品牌或型号的废旧车辆运入拆解破碎车间,放在指定的车辆上线工位处。②旧车上线。通过电动单梁桥式起重机将被拆解的废旧车辆按照拆解工艺流程顺序在各个工位进行拆卸作业。

(2)第 1 工位——外部拆卸。①拆卸:车轮、前后挡风玻璃、车灯、保险杠、车门、发动机室盖、蓄电池、后备箱盖及内饰件。②处置:在蓄电池拆卸过程中要避免蓄电池破损电液流出,污染环境。

(3)第 2 工位——液体抽排。①抽排:汽车中的主要液体有液体燃料、气体燃料、润滑油(发动机机油、变速器与主减速器齿轮油)、自动变速器传动液、发动机冷却液、制动液、制冷液和挡风玻璃清洗液。采用真空泵对各种液体进行抽取,平均回收时间大约 10min/辆,回收率约 72%。液体抽排设备如图 5-5 所示。回收液体的操作方法如表 5-1 所示。②处置:液体燃料(汽油或柴油)、制冷液(氟利昂)、气体燃料(液化石油气 LPG、压缩天然气 CNG)等液体或气体按安全规定进行处置。③汽车各种液体平均量与比例如表 5-2 所示。④液体回收方法。

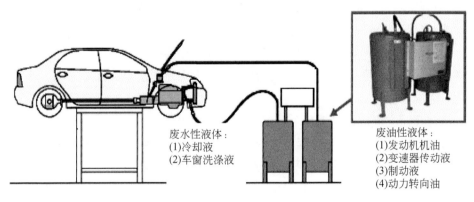

废水性液体:
(1)冷却液
(2)车窗洗涤液

废油性液体:
(1)发动机机油
(2)变速器传动液
(3)制动液
(4)动力转向油

图 5-5　液体抽排

表 5-1　回收液体的常用方法

序号	液体名称	回收方法
1	冷却液	从低冷却水管引出或散热器排出
2	车窗清洗液	从车窗清洗液罐引出
3	制动液	从油箱引出,切断橡胶管或拧开排气阀
4	离合器液	从油箱引出,拧开排气阀
5	动力转向液压油	从回油软管中引出,将方向盘转动 2～3 次
6	发动机机油	从排油阀排出,通过油尺导管加压
7	自动变速器传动液	从排油阀排出,通过油尺导管加压
8	手动变速器润滑油	从排油阀排出
9	差速器润滑油	从排油阀排出

表 5-2　汽车各种液体平均量与比例

序号	1	2	3	4	5	6	7	8	9	10	11
名称	冷却液	车窗清洗液	制动液	离合器传动液	动力转向液压油	发动机机油	自动变速器传动液	手动变速器齿轮油	减振器液压油	差速器齿轮油	合计
容积/L	6.1	1.85	0.33	0.16	0.74	4.21	6.52	2.54	1.01	1.14	24.6
计算比例/%	24.8	7.52	1.34	0.65	3.00	17.1	26.5	10.3	4.12	4.63	100
近似比例/%	25	8	1	0.5	3	17	26.5	10	4.0	5	100

　　(4)第 3 工位——内部拆卸。①拆卸:拆卸报废汽车内部的方向盘、座椅、仪表台、电器件(收音机、音响设备、电子控制单元 ECU、继电器盒、保险丝盒、照明灯、按钮)、空调蒸发器、暖风机、线束、地板及内饰件等。②处置:引爆安全气囊,防止液晶显示器破碎。

　　(5)第 4 工位——整车翻转。①翻转:利用汽车翻转平台将报废汽车整车翻转90°。②剪切:剪切报废汽车车身底部的排气管、三元催化器、消声器和制动管路总成。③拆卸:容器(油箱、储气瓶),底盘下部拆卸可达部位的联接件。

　　(6)第 5 工位——总成拆卸。

　　①拆卸:根据不同的汽车构造,拆卸过程有差异。对于前置发动机后驱动(FR)结构:转向机构、前桥、传动轴、发动机与变速器、后桥、发动机散热器、空调冷凝器、制冷系统部件、制动系统控制阀等。对于前置发动机前驱动(FF)结构:转向机构、副车架、发动机变速器总成。报废汽车拆卸部分过程如图 5-6 所示。②处

置：散热器、蒸发器、制冷系统总成中的残余物质，避免污染。

2）拆解件运送

拆解件运送内容包括如下。

（1）深度拆解件。将发动机、变速器、仪表台、电器件、车门、转向器、前桥、后桥、发动机散热器、空调蒸发器、制冷系统部件、制动阀等，送往总成细拆区域的相应工位（区）；需要外部清洗消毒的总成，如发动机、变速器、转向器和前后桥等，应直接送往总成外部清洗区；清洗完之后进行细拆，细拆结束之后的零部件进行喷淋清洗，送往零件检验室检验。

(a)液体抽排和吸放

(b)减振器油排放

(c)催化器拆解

(d)保险杠拆解

图 5-6　汽车拆解过程场景实例

（2）需要破碎件。将车身壳体、前后保险杠、车轮、线束、排气管、三元催化器、消声器等，分别送往相应的破碎区域。

3. 总成拆解流程

（1）外部清洗。如发动机、变速器、转向器和前后桥等外部油泥沉积严重需要进行清除的部件,利用微型的移动式高压清洗机进行清洗。

(2)总成分解。主要是指发动机、变速器组装在一起的总成,在进行精细化的深度拆解时应先将其分解。同时,将一些电机等的附属件从发动机上拆卸下来以后,在送到相应的工位(区)上进行细拆。

(3)总成细拆。在不同的工位(区)对发动机、变速器、仪表部件、电器单元、车门、动力转向总成、前桥、后桥、发动机散热器、空调蒸发器、制冷系统部件、制动总成等进行细拆,并对零件进行初步检验分类;对可以再利用的零部件送到零件清洗机进行清洗,然后送到检验室进行部件检测。

(4)检测分类。对拆卸完的机械部件进行探伤及几何尺寸、形位公差等检测,确定是否为可用件、可修件或报废件。以不同类型标记后,分别送往回收件存储库、再制造车间、破碎区或废弃物分类存储场。

4. 零件破碎流程

1)壳体破碎

壳体破碎主要包括如下。

(1)粗碎:将车身破碎区存放处的车身壳体,用半门式起重机送到破碎上线位置后,再由定柱式悬臂起重机送达破碎机送料输送带。车壳被输送到破碎机上方的喂料翻转台,由翻转台送入双轴撕碎机进行粗碎。

(2)细碎:粗碎材料再由输送带送往立式破碎机,细碎后的废钢料经过磁选后直接输送到废钢存放坑。

(3)分选:通过电涡流分选或吸式滚筒式筛选分选设备,分选出有色金属和不同粒度大小的磁性物料。

(4)运出:电动桥式起重机与起重电磁铁和无线数传吊秤组合使用,对废钢料进行转运和称重,最后由运输车辆运出车间。

2)轮胎处理

轮胎处理主要包括如下。

(1)分解:利用处理轮胎的专用设备将汽车轮胎和轮辋分离,分类存放。与轮辋分离后的轮胎送往抽钢丝工位进行处理。

(2)抽丝:利用轮胎抽钢丝机,抽出拆卸下来的轮胎中的钢丝。将抽完钢丝的轮胎运往指定区域摆放。

(3)粉碎:将轮胎从暂存区送到破碎区,利用传输带送到撕碎机喂料翻转台上,由翻转台送入双轴撕碎机初级破碎;初级破碎后的大体积物料再经传输带送往立式破碎机;细破碎的材料由专用容器盛接后,再送入破碎料存储区。

3)线束粉碎

将从报废汽车上拆卸下来的线束暂存到集中存放区,达到一定量之后利用铜米机将线束粉碎,铜料和护皮材料分别盛装在不同的容器中。

4)塑料粉碎

将不同性质的塑料分类进行破碎,需要除漆的零部件利用除漆设备(喷砂、高压水除漆)进行清除后再进行破碎,不同性质的塑料分类存放。

5)座椅分解

利用专用工具将座椅的织物、聚氨酯泡沫与框架分离,并分别进行压缩打包。

5. 物料存储

1)一般要求

根据 GB 22128—2008《报废汽车回收拆解企业技术规范》中的相关规定,将完成拆解的各类零部件及破碎件、可回收件、废弃物等进行分类,合理存储。

2)存储位置

存储位置针对不同物件介绍如下。

(1)可用件:存入回收件仓库。

(2)危险品:存入废液存放库。

(3)散装料:存放在破碎车间存放区。

3)油液抽排存放

将拆解线废液抽排工位抽排的液体分类存放到油液储存罐中,分为制动液储存罐、发动机油储存罐、变速箱油储存罐、玻璃清洗液储存罐和水箱水储存罐。

6. 快速解体——破坏性拆解

快速解体主要是对破损严重或者变形腐蚀严重无法上线进行拆解的车辆进行破坏性拆解。首先,应进行相应的预处理,为下一步的车身及组件的压缩或破碎分选做好准备工作。快速拆解机能对汽车车身、轮胎、发动机和其他部件作快速解体,并进行相应的分选后,可从报废的车辆中回收具有价值的钢、铁、有色金属、橡胶、塑料等材料资源。

5.2.3　拆解工艺装备选择与配置

1. 总体方案

采用流水作业方式实现对报废汽车整车的全部分解,是最大化的实现报废汽车回收利用经济效益和社会效益的途径之一。因为采用流水作业既可以减轻劳动强度、改善作业环境、提高工作效率;同时可以增大车间的面积利用率,高纯度地利用再生材料,为后续的报废汽车零部件再制造提供更充足的配件来源。极大程度地避免了由于不合理的拆解作业方式破坏或废弃零部件,对经过精细拆解的零部件进行精细分类,提高零部件的利用纯度,提高零部件的回收率。报废汽车零部件的精细化拆解作业基本可达到效率较高、零部件高纯度无损和拆解过程环保的要求,将有效延伸报废汽车拆解产业链,汽车零部件再制造企业形成有效对接。

整车拆解破碎车间平面布置图如图 5-7 所示。

整车拆解线采用 5 工位流水拆解布置,有汽车外部件拆卸、液体抽排、内饰件拆卸、汽车翻转、总成拆卸。整车拆解线每工位长 9m,每 2 个拆卸工位之间设 1 个缓冲工位,以便于更好地衔接两工位,拆解线总长 81m。

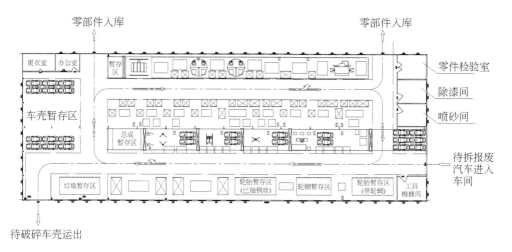

图 5-7　整车拆解破碎车间平面布置图

2. 拆解线组成

拆解线由 3 吨电动单梁桥式起重机(4 部)、安全气囊引爆器、整车外部拆卸工作架、气动玻璃切割刀、氟利昂回收装置、汽车升降机、油液排放系统、成套油液储存罐、残余油液回收装置、切割剪、翻转台和总成拆卸举升器等主要设备组成。

3. 输送系统设计

1)系统组成

输送系统由 4 部电动桥式起重机组成,电动桥式起重机用于汽车外部拆解、油液抽排、内部拆解、汽车翻转、发动机、变速器等总成拆解工位,用于衔接各个工位形成一条完整的拆解线,将废旧汽车经整车拆解后,拆卸成各个总成及部件,再将总成及部件进行细拆或破碎等处理。

2)桥式起重机运行过程

以拆解一台车的运行过程为例,说明被拆解车辆的输送过程。桥式起重机的运行过程如图 5-8 所示。

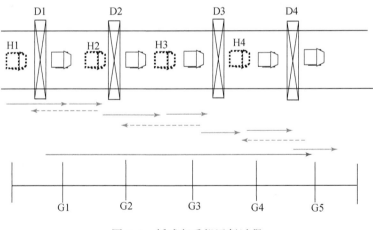

图 5-8　桥式起重机运行过程

(1)在工位 G1,桥式起重机 D1 将待拆解车辆从缓冲工位 H1 移动到拆解工位 G1,进行车辆外部拆解,然后,桥式起重机 D1 将待拆解车辆移动到缓冲工位 H2,桥式起重机 D1 返回到 H1。

(2)在工位 G2,桥式起重机 D2 将被拆解车辆从缓冲工位 H2 吊起移动到工位 G2,举升器将被拆解车辆举升至一定高度后进行液体抽排;然后,桥式起重机 D2

将液体抽排结束的被拆解汽车移动到缓冲工位 H3。

（3）在工位 G3，桥式起重机 D2 将被拆解车辆从缓冲工位 H3 吊起移动到 G3 工位进行内部拆解，桥式起重机 D2 返回缓冲工位 H2。

（4）在工位 G4，桥式起重机 D3 将内部拆解结束的被拆解车辆从 G3 工位移动到 H4 缓冲工位，然后由缓冲工位将被拆解车辆移动到车体翻转台进行翻转，翻转机将被拆车辆横向侧翻转 90°，进行相关的剪切、割断作业。

（5）在工位 G5，桥式起重机 D3 将完成工位 G4 操作的被拆解车辆移动到 G5 工位进行发动机，变速器等总成部件的拆解，拆解结束后，车壳由桥式起重机 D4 吊起到车壳暂存区。

5.2.4　拆解厂生产人员要求

1. 生产任务

生产任务是指汽车拆解企业所承担的拆卸报废汽车的工作量。生产纲领是指该企业设计的年生产能力。

汽车拆解破碎车间主要进行报废汽车总成及零部件拆卸、报废汽车中的各种废油废液的抽排、总成部件精细化拆卸、零部件检验、部件破碎处理、技术革新及其他任务。

本废旧汽车回收拆解厂的主要生产任务是：收集报废的乘用车辆，进行整车拆解、总成精细化拆解、破碎加工及零部件及废弃物储存等。本项目的生产能力为每年拆解回收报废车辆 20000 台左右。

2. 工作制度

企业工作制度主要是指每年的工作日、每日工作班次和每班工作时间，以及每日各工位或各车间的工作时间及企业所有作业的均衡性。

年总天数减去双休日和近几年的法定节假日等就是我国工业企业的年度工作日，一般为 250 天。

根据本企业的生产任务、工作性质等因素，拟订为单班，白天工作时间 8h。

3. 生产纲领

生产纲领是指设计的企业年度生产能力，一般根据企业的生产任务来确定。其生产纲领计算方法如下：

$$Z = \sum Q_i \times k_i \tag{5-1}$$

其中,Z 为年度生产纲领,台/年;Q_i 为某车型计划回收拆解的数量,台/年;k_i 为某车型与标准车型之间的换算系数。

以发动机排量为 1.6L 的汽车作为该拆解企业的标准车型,计划回收拆解大于 1.6L 的汽车 3000 台/年,排量小于 1.6L 的汽车 6000 台/年。

设排量大于 1.6L 的汽车,其换算系数 k_i 取 1.2~1.4;排量小于 1.6L 的汽车,其换算系数 k_i 取 0.7~0.9。

根据企业的生产任务计划为回收拆解 20000 台/年,其生产纲领计算结果为

$$Z = (3000 \times 0.8) + (6000 \times 1.3) + (20000 - 3000 - 6000)$$
$$= 2400 + 7800 + 11000$$
$$= 21200(台/年)$$

计划每辆车的拆解所用时间为 60min,所以,单条拆解线每小时可拆解 6 台,未来报废汽车量增加时,可将预留的拆解线投入生产,两条拆解线每天共拆解 $6 \times 2 \times 8 = 96$ 台。

每年可拆解报废车辆总台数为 250 天×96 台/天＝24000(台/年)

因此,根据相关计算得出拆解线的计划生产能力大于生产纲领,可以完成计划生产任务。

4. 企业人员数

1)拆解破碎车间时间定额

报废汽车拆解线采用流水作业形式,整个报废汽车拆解线有 5 个工位组成,各个作业按照拆解的工艺顺序和工艺节拍依次进行,各个工位耗用的时间一般都是固定的,根据相关的拆卸经验及工人工作实际情况制定出各工位工时定额。

从外部拆解到车壳下线各个工位时间定额如表 5-3 所示。

2)年度工作量

年度工作量计算过程如下。

根据生产纲领,其整车拆解的年度工作量为

$$T = Z \times \sum t_i \tag{5-2}$$

其中,Z 为年度生产纲领,台;t_i 为各种工位作业工时时间定额,h。

其整车拆解车间的年度工作量为

$$T = 21200 \times 2 \times 86/60 = 60773(h)$$

$$T_M = 365 - (d_x + d_y) \times t_y \tag{5-3}$$

其中，d_x 为全年周日天数，按双休日计算，全年共休息 104 天；d_j 为国家规定的全年节假日休息天数，共 11 天；t_y 为每班的工作时间，白班为 8h，其他班为 7h。

依上式计算得到工人年度名义工作时数为 2000h，即

$$T_M = [365 - (104 + 11)] \times 8 = 2000$$

3) 整车拆解车间人员数

整车拆解车间人员数计算过程如下。

(1) 拆解工人数计算。

工人年度实际工作时间数：

$$T_N = T_M \times \beta \times \alpha \tag{5-4}$$

其中，β 为工人出勤率（考虑到病、事假等）；α 为工时利用率（考虑到用于本职以外的或停产的工时损失）。

设出勤率为 95%，工时利用率为 90% 左右，则

$$T_N = 2000 \times 95\% \times 90\% = 1710(\text{h})$$

表 5-3　整车拆解各工位时间定额

工位号	作业序号	作业项目	作业时间/min	工作数量	时间定额/min	备注
拆解准备	1	调车上线	2	1	2	计划人数：1 人 总作业时间：2min 辅助第 1 工位作业
第 1 工位外部拆卸	2	发动机室盖	2	1	2	计划人数：2 人 总作业时间：25.5min； 工位时间：12.75min
	3	蓄电池	1	1	1	
	4	前车灯	1	2	2	
	5	后备箱盖	2	1	2	
	6	后备箱内饰件	2	1	2	
	7	后车灯	1	2	2	
	8	车门	1	4	4	
	9	车轮	1	4	4	
	10	前挡风玻璃	3	1	3	
	11	后挡风玻璃	3	1	3	
	12	车体前进	0.5	1	0.5	

续表

工位号	作业序号	作业项目	作业时间/min	工作数量	时间定额/min	备注
第2工位液体抽排	13	举升车体	0.5	1	0.5	计划人数:1人 总作业时间:10min; (液体抽排同时进行) 工位时间:12min
	14	燃料	2	1	8	
	15	发动机机油	1.5	1		
	16	变速器与主减速器齿轮油	1	1		
	17	发动机冷却液	1.5	1		
	18	制冷液(氟利昂)	1	1		
	19	制动液	0.5	1		
	20	挡风玻璃清洗液	0.5	1		
	21	降下车体	0.5	1	1	
	22	车体前进	0.5	1	0.5	
第3工位内部拆卸	23	安全气囊	2	2	4	计划人数:2人 总作业时间: 23.5min; 工位时间:12min
	24	方向盘	2	1	2	
	25	座椅	1.5	4	6	
	26	仪表台	3	1	3	
	27	空调蒸发器	2	1	2	
	28	暖风机	1	1	1	
	29	地板及内饰件	2	1	2	
	30	线束	2	1	2	
	31	其他操纵机构	1	1	1	
	32	车体前进	0.5	1	0.5	
第4工位整车翻转	33	起吊车体	0.5	1	0.5	计划人数:1人 总作业时间: 10min; 工位时间:12min
	34	落下车体放在翻转台上	0.5	1	0.5	
	35	翻转车体	0.5	1	0.5	
	37	剪切	3	1	3	
	38	有关联接(车下)	3.5	1	3.5	
	39	翻转车体	0.5	1	0.5	
	40	起吊车体	1	1	1	
	41	车体前进	0.5	1	0.5	

续表

工位号	作业序号	作业项目	作业时间/min	工作数量	时间定额/min	备注
第 5 工位总成拆卸	42	发动机水、气管路	4	1	4	计划人数:2 人 总作业时间:22min; 工位时间:11min
	43	有关联接(车上)	5	1	5	
	44	举升车体	1	1	1	
	45	吊下动力总成、后桥	3	1	3	
	46	散热器、制冷系统部件	5	1	5	
	47	制动阀	2	1	2	
	48	车壳体下线	2	1	2	

生产工人应出勤人数:

$$R_M = T/T_M \tag{5-5}$$

依上式计算得出应出勤人数:

$$R_M = 60773/2000 \approx 30.3 \approx 30(人)$$

生产工人在册人数:

$$R_N = T/T_N \tag{5-6}$$

依上式计算得出在册人数:

$$R_N = 60773/1710 \approx 35.5 \approx 36(人)$$

(2)计划人数。

考虑管理和辅助工作需要,拆解破碎车间作业人数计划为 42 人。

4)其他车间人员

其他车间人员要求如下。

回收件仓库主要将检验合格的零部件分类存储,零部件入库前要登记并称重,按各个区域分类存放考虑到称重记录和运输人员整个存储库人数约为 4 人。

运输人员主要用叉车将报废汽车送入废旧汽车存放场,同时将简单预处理后的报废汽车运送到拆解破碎车间拆解进行清洗处理后存入规定的存位,车间内被拆卸的部件由叉车送往破碎区域,检验合格的零部件送往回收件储存库,拆解废料送入废弃物存放场等。运输人员人数约为 4 人。

5)非生产人员

根据年度工作量计算出该企业拆解破碎车间作业人数为 42 人,回收件仓库需要分类存储及登记称重人员 4 人、运输人员 4 人,则企业生产工人总数计划为 50

人。根据 GB 22128－2008《报废汽车回收拆解企业技术规范》的相关规定:作业人员要经过相关的培训,应能满足规范拆解、环保作业、安全操作(含危险物质收集、存储、运输)等相应要求。非生产人员数如表 5-4 所示,合计为 13 人,则该企业总人数计划为 63 人。

表 5-4　非生产人员数

工作人员类别	占生产工人总数的比例/%	人数
辅助工人	4	2
工程技术人员	4	2
行政管理人员	10	5
勤杂人员	4	2
消防警卫人员	3	2
合计	25	13

5.2.5　拆解厂面积计算

(1)功能区面积。根据总平面布置图,各个功能区域包括废旧汽车存放场、拆解破碎车间、回收件仓库(一)、回收件仓库(二)、办公与销售楼、污水处理间、废弃物存放场、空压站、废液仓库和变电站。其中的总面积是建筑面积,办公与销售楼是三层的楼房:一楼为回收件的展销厅,二楼为厂区管理办公室,三楼为多媒体会议室。各功能区的设计方案面积计算结果如表 5-5 所示。

表 5-5　各功能区设计方案面积计算

功能区名称	各项建筑面积	
	长×宽/m	设计面积/m²
设计厂区	170×143.5	24395
废旧汽车存放场	87×24	2088
拆解破碎车间	72×117	8424
回收件仓库(一)	126×18	2268
回收件仓库(二)	70×24	1680
办公与销售楼(三层)	24×23	1656
污水处理间	10×17	170
废弃物存放场	10×15	150
空压站	6×10	60
废液仓库	6×10	60
变电站	5×6	30
总建筑面积		28918

（2）生活与公共服务设施面积。

根据总平面布置图拆解破碎车间内,生活与公共服务区域面积如表 5-6 所示。

表 5-6　辅助区域用房面积

室别	长×宽/m	设计面积/m²
车间办公室	9×9	81
男厕所	4.5×6.5	29.25
女厕所	4.5×6.5	29.25
男更衣室	8×7	56
男淋浴室	7×7	49
女更衣室	6×7	42
女淋浴室	4×7	28

5.2.6　拆解厂设备选择

1）基本要求

GB 22128—2008《报废汽车回收拆解企业技术规范》对拆解设备的规定要求要具有进行称重的设备,进行报废汽车、回收件存储库内的零部件及破碎区域内的废钢及废旧材料等的称量;在汽车拆解线上要有预处理设备、还要危险部件处理设备和废油废水等的收集装置,还要有车身、车壳、车架等的压实破碎设备;为了厂区内及车间内的物流顺畅,要有运输设备、起重设备等;在精细化拆解区域要有相应的拆解平台和拆解工具等一系列的拆卸设施设备和工具。

2）主要设备

根据 GB 22128—2008《报废汽车回收拆解企业技术规范》对企业设备的基本要求和工艺操作需要,初步选择所需要的设备。拆解破碎车间应有车身压实破碎设备、轮胎处理设备、线束处理设备、塑料机其他零部件处理设备、各拆解工位所需的拆解平台、拆解线要有相关的拆解设备、部件检测的相关设备、各种手动工具、回收件仓库要有货架、托盘、叉车、地磅等,厂区内要有运输叉车、地磅等。相关的主要设备如表 5-7 所示。共计 214 台(套),设备总价约为 1561 万元。

表 5-7　主要设备

设备名称	数量	技术参数	设备名称	数量	技术参数
整车拆卸台架	2		氟利昂储藏罐	1	
玻璃拆卸刀具	1	0.85kW	残余油气回收装置	1	90L
汽车拆解升降机	1	3kW,2.5t	轮胎拆卸设备	1	7.5kW-380V
油液排放凿孔器	1	50L/min	双缸液压龙门举升机	1	2.2kW-380/220V
排液臂	1		安全气囊引爆器	1	
油液排放系统	1	50L/min	汽车翻转平台	1	3kW—380V
成套储液罐	1	5个单体罐	切割剪	1	1.85kW—380V
氟利昂回收设备	1		高压清洗机	2	7.5kW
总成拆解平台	1		磁力探伤机	1	
高压喷淋清洗机	1	45kW	仪表试验台	2	
发动机拆解平台	2		汽车电器万能试验台	2	
变速器拆解平台	2		形位检测台	2	
发动机变速器拆装台架	4		立式钻床	1	2.2kW/380V
零部件细拆工作台	6		直流电焊机	2	16kW/380V
磁粉探伤机	1		落地式砂轮机	1	1.1kW/380V
电动单梁式桥式起重机	1	15kW/380V	喷砂机	2	0.8～1m³/min
内燃机叉车	2		漆包线除漆机	4	0.55kW
气动扳手	24	119L/min	高压水除漆机	2	16kW/380V
汽车快速解体机	1	1950r/min	电动葫芦半门式起重机	2	7kW/380V
报废汽车车身破碎分选一体化设备	1	358kW/380V	定柱式悬臂起重机	3	1.2kW/380V
扒胎机	1	1.1kW	电动单梁悬挂起重机	4	20kW/380V
轮胎拉丝机	1	18.5kW	无线电子吊磅	1	
塑料破碎机	1	7.5kW	起重电磁铁	1	15.6kW
内燃机叉车	2		电缆卷筒	1	
汽车衡	1		整流控制柜	1	
内燃机叉车	2		电缆连接器	1	
污水处理设备	1		货架		
铜米线	1		托盘		
高压清洗机	2		全电动堆高车	2	1kW

5.2.7　拆解厂生产环境要求

1. 一般要求

报废汽车拆解项目建设营运等过程中会产生一系列的环境问题:厂区建设占用土地,在建设过程中采用的大型建筑机械设备产生的扬尘、噪声、固液废弃物等,报废汽车拆解过程中设备、生活废弃污染物排放对大气质量的影响,设备及作业产生的噪声对周围环境的影响,拆解和存放过程中产生的废油废液及其他废弃物的存放等。这一系列问题都会产生严重的环境问题,所以在企业规划设计阶段参考相关的环境要求,严格按照要求指导规划和生产,尽量减小环境污染。达到绿色建设、绿色生产的目的。

2. 通风采光要求

(1)通风。根据各车间(工间)和设备的工作条件,可以根据不同的工作条件及生产要求选择不同方式的通风。

(2)采光。在白天作业时除了对采光有特殊要求的车间厂房,其余房屋均采用自然采光,其他班次为电照明。车间厂房的窗户采光率与室内面积之比为自然采光率,其中拆解-破碎一体化车间,回收件存储库的自然采光率分别为 9.2%、8.6%。

3. 照明设计要求

本项目中的建设的钢结构厂房长为 117m,宽为 72m,柱距为 9m,两个边柱跨度为 18m,中间跨度为 9m,屋架下弦高 12m。查阅对比相关的资料车间内的钢结构顶棚的反射比设为 $\rho_c = 50\%$,查阅相关标准要求生产的火灾危险性为乙类。依据 GB 50034—2004《建筑照明设计标准》,结合行业及作业要求设计企业厂房照明。

(1)光源选择根据该车间内的各个工艺对照明的要求,以 GB 50034—2004《建筑照明设计标准》为依据,该车间厂房为一般工业厂房,参考相关标准的规定,照度定为 200lx。由于该钢结构厂房的高度为 12.7m,考虑到起重设备及拆解设备的和各个工艺的照明要求,电照明灯具安装高度初步定为 12m,安装高度在不影响起重设备的正常使用,再根据标准中规定,将该车间内的显色指数初步定为 $R_a = 20 \sim 60$。

（2）计算室内空间比 RCR。

$$\text{RCR} = \frac{5 \times H_{\pi}(L+W)}{LW} = \frac{5 \times 11.25 \times (117+72)}{117 \times 72} = 1.26 \qquad (5-7)$$

（3）确定灯具的利用系数和维护系数。查《照明设计手册》和《建筑照明设计标准》确定 $u=0.76$，$K=0.7$。

（4）计算灯具数量，达到车间内工艺照明要求的同时与厂房内的起重设备及一些运输设备及拆解设备不能干涉，确定该厂房布灯方案，初步定平均照度为 200lx，计算灯具数量。

$$N = \frac{E_{av} \times A}{\phi uk} = \frac{200 \times 72 \times 60}{32000 \times 0.76 \times 0.7} = 50.75（个）\qquad (5-8)$$

根据该钢结构厂房结构，选用 $(3 \times 7) \times 3 = 63$ 个灯具。具体的灯具安装位置根据厂房的实际情况安装，总功率为 25.2kW。按该方法，破碎车间和回收件存放库及其他辅助区照明耗电总功率约为 22kW，则照明耗电总功率为 47.2kW。

4. 压缩空气站设计

1）布置要求

空压站的布置，应符合相关的要求，要综合考虑空压站安装的地形地段、该地段的风向等气候条件及周围建筑对其的影响，结合该企业的总体规划进行规划布置。

2）压缩空气消耗量计算

所谓压缩空气设计消耗量一般指项目作业消耗的压缩空气量的大小。

（1）以最大消耗量计算

$$Q_{max} = \sum q_{max} \times K_t (1 + \varphi_1 + \varphi_2 + \varphi_3 + \varphi_4) \qquad (5-9)$$

其中，$\sum q_{max}$ 为同一压缩系统中，用户的最大消耗总和，m^3/min；K_t 为同时利用系数，取 $0.3 \sim 0.7$；

φ_1 为管路系统漏损系数，取 $0.15 \sim 0.20$；φ_2 为风动工具与设备磨损增耗系数，一般取 $0.15 \sim 0.20$；φ_3 为设计中未预见的消耗系数，一般取 0.10；φ_4 为海拔高度影响系数。

根据设备选型：

$$\sum q_{max} = 4.465, \quad \varphi_4 = 0.02$$

$$Q_{max} = 4.465 \times (1+0.2+0.2+0.1+0.17) = 7.46（m^3/\text{min}）$$

（2）储气罐的选用。

储气罐一般储存作业所需的压缩空气。

①储气罐的容积。储气罐的容积,可以按如下经验公式计算。

当排气量 $Q_g < 15 \text{m}^3/\text{min}$ 时

$$V_g = 0.5\sqrt{10Q_g} \tag{5-10}$$

当排气量 $Q_g = 15 \sim 30 \text{m}^3/\text{min}$ 时

$$V_g = 0.5\sqrt{10Q_g} \sim 0.5\sqrt{5Q_g} \tag{5-11}$$

当 $Q_g = 7.46 \text{m}^3/\text{min}$ 时

$$V_g = 0.5\sqrt{10 \times 7.46} = 4.32 (\text{m}^3/\text{min})$$

储气罐容积为 $4.32 \text{m}^3/\text{min}$,参照根据标准储气罐尺寸选用标准储气罐。

②储气罐的安装。储气罐安装符合相关的标准要求。根据上述计算和参考空压设备,储气罐容积为 $4.32 \text{m}^3/\text{min}$ 的空压机一般功率为 37kW。

5. 变电站设计

1)设计要求

总变电站位置的选择,应符合相关标准及法律法规要求,在满足厂区内安全输电线路方便的同时尽量将对环境的影响减小到最低。

2)总耗电量

总耗电量主要包括如下。

(1)设备。根据各作业要求所选设备的总功率为 811kW。

(2)照明。根据企业实际情况和相关标准规定计算出的工业厂房照明耗电总功率为 47.2kW。

(3)空压机。根据作业所需的风动机械和风动工具的压缩空气消耗量计算,选用合适的储气罐和相应的空压设备,选用功率为 37kW 的空压机。

(4)其他。电动工具充电、生活用电、辅助车间及部门消耗电容量为 70kW。

根据上述耗电量的计算,总耗电量为 965.2kW。

5.2.8　拆解厂环保与安全要求

1. 环保要求

1)零件清洗间

由于零件清洗剂总含有强酸、强碱物质,地面和墙壁应均采用耐碱、耐酸及防潮材料;由于屋内潮湿,金属构件均涂有防锈漆;室外设有污水池,装有油水分离、碱液回收设备。

2)汽车壳破碎区

考虑到设备的维护,地面和墙壁(下部)采用耐油防潮材料;由于破碎设备功率较大,会产生很大噪声,房间应同其他工间隔离。墙壁采取隔音措施。地面便于排水和清扫,地下设有通往室外的排气通道。初级破碎和二级破碎设备必须设有除尘设施和进行降噪处理。

3)拆解作业区

拆解作业区环保要求如下。

(1)废旧汽车拆解线地面防漏,铺设 10mm 厚度的热轧钢板,铺设面积为 630m²(90m×7m),覆盖整个拆解线的作业区。

(2)总成部件拆解区域的总成部件清洗,发动机部件拆解区等地面防漏,便于废油废液的收集,铺设 10mm 厚度的热轧钢板,铺设面积为 190m²(38m×5m)。

(3)在报废汽车快速解体区域防止快速解体机作业时破坏地面,废油废液污染地面,铺设 10mm 厚的热轧钢板,铺设面积为 400m²(16m×25m)。

2. 安全要求

考虑到消防,卫生及生产安全,报废汽车拆解厂区的边墙与厂内的相关厂房和建筑之间的间距大于 5.0m,整个拆解厂区内的各个车间厂房之间的间隔不应小于 6.0m。分散布置各个车间厂房的安全出口。厂区建筑设计符合 GB 50016—2006《建筑防火设计规范》中的要求。

根据 GB 50140—2005《建筑灭火器配置规范》,拆解破碎车间属于乙类 B 级厂房,采用磷酸铵盐灭火器 MFB,在乙类液体储存区域设置消火栓,灭火器的数量相应减少 30%。将消火栓尽量布置在离供水区域较近的地区。

5.3　报废汽车拆解厂经济效益分析

报废汽车拆解企业的经济效益评价是对根据该企业的规模,企业设计的相关数据进行初步的投资估算。估算的范围一般有固定资产投资、流动资金投资等。根据相关的数据结合相关企业的经济分析实例进行总成本费用估算、企业的年产值预测,估算出企业的利润,分析出企业该项目的盈利能力等一系列经济效益分析。

　　以 5.2 节所述的南方某工业园区的报废汽车拆解厂厂区面积为 29053m²,规划生产纲领为 20000 台/年,总建筑面积 28918m²,其中废旧汽车存放场面积为 2088m²,拆解破碎车间面积为 8424m²,办公综合大楼面积为 1656m²(三层),回收件仓库面积为 3948m²,企业总人数 63 人,动力、废弃物存放库、门卫等辅助面积为 8279m²;购置主要拆解及运输设备 214 台,并配套厂区内道路、厂区景观设计及环境绿化等一系列辅助设施的建设。根据该项目的相关数据以及调查相关企业经济分析、根据相关企业的经济效益数据预测估算出该项目的一系列的财务数据进行经济效益分析。

　　一般进行项目经济效益的评价指标有动态和静态两类,两类指标的主要区别是是否考虑资金的时间因素。一般在项目的初级阶段进行静态评价,由于经济数据的不足,很多数据要进行估算,评价的指标一般有静态投资回收期和项目的投资收益率等。动态评价一般是在项目最后经济数据比较充分、精确时进行的,选用的指标一般有动态投资回收期、净现值和项目的内部收益率等,所选用的评价指标考虑资金的时间因。

5.3.1　投资估算

　　根据有关部门的不完全统计,我国相关的报废汽车回收企业在 2010 年拆解的车辆不到 150 万辆,但当年有近 300 多万辆机动车报废。由于报废汽车回收行业发展的不完善,大量的废旧汽车通过一些非法途径再次流入市场,严重威胁环境和人类安全。目前,我国已颁布一系列的报废汽车回收法律法规及政策条例对回收企业税收减免、资金扶持等政策鼓励报废汽车回收企业向规模化、精细化、产业化发展,报废汽车回收产业将是一个高利润的投资行业。

　　1)估算范围

　　一般估算的内容是为实现该企业项目正常实施运作所需设备和配套的公用设施。该企业的生产厂区已提供,投资估算包括固定资产投资,如项目的建筑工程费用、所购置的设备费用及其安装费以及按规定必须考虑的有关费用。

　　2)固定资产投资总额

　　固定资产投资是建造和购置固定资产的经济活动,即固定资产再生产活动,固定资产再生产过程包括固定资产更新(局部和全部更新)、改建、扩建、新建等活动。

　　(1)建筑工程。建筑工程包括厂区内的厂房及其他建筑工程、厂区场地的平整及其他所需建筑等。本项目由于是前期估算阶段,一些相关数据是参考相关工业企业的数据及目前一些建筑材料价格等进行预测估算得出的。

本项目生产车间以及储存仓库均采用钢结构厂房,根据目前建筑材料市场分析,钢结构厂房造价一般为 1800 元/m²,则厂房造价为 2227 万元。

(2)主要设备。包括企业项目在设计范围内根据企业实际工艺生产所需所购置设备设施及一些工具和辅助设施等的费用,其中包括设备的原价及设备的包装、运输、进口设备的税收及其他相关费用等。

拆解车间设置整车流水工艺拆解线,总成拆解区(外部清洗、总成分解、总细拆、零件检验)、零件破碎区(车身破碎线、轮胎处理及塑料粉碎线)。根据 GB 2128—2008《报废汽车回收拆解企业技术规范》对企业设备的基本要求和拆解车间工艺操作需要,购置汽车拆解流水线、车身破碎线、整车快速解体机等大型设备;拆解流水线上所需的各种起重设备及车身破碎线上需要的大型起重机和部件细拆区需要的小型悬挂式或者电动葫芦等一系列其中设备。深度拆解所需的铜米机、塑料粉碎机、零部件检验设备、轮胎处理设备、工具维修设备;手动工具等设备 214 台(套),设备总价约为 1561 万元。

(3)设备安装费用。包括所有该项目中需要安装的设备,如购置成套的破碎设备线,拆解流水线上的各个工位所需的一些设备及动力、起重等运输设备以及各个厂房各个工位所需要安装的一系列设备的组装及安装费用,还包括安装一些辅助设备设施的安装费用。

该项目中的设备安装费包括设备基础和相关设备安装的材料费用等,配套的辅助设备安装费按设备费的 4% 考虑,安装工程费用合计约为 65 万元。

(4)公用工程及其他。本项目中对厂区的公用设施,园林环境及卫生安全等方面进行适当的改造,投资约为 150 万元。

3)工程建设其他费用

公用工程建设的其他费用指建设单位管理费、土地征用费、青苗、树林等赔偿费、职工培训费、联合试运转费、临时设施费、施工机构转移费、勘探设计费、办公和生活费用等。

企业项目建设单位管理费参照相关标准和相关企业的财务数据设为项目安装工程费用的 1%。企业内的生产人员要进行定期的培训,培训费用按每人 1000 元计算,人数按估算的企业生产人员数计算,项目其他费用合计为 30 万元。

根据预测和估算的建筑、设备、公用工程等其他费用计算出该企业的固定资产投资总额。固定资产投资总额构成如表 5-8 所示。

表 5-8　固定资产投资总额构成

序号	费用构成	投资额/万元	比例/%
1	建筑工程费	2227	55.22
2	设备购置费	1561	38.71
3	安装工程费	65	1.61
4	公用工程及其他	150	3.72
5	建筑工程及其他	30	0.74
合计		4033	100

4）流动资金估算

流动资金是指在一年内或超过一年的一个营业期内变现或者耗用的资产,包括现金,各种存款、短期投资、应收预付款项、存货等。

根据本案例的生产加工特点以及国家针对报废汽车的相关政策,本案例流动资金估算按分项详细估算法进行估算,根据国内报废汽车回收业基本情况,报废汽车采购费用 1000～1500 元/辆,按照年拆解约 20000 辆的生产纲领,预计报废汽车回收费用为 2500 万元。项目正常年流动资金占用额为 2500 万元。

案例总投资由固定资产投资总额和流动资金组成,总计为 6533 万元。

5.3.2　经济效益预测分析

经济效益是指企业的运营中,所产生的成果与劳动消耗的比例关系,即在尽可能减少资源利用和降低对生态环境影响的前提下,以尽量减少资源消耗,生产出更多符合社会需要的产品,又称为产出与投入之比。

该企业项目成本估算主要包括回收报废汽车的费用、消耗的能源动力费用、企业工作作业人员的工资及福利费、建筑和设备的折旧摊销费、设备及其他部件修理费和回收件的销售费用等。

1. 总成本费用估算

报废汽车拆解企业的总成本费用是指技术方案或项目在一定时期内为企业的生产运作及报废汽车回收件和废钢等销售而花费的所有成本和其他费用。项目总成本费用估算如表 5-9 所示。

（1）各类外购原辅材料、燃料动力计算,参照国内现有汽车拆解生产线的指标确定,中国物资再生协会为了规范报废汽车回收市场,制定的《报废汽车的收购价

格定价原则》中规定了报废汽车的回收价格要根据拆解件中的可回收金属含量和
当时的该金属市场价格综合评定。据调查了解,各地区在报废汽车回收过程中,由
于缺乏市场化管理和废旧件回收市场的恶性竞争,造成报废汽车回收件的收购价
格波动很大。根据政策中规定的每吨 450 元的报废汽车回收件的收购价格结合国
内目前报废汽车回收业基本情况和企业的实际情况上、下浮动 20%,设定报废汽
车回收费用为 1000~1500 元/辆。

(2)固定资产折旧。企业应根据固定资产所含经济利益的预期实现方式选择
折旧方法。按照相关的国家规定和企业的实际情况采用年限平均法计算,建筑物
的折旧按二十年进行,生产及作业设备按十年折旧,残值率设定为 10%。

表 5-9　年总成本费用总额构成

序号	费用构成	投资额/万元
1	外购原辅材料、燃料动力费	5475.64
2	固定资产折旧	240.71
3	工资及福利费	252
4	大修理费	120.35
5	其他管理费	378
6	销售费	349.2
合计		6815.9

(3)根据项目生产纲领及报废汽车拆解工艺流程及各工位作业工时定额确定项
目定员为 63 名。根据目前一般拆解企业职工工资平均水平,确定该企业人均年工资
及福利费为 4 万元,依据企业的总人数计算出项目年工资及福利费为 252 万元。

(4)事先难以预料的工程大修理费,一般设备和建筑等的修理费,按当年固定
资产折旧额的 50% 估算。

(5)项目正常年其他管理费用,具体内容包括办公经费、职工培训费、临时设施
费、施工机构转移费、办公和生活用具费用、职工养老保险福利费及住房补贴、研究
开发费等,按职工工资总额的 150% 估算。

(6)项目产品在销售过程中产生的各种费用按销售收入的 4% 进行估算。

项目正常生产年总成本费用为 6815.9 万元。

2. 年产值预测

1)汽车材料构成

汽车主要材料构成如下。

(1)废钢。汽车的材料构成中 75%是钢材,一般的汽车车身都是用钢板制成的。除了车身还包括汽车的发动机罩、行李箱罩等主要部件的外壳,还有支撑部件如一些非承载式车身的车架,还有悬挂系统和汽车车轮的轮辋等;汽车的一些传动部件主要采用结构钢。钢材的质量占汽车总质量的一大部分。

(2)废铝。废铝占报废汽车总质量的 7%~10%。随着制造业的飞速发展,铝由于其质量较轻的特性在汽车制造行业被广泛应用,现在一些汽车发动机机体采用铝合金制造,大大减轻发动机质量,铝合金已经慢慢替代铸铁来制造汽车发动机,轻量化汽车的发展已经是现在汽车制造行业的趋势。

(3)废铜。铜主要用于制造汽车内部的电线、管道和一些少量的零部件。废铜占废汽车压件质量的 0.5%~1.8%。

(4)非金属材料。现代轿车制造中非金属材料使用得越来越多,如一般用于制造汽车保险杠、内饰件和仪表部件等所采用的高分子材料;还有用于制造车用传感器等的陶瓷陶瓷材料;合成纤维一般用于汽车坐垫、安全带、内饰件等;橡胶一般用于汽车轮胎和一些防振、密封等功能的零部件中。非金属材料一般占汽车总质量的 20%左右。随着循环经济的发展,非金属材料的利用率会越来越高。

(5)ASR。不可回收利用的垃圾约占报废汽车压件质量的 1%。

2)废旧汽车材料回收产值

根据日本轿车材料构成和 2012 年各材料报价,估算拆解任务为 20000 辆乘用车的报废汽车拆解厂产值约为 8730 万元。经过部件细拆后的一部分检验合格的零部件可以直接销售,一些可进行再制造的零部件经过加工后进行销售。

报废汽车回收材料构成及根据 2012 年各个材料报价所估算出的产值如表 5-10 所示。其中的产值按年拆解 20000 辆报废车辆计算。根据财政部、国家税务总局等实施的一些措施,为了鼓励和支持报废汽车回收产业的发展对废旧汽车回收企业和机构免征增值税,提供政策支持和通过设定报废汽车示范点带动行业的稳步健全发展,废旧物资的回收对发展循环经济意义重大。

表 5-10 汽车回收材料构成及产值预测

原材料		轿车的材料构成		2012 年报价 /(元/t)	产值/万元
		比例/%	质量/kg		
钢铁	生铁	7.5	90		
	普通钢	47.9	570	2500	4140
	特殊钢	14.1	168		

原材料		轿车的材料构成		2012 年报价 /(元/t)	产值/万元
		比例/%	质量/kg		
小计		69.5	828	2500	4140
有色金属	铜	1.5	18	40000	1440
	铝	6.1	73	13000	1898
	铅	0.6	8	13500	216
	锌	0.5	6	13000	156
小计		8.7	105	—	3710
非金属	树脂类	8.5	102	1500	306
	橡胶	3.2	38	2500	190
	玻璃	3.1	37	1800	133.2
	纤维	2.5	29	2100	121.8
	其他	4.5	54	1200	129
小计		21.8	260	—	880
合计		100	1193	—	8730

3. 利润总额

该报废汽车回收拆解企业的利润是在一年内销售回收件所得的收入扣除企业运营的所有费用和其他费用之后的余额。报废汽车拆解回收使在拆卸过程中的所有的消耗得到了补偿,通过回收件的再利用、再循环取得了盈利。

在本项目投产后正常年利润总额为 1284.68 万元。

5.3.3　项目盈利能力分析

投资利润率、投资利税率、销售利润率一般作为企业项目的盈利能力分析的静态指标,投资利润率是指项目达到设计生产能力之后的一个正常生产年份的年利润总额与项目总投资的比率,它是考察项目单位投资盈利能力的静态指标。

$$投资利润率 = (年利润总额/项目总资金) \times 100\% \qquad (5\text{-}12)$$

投资利税率是指项目达到设计生产能力之后的一个正常生产年份的年利税总额或项目生产期内的年平均利税总额与项目总投资比率。

$$投资利税率 = (年利税总额/项目总资金) \times 100\% \qquad (5\text{-}13)$$

销售利润率是指项目正常年份利润总额或项目生产期内年平均利润总额与资

本金的比率,它衡量了投资者投入项目的资本金的获利能力。

$$销售利润率＝(年利润总额/年销售收入)\times100\%　　　　　(5\text{-}14)$$

根据财务部、税务部发布的一系列关于支持和鼓励报废汽车产业壮大完善,回收企业规模化发展得政策,经审核合格的相关报废汽车回收企业可享有免交增值税的优惠。该报废汽车拆解企业项目正常年投资利润率为 29.29%,投资利税率为 29.29%,销售利润率为 21.92%。

1. 不确定性分析

该企业在进行技术经济分析中的大部分数据是参考相关企业和根据企业规划设计的相关步骤和要求进行估算和预测得到的,数据存在着一定的误差,导致投资项目的经济性分析存在着不确定性。历来实践案例证明,未来所遇见的情况与得到的结果并不会完全符合人们最开始对投资项目的分析和预测。通过对所投资的报废汽车回收项目进行不确定性分析,可以指出项目的敏感性因素,为决策者的最后决定提供参考,降低所作决策的风险。

在经济效益分析中,根据所选出的评价指标和相关分析作出的决策无法知道未来会出现的问题和结果,所作的可行性分析就会存在一定程度的不确定性,由于企业在初期所作的规划设计都是参考相关的企业设计和一些法律法规及政策条例的规定,结合实际情况作出的,所得到的各种数据只是一个相对的参考值,不是精确值,在企业正式运营期间会出现很多难以预测的因素,对企业的经济效益造成一定的影响。一般情况下,项目的不确定性产生的原因主要有当时物价的变动、采用的生产设备的变革、工艺技术的改善、销售能力的变化等。

根据计算出的固定成本和可变成本及销售收入计算出该项目的盈亏平衡点(BEP)。

$$BEP＝年固定成本/(年产品销售收入－可变成本－销售税金及附加)\times100\%$$

$$(5\text{-}15)$$

通过计算得出该企业的报废汽车回收拆解项目的盈亏平衡点为 42.41%,风险较小,分析后项目可行。

2. 敏感性分析

敏感性分析是项目不确定分析中比较常用和准确率比较高的方法,所谓敏感性,是指投资方案的各种因素变化对投资经济效果的影响程度。若选定的敏感性因素在小幅度的变化过程中,项目的一些重要经济评价指标发生比较大的变化则称该因素为该企业项目的敏感性因素。项目敏感性分析如表 5-11 所示。

一般进行项目敏感性分析的目的就是通过选定几个投资方案的主要因素,假设这几个因素在一定的范围内发生变化,根据发生的变化计算出该项目的主要指标的变动结果,根据变动的程度分析出敏感性因素,分析出该项目的承受能力。一般会影响报废汽车拆解回收项目经济效果的不确定性因素主要有回收件的销量、各种拆解材料的回收价格、报废汽车的回收价格、企业经营成本等。

项目的净现值是指企业某项投资所引起的未来各年现金净流量的折现和,具体地说是某项投资项目所引起的未来各年现金流入量的折现与未来各年现金流出量的折现和的差额。在进行可行性分析时,根据相关的数据计算出的净现值大于零时一般在理论上认定为该项目经济可行。

内部收益率是指项目投资净现值为零时的折现率,具体地说是指能够使项目投资方案所引起的未来各年现金流入量的现值和刚好等于未来各年现金流出量的现值和时的折现率,从理论上讲,投资项目的内部收益率高于企业要求的最低报酬率或资金成本率就能说明该投资方案可行。

表 5-11 项目敏感性分析表

序号	项目	变动幅度/%	内部收益率/%	净现值/万元
1	基本方案	—	42.41	7349.62
2	固定资产投资	−5	40.29	7280.63
		−2.5	41.35	7315.11
		2.5	43.48	7384.13
		5	44.27	7418.64
3	销售价格	−5	48.99	7786.13
		−2.5	45.45	7131.37
		2.5	41.79	7567.88
		5	37.39	6913.13
4	经营成本	−5	49.91	7918.57
		−2.5	45.73	7345.68
		2.5	38.53	7187.32
		5	35.56	6735.42

为测算报废汽车拆解企业项目能够承受风险的能力,设定固定资产投资、销售价格和经营成本为单因素的敏感性分析,从而分析该项目的敏感性因素和抗风险

能力。

从计算的敏感性分析表上分析得出,所选的固定资产投资、销售价格、经营成本等因素的变化都会引起内部收益率及净现值的变化。从表中可以看出,销售价格和经营成本的小幅度变化会引起内部收益率和净现值的大幅度变化,尤其是经营成本所引起的变化幅度尤为明显,但变化幅度都在行业基准值和相关的企业经营效益要求的范围内,该项目的抗风险能力较强。

如表 5-11 所示,各个财务指标表明,本项目全部投资财务内部收益率为42.41%,财务净现值为 7349.62 万元,该项目在财务上可行,有较好的经济效益。

总之,企业的经济效益是企业发展的命脉,直接影响着该企业的市场竞争力和自身的发展,作出经济效益分析为项目的投资决策提供参考,降低项目投资的风险。

本章以 5.3 节介绍的报废汽车拆解企业为项目,通过对该企业进行投资估算,计算出固定资产投资总额、流动资金、总成本费用等进行效益分析,根据汽车材料构成及废旧资源回收价格对报废汽车拆解企业年产值进行预测,计算出利润总额。由于该报废汽车拆解企业规划设计根据相关的企业设计和一些法律法规及政策条例要求进行的初步设计,其中的数据大多是参考相关企业经济数据结合目前企业设计相关材料费用等预测和估算得来的,其中的数据存在一定的误差和不确定性。由于这种不确定性的存在,根据所计算的经济指标,确定出主要影响因素,其中,经营成本对内部收益率和净现值的影响最大,销售价格的影响次之,确定经营成本和销售价格为敏感性因素。

第6章　汽车零部件再制造技术体系构建及其关键技术

6.1　汽车再制造企业运作模式

6.1.1　对再制造的认识

1. 相关定义

再制造是以机电产品全寿命周期设计和管理为指导,以实现废旧机电产品性能提升为目标,以优质、高效、节能、节材、环保为准则,以先进技术和产业化生产为手段,对废旧机电产品进行修复和改造的一系列技术措施或工程活动的总称。

按《汽车零部件再制造试点管理办法》第二条定义:"汽车零部件再制造是指把旧汽车零部件通过拆解、清洗、检测分类、再制造加工或升级改造、装配、再检测等工序后恢复到像原产品一样的技术性能和产品质量的批量化制造过程。"

2. 主要作用

从技术经济角度来理解,再制造有以下两个方面的作用。

(1)使产品的有形磨损得以恢复。针对使用磨损和自然磨损而报废的产品,在失效分析和寿命评估基础上,把有剩余寿命的废旧零部件作为再制造毛坯,采用表面工程等先进技术进行加工,使其性能恢复甚至超过新品。

(2)使产品的无形磨损得到补偿。针对已达到技术寿命或经济寿命的产品,或不符合可持续发展要求的产品,通过技术改造、局部更新改善产品的技术性能、延长产使用寿命、减少环境污染。

3. 再制造与修理的区别

产品再制造与修理的主要区别如表6-1所示。产品修理、大修或翻新、再制造的产品质量水平与保质期及作业量关系如图6-1所示。

表 6-1　产品再制造与修理的比较

生产类型 比较内容	产品再制造 （remanufacturing）	产品修理 （repair）
加工对象	废旧的产品及零部件	在用故障产品或损伤零部件
生产特点	零件互换、批量生产	旧件修理、单件加工
技术要求	达到新品状态或最新标准	消除故障或修复损伤
产品性质	市场销售——商品	服务车主——自用
质保要求	与新品一样	只对修复件担保

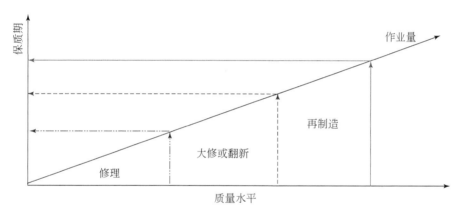

图 6-1　产品质量水平与保质期及作业量关系

4. 再制造产业逐步形成

在废旧机电产品中,包含着非常高的附加值。以汽车发动机为例,原材料的价值只占 15%,而成品附加值却高达 85%。如果将发动机原始制造和再制造过程中的劳动力消耗和材料消耗加以对比,再制造过程中劳动力消耗只是新品制造的 67%,原材料消耗只是新品制造中的 11.1%～20%。通过再制造对机器的局部损伤进行修复,可以最大限度地挖掘出废旧机电产品中蕴涵的附加值,达到节省资金、节约材料和保护环境的目的。因此,发展再制造产业将使我国的传统制造业有效地降低成本,提高产品的市场竞争力。发展再制造也有利于我国传统制造业加快推进节能减排。统计数据显示,再制造产品比新产品的制造节能 60%,成本实际上不到原来的 50%。这些数据均证实了再制造是机械行业实现节能减排目标的重要手段。

　　从 2005 年起,国家先后出台一系列政策措施,努力将再制造产业培育成为新的经济增长点,推动循环经济形成较大规模。2005 年 11 月,国家发改委等 6 部委联合颁布了《关于组织开展循环经济试点(第一批)工作的通知》,再制造被列为四个重点领域之一,并把发动机再制造企业济南复强动力有限公司列为再制造重点领域中的试点单位。

　　2008 年 3 月,国家发改委组织了全国汽车零部件再制造产业试点实施方案评审会,对各省市 40 余家申报单位中筛选出来的 14 家汽车零部件再制造试点企业进行了评审,包括一汽、东风、上汽、重汽、奇瑞等整车制造企业和潍柴、玉柴等发动机制造企业开始实施再制造项目。仅 2008 年,在机械产品领域,全国就有近 30 家再制造企业挂牌。

　　2009 年 9 月,国家发改委组织了循环经济专家行的再制造专项活动,对 2008 年 3 月立项的 14 家汽车零部件再制造试点企业的工作进度、生产状况及技术应用情况进行考察。2009 年 11 月,工业和信息化部启动了包括工程机械、采矿机械、机床、船舶、再制造产业集聚区等在内的 8 大领域 35 家企业参加的再制造试点工作,为加快发展我国再制造产业又迈出了重要一步。2009 年 12 月,工业和信息化部委托装备再制造技术国防科技重点实验室承担咨询项目《中国特色的再制造产业技术支撑体系和发展模式研究》,旨在推动中国特色的再制造产业模式的完善化与规范化。

　　我国将紧紧围绕提高资源利用效率,从提高再制造技术水平、扩大再制造应用领域、培育再制造示范企业、规范旧件回收体系、开拓国内外市场着手,加强法规建设,强化政策引导,逐步形成适合我国国情的再制造运行机制和管理模式,实现再制造规模化、市场化、产业化发展,努力将再制造产业培育成为新的经济增长点,推动循环经济形成较大规模,加快建设资源节约型、环境友好型社会。这些政策为我国再制造产业发展指明了方向,一个优质、高效、低耗、清洁、具有中国特色的再制造工程正在我国逐步兴起。

　　目前,我国汽车零部件再制造试点取得了初步成效,到 2009 年年底,已形成汽车发动机、变速箱、转向机、发电机共 23 万台(套)的再制造能力,并在探索旧件回收、再制造生产、再制造产品流通体系及监管措施等方面取得积极进展。再制造基础理论和关键技术研发取得重要突破,开发应用的自动化纳米颗粒复合电刷镀等再制造技术达到国际先进水平。

　　2010 年 5 月,国家发展改革委等 11 个部门公布了《关于推进再制造产业发展的意见》,明确提出我国将以汽车发动机、变速箱、发电机等零部件再制造为重点,把汽车零部件再制造试点范围扩大到传动轴、机油泵、水泵等部件。同时,推动工程机械、机床等再制造及大型废旧轮胎翻新。另外,国外汽车维修市场中再制造件所占比例,如图 6-2 所示。

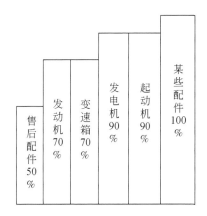

图 6-2　国外汽车维修市场中再制造件比例

6.1.2　再制造企业运作模式及特点

1. 产业构成与企业类型

1)产业构成

产业是介于宏观经济和微观经济中间的范畴,是指从事同类或具有可替代性产品或服务的生产、经营活动的企业共同构成的群体。

2)企业类型

汽车零部件再制造产业主要由零部件再制造生产企业(OEM 再制造企业、承包再制造企业、独立再制造企业)、回收拆解企业、销售流通企业、学研咨协机构(学校、研究所、咨询机构、产业协会等)以及设备仪器制造企业等。

2. 企业运作模式及特点

1)原始设备(OEM)再制造模式

"生产者责任制"的直接形式,属于集中型再制造运作模式。其主要特点是:

(1)可避免知识产权纠纷,保护品牌,市场共享及树立企业形象;

(2)技术实力雄厚、管理经验丰富、具有完善的售后服务网络;

(3)利于制造商对产品进行全生命周期管理;

(4)再制造品种单一,回收的不确定性强;

(5)物流半径大,成本相对较高;

(6)资源利用率较低。

2)独立再制造模式

独立再制造商,即与 OEM 制造商无任何关系,不经过 OEM 授权便对其产品进行再制造。属于离散型再制造运作模式,产业结构形式如图 6-3 所示。

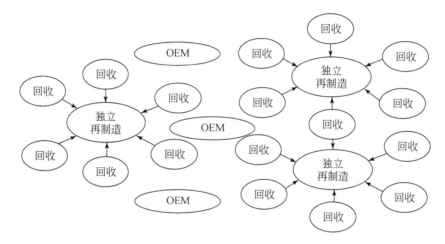

图 6-3　独立再制造企业运作模式

其主要特点是:

(1)再制造的品种多,物流半径小;

(2)再制造成本低,价格优势明显;

(3)资源利用率高;

(4)对品牌的保护效果差;

(5)核心技术支持不足。

3)承包再制造模式

OEM 授权并与再制造商签订合同,间接履行"生产者责任制"。属于分布型再制造运作模式,产业结构形式如图 6-4 所示。

其主要特点是:

(1)与 OEM 品牌及市场共享,社会效益更高;

(2)物流半径减小,再制造成本降低;

(3)OEM 要提供核心技术并不断支持;

(4)OEM 要对承包商进行质量监督;

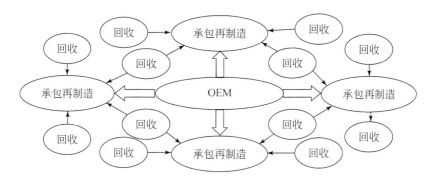

图 6-4　承包再制造生产运作模式

（5）资源利用率较高。

3. 运作模式比较

汽车零部件再制造的物流过程如图 6-5 所示。其中，大循环是由 OEM 制造商-销售-使用-报废回收-整车拆解-再制造企业-销售构成，形成全寿命周期循环；小循环是由售后 4S-再制造企业-售后 4S 构成，形成使用寿命周期循环。此外，还有 OEM 制造商生产过程的部分不合格零件经过再制造加工后进入零部件销售环节。

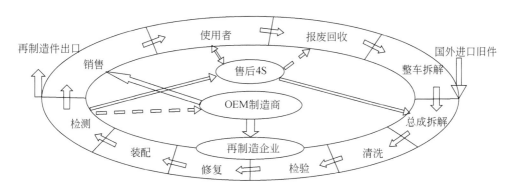

图 6-5　汽车零部件再制造物流过程

另外，不同运作模式的再制造企业在原料来源、销售网络、物流半径、产品价格以及资源利用之间的比较如表 6-2 所示。

另外，基于上面介绍的汽车零部件再制造运作模式的特点，对试点的 14 家中国汽车零部件再制造企业进行了分类，如表 6-3 所示。

表 6-2　再制造企业运作模式对比

比较项目	OEM 再制造	独立再制造	承包再制造
运作模式	集中型	离散型	分布型
原料来源	售后网络	拆解厂	售后网络
销售网络	销售网络	配件市场	销售网络
物流半径	大	小	较大
产品价格	高	低	较高
资源利用	低	高	较高

表 6-3　14 家汽车零部件试点企业的分类

OEM 再制造	独立再制造	承包再制造
(1)潍柴动力再制造有限责任公司 (2)中国重汽集团济南复强动力有限公司 (3)广西玉柴有效责任公司 (4)东风康明斯发动机有限公司 (5)浙江万里扬变速器股份有限公司 (6)陕西法士特汽车传动有限责任公司 (7)中国一汽 (8)安徽江淮汽车有限责任公司 (9)奇瑞汽车有限责任公司	(1)广州市花都全球变速箱有限公司 (2)(常熟)电机有限公司	(1)上海大众联合发展有限公司 (2)武汉东风鸿泰有效责任公司 (3)中国人民解放军第 6456 工厂

6.2　汽车零部件再制造的主要关键技术

Lund(1996)给出了基于实现产品再制造的基本条件,具体包括如下。

(1)技术方法:有相应的修复技术和无损拆卸方法。

(2)特性设计:产品是由可互换的零部件组成。

(3)生产成本:再制造原料成本较低,利用旧件以节约制造成本。

(4)产品质量:产品性能稳定性应超过一个寿命周期。

(5)需求市场:充足的市场需求,促进企业发展。

(6)约束法规:产品再制造必须适应同类产品技术发展和法规要求。

上述 6 个方面可以归纳为对实现产品再制造的主要限制条件:有再制造成本、再制造技术及产品技术发展与法规要求。因此,产品可再制造性具有一定区间范围,如图 6-6 所示。

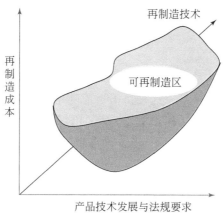

图 6-6　产品可再制造的区域

　　基于影响产品再制造的基本条件,可以将影响中国汽车零部件再制造企业发展的主要关键技术分为三个方面:可再制造性基础形成技术,包括可再制造性评估和设计;再制造产品实现(生产过程)技术,包括拆解技术、清洗技术、检验技术、修复技术、加工技术、再装配技术和试验技术;再制造产品流通技术,包括逆向物流和质量管理等。其技术框架如图 6-7 所示。

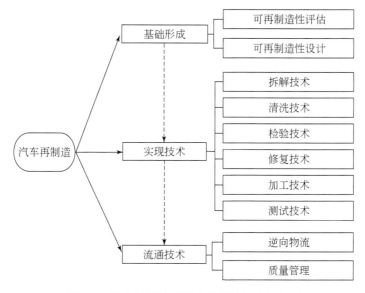

图 6-7　汽车零部件再制造的关键技术框架图

6.2.1　可再制造性基础形成技术

1. 可再制造性设计

产品可再制造性设计是提高再制造性能的产品设计过程平衡,是对使用过的产品和零部件价值的综合评价。这种价值可能随市场需求、材料供应、物流状态和技术进步而改变。作为商业运作模式(产品的市场策略)的一部分,可再制造性设计能减少对再制造过程的不利因素,保证产品再制造的实现。此外,可再制造性设计还有利于优化再制造过程,提高再制造生产效益。

产品的可再制造性受产品设计阶段赋予的物理特征影响,而且可再制造的产品设计很大程度与为取得再制造效益的商业运作模式有关。可再制造性设计可以防止和减少再制造过程的无效劳动。相反,通过产品设计也能达到产品不被再制造的可能,这样 OEM 可以防止第三方进行再制造,减轻市场竞争的压力。

可再制造性设计虽然对再制造生产效率有很大影响,但是面对着环境和经济性要求优先时,可再制造性就不一定是最佳的选择。例如,对环境效益要求高或者即时性消费品的设计,则回收利用可能是最佳的选择。由于时间和费用对再制造生产的影响可能超过环境的要求,在这种条件下的商业运作模式中,可再制造性设计可能不占主导地位。因此,在某些情况下,商业运作模式可能比产品设计对再制造的影响更大,其主要问题是:①逆向物流系统的完善性;②旧件回收的可能性;③对再制造产品的排斥性。

再制造商对产品可再制造性设计关心的主要问题是:产品的复杂性、零部件联接方法、装配拆解手段以及部件的易损性。其中,可拆解性设计对上述因素影响很大。可拆解性的增加能减少拆解时间和提高完好零件的回收率。因此,可拆解性是可再制造性设计的重要内容。其主要原因是:①可减少拆解装配时间及检验评估的时间与费用;②特殊材料选用和可拆解结构设计对重复性再制造有利;③有利于建立产品和零部件回收利用机制。

提高产品的可再制造性除了应重视产品结构设计和加工方法设计,还应注意可再制造性设计对再制造生产工艺的影响。再制造设计和产品设计是同步的,相关设计内容经常与之交叉,如图 6-8 所示。

2. 产品特性

产品特性(主要是结构、性能设计决定)对其再制造工艺过程影响如表 6-4

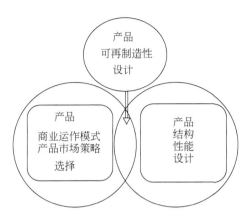

图 6-8　产品可再制造性设计内容示意

所示。

表 6-4　产品特性与再制造工艺之间的影响关系矩阵

再制造工艺 产品特性	拆解	清洗	检验	存储	加工	装配	试验	影响值
识别性	1	0	1	1	0	0	0	3
分类性	0	0	1	0	0	0	1	2
接近性	1	1	1	0	1	1	0	5
运输性	1	0	0	1	1	1	0	4
拆解性	1	0	0	0	0	1	0	2
安全性	0	0	0	0	0	1	1	2
组装性	0	0	0	0	0	1	0	1
存储性	0	0	0	1	0	0	0	1
耐久性	1	1	0	0	1	1	0	4

上述对产品或零部件影响较大的有 4 个主要因素:接近性、识别性、运输性、耐久性。

另外,设计策略对优化产品再制造工艺过程的影响如表 6-5 所示。

表 6-5　设计策略对优化产品再制造工艺过程的影响

设计策略	再制造过程(包含旧件回收)							
	回收	检验	拆解	清洗	存储	修复	装配	试验
回收设计	○	○	—	—	—	—	—	—
生态设计	—	○	○	○	○	○	○	—
拆解设计	—	○	○	○	○	○	○	—
多生命周期设计	—	—	—	○	○	○	—	—
性能升级设计	—	—	—	—	—	○	—	—
质量评价设计	—	○	—	—	—	—	—	○

注:○——有影响;— ——无影响。

再制造没有可用资源也不能实现,但这涉及回收方式(即商业运作模式)的设计。应利用各种可能的方式进行产品回收,其中包括产品设计过程的回收性设计等问题,即在传统的再制造工艺过程设计中考虑回收的可能性。

6.2.2　再制造生产过程技术

再制造生产技术是产品再制性实现过程的必要条件,主要包括拆解技术、清洗技术、检验技术、修复技术、加工技术、再装配技术以及试验技术等多个方面。这些技术的物质体现主要是仪器、设备。

(1)拆解技术。废旧产品及零部件的拆解是进行再制造生产的前提条件。由于汽车品种繁多、结构复杂,要达到高效、无损和环保的拆解要求,必须改变破坏性拆解为主要特征的生产方式,解决汽车拆解工具设备简陋、劳动强度大及作业环境差的局面。在研究拆解技术的基础上,开发适用于汽车产品及零部件拆解的通用和专用工具设备,并根据拆解企业的生产纲领设计经济实用、符合环保要求的汽车拆解生产线。

(2)清洗技术。清洗是零部件再制造工艺过程的重要工序之一。传统的清洗工艺方法包括化学清洗、机械清洗、高压高温水喷射清洗、超声波清洗、密闭高压射流清洗、高温热解清洗、喷丸和喷砂等。由于废旧汽车零部件运用方式的不同、运行环境的差异,其表面存在的各类油泥、油漆、胶质或污垢等黏附层有着千差万别的不同性质,只用单独的清洗方法不易达到规定的清洁度要求。研发具有多种清洗功能、节能节水、无污染的清洗技术和装备值得重视。

(3)检验技术。检验分类是对废旧汽车零部件按照规定的技术要求、采用合理的检验方法和使用科学的检验仪器进行分类。检验的内容除了零部件的尺寸、形位公差、表面硬度以及变形损伤外,有些零部件还要进行剩余寿命评估,以确定零部件修复可能性和经济性,并将其分为再使用件、修复件和废弃件。一般是采用无损检测方法,在已有技术的基础上应针对再制造的特点研发相关的检验仪器和设备。

(4)修复技术。修复主要是解决由于磨损、腐蚀造成的零件表面损伤或消除变形导致的零件形位误差,恢复零部件的设计技术要求和使用功能。可采用的修复方法和技术主要有机械加工技术、表面工程技术、原位成型技术、表面热处理技术和变形校正技术等。其中热喷涂技术、刷镀技术等已在汽车零部件再制造工程中得到应用。

(5)加工技术。由于再制造过程中,需要机械加工的旧零部件的尺寸、形位误差有较大的差异。因此,保证质量、提高效率和减少废品数量的加工方法和技术仍需要不断地进行深入研究,以适应对品种多样、状态多变的废旧零部件的柔性加工要求。加工精度以原厂数据为准,达到原厂要求。

(6)装配技术。再制造产品的装配精度直接影响再制造产品的质量。装配精度主要包括零部件间的尺寸精度、相对运动精度、相互位置精度和接触精度。因此,根据不同的装配精度要求,合理的装配方法还需要提升和选择。再制造的主要装配方法换装配法包括分组装配法、修配装配法、调整装配法。

(7)试验技术。试验是确认再制造产品是否达到与新品质量一致的关键环节,应按新品的技术要求和试验方法进行检测。但应考虑再制造产品的多样性特点,选择合理的试验方法和适用的试验设备。

6.2.3　再制造产品流通技术

物流网络构建和技术管理是实现再制造产品流通的关键和重要手段。通常地,废旧产品通过逆向物流获得,这为汽车零部件再制造企业的发展提供了原料或旧毛坯。另外,生成的再制造产品又要通过售后网络得以销售。为了维持再制造企业的正常运转,也需要相关的一些质量认证、人才管理和知识培训工作的开展。因此,为了维持再制造企业的正常运转,还需要以下几个方面技术管理工作的开展。

1)物流网络构建和管理

合理的物流网络对于再制造产品的原材料获取和产品的流通非常重要,应根据产品、地区特性进行物流网络的合理布局,同时加强相关管理工作,以促进再制造产品的流通和企业的合理运作。

2)再制造产品质量认证——标准制定

目前,美国、英国和中国都已制定颁布了汽车零部件再制造的相关标准,如表 6-6 和表 6-7 所示。

表 6-6　美国 SAE 和英国 BS AU 颁布的汽车零部件再制造标准

序号	标准号	名称	发布/修订时间
1	SAE J1693	再制造汽车液压式制动器主缸一般特性和试验规程	1994/
2	SAE J1694	再制造汽车液压式制动器主缸性能要求	1994/
3	SAE J1890	再制造液压助力齿轮齿条式转向机性能要求	1988/1995/2000
4	SAE J1915	变速器离合器总成再制造推荐规程	1990/1995/2000
5	SAE J1916	发动机水泵再制造规程与技术要求	1989/
6	SAE J2073	汽车起动机再制造规程	1993/1998
7	SAE J2240	起动机转子再制造规程	1993/1995/1999
8	SAE J2241	汽车起动机驱动机构再制造规程	1993/1998
9	SAE J2242	汽车起动机电磁开关再制造规程	1993/1998
10	SAE J2237	重型车辆起动机再制造规程	1995
11	SAE J2075	乘用车、重型车、工农业与船舶内燃机的交流发电机再制造规程	2001
12	BS AU 257	点燃和压燃式发动机再制造规程	1995/2002

表 6-7　中国正在制定的汽车零部件再制造标准

序号	标准性质	标准名称	标准状态
1	GB	汽车零部件再制造产品标志、标识规范	正在编制
2	GB/T	汽车零部件再制造点燃式、压燃式发动机再制造技术规范	送审稿
3	GB/T	汽车零部件再制造产品技术要求 发电机	正在编制
4	GB/T	汽车零部件再制造产品技术要求 起动机	正在编制
5	GB/T	汽车零部件再制造产品技术要求 变速器	正在编制
6	GB/T	汽车零部件再制造产品技术要求 转向器	正在编制
7	GB/T	汽车可再制造零部件拆解技术规范	正在编制
8	GB/T	汽车可再制造零部件清洗技术规范	正在编制
9	GB/T	汽车可再制造零部件分类技术规范	正在编制
10	GB/T	汽车零部件再制造产品装配技术规范	正在编制
11	GB/T	汽车零部件再制造产品出厂检测及验收包装规范	正在编制

但是上述标准大多数是对再制造工艺过程的定性要求,很少对产品的技术性能作出具体的定量要求。对于再制造产品达到新品性能也只是定性要求,还无法按现有的标准进行具体的定量检测与评价。由于还没有明确规定对再制造生产的零部件与新零部件一样进行技术性能检验,质量的认证与监督还需要强化。尽管再制造企业进行了质量管理体系的认证,但是强调质量持续改进指导思想仍然值得重视。

3)再制造技术普及推广——教育培训

加强从事再制造工程的人才培养和培训,为汽车零部件再制造产业的发展提供有效的高素质人才资源和智力支持。应鼓励科研院所、专业协会和咨询机构积极进行再制造工程的教育与培训。

6.3　汽车零部件再制造技术体系结构

6.3.1　产业发展面临的主要技术挑战

1. 再造制造产品性能升级研究

产品再制造生产的时间点是在产品使用了若干年以后才开始进行,某些产品的原始技术特性相对于目前的技术标准已经落后。如果再制造产品仍然以达到原产品性能为目标,其技术性能的滞后性将不能反映出再制造的先进性。再制造时需要进行技术性能升级的汽车零部件主要是对环保、节能或安全性要求较高的产品,如汽车发动机。

随着汽车排放标准的不断提高,对再制造发动机的排放性能要求值得关注。尽管在一般的再制造标准中只强调达到原产品的技术性能,但是其使用过程中对环境的影响值得关注。由于汽车排放法规要求的不断提高,汽车排放限值越来越严格。不同排放阶段汽车排放污染物的差别是:1 辆化油器式发动机汽车的排放量相当于 7 辆欧Ⅱ标准或 14 辆欧Ⅲ标准的汽车。按照轻型汽车国Ⅲ排放标准,CO 的排放量将在国Ⅱ排放限值的基础上减少 30%,CH 和 NOX 则分别减少 40%,而国Ⅳ标准还将将降低到国Ⅲ限值的 60%。

汽车排放控制技术从欧Ⅱ到欧Ⅲ的提升,不像欧Ⅰ到欧Ⅱ那样简单。欧Ⅲ排放标准比欧Ⅱ在 NEDC 和燃油蒸发排放检测项目上的内容有所变化,欧Ⅲ标准中增加了低温 HC/CO 排放检测、车载诊断系统检测和在用车排放检测。从欧Ⅱ到欧Ⅲ采用不同的排放控制技术,欧Ⅱ标准只要求三元催化器及发动机改进措施两项,而欧Ⅲ则还包括改进催化转化器涂层、催化剂加热及二次空气喷射等项内容。因此,欧Ⅲ排放控制技术要比欧Ⅱ的复杂得多。而且,为保证车辆使用过程中稳定达到排放限值要求和车辆排放控制的耐久性,增加了车载诊断系统(OBD)。同时,为了确保发动机清洁地运转,要在以下三个阶段进行检测,即设计中的检测,确保发动机的设计符合法规标准批量生产中的检测,确保制造和装配出合格的发动机产品使用过程中的检测,才能使在用车辆的排放符合法规要求。

　　根据国内外调查研究证实,在用车中有 10%～15% 排放严重超标的车辆,其污染物排量占整个在用车污染排放量的 50%～60%。此外,在国外的汽车维修行业中,再制造零部件是重要组成部分。相关统计表明,通过再制造生产的汽车零部件占到汽车售后服务市场的 45%～55%。根据零件或部件种类的不同,这个比例也不同,部分再制造零部件所占份额甚至达到 100%。例如,起动机和交流发电机的备件中,再制造件份额已经超过 90%;发动机、自动变速箱再制造件产品业达到了 70%以上。根据我国和欧洲的汽车排放标准不同阶段的执行时间,如表 6-8 所示。由表可见,现阶段进行再制造的发动机主要还是执行第一阶段或以前生产的产品,如果再制造发动机只回复到原产品排放水平,必将对环境产生一定的不良影响。特别是汽车排放税的征收,使再制造发动机的排放性能的提升更值得重视。

表 6-8　我国和欧洲的汽车排放标准不同阶段的执行时间

国家	执行阶段	第一阶段	第二阶段	第三阶段	第四阶段
中国	执行时间	2001 年	2005 年	2007 年	2010 年
	相关标准	国Ⅰ	国Ⅱ	国Ⅲ	国Ⅳ
欧洲	执行时间	1992 年	1996 年	2000 年	2005 年
	相关标准	欧Ⅰ	欧Ⅱ	欧Ⅲ	欧Ⅳ

　　山东济南复强动力有限公司依托中国重汽技术中心和发动机公司的技术研发能力,将新技术、新工艺、新部件及时引进到发动机的再制造中,使旧发动机的性能、排放指标和燃油经济性都有很大提高。例如,对只达到欧盟前期排放标准的斯太尔发动机,通过再制造已能够达到欧Ⅱ排放标准。

　　总之,对技术性能过时产品再制造时的性能升级或无形磨损的技术补偿,主要是通过技术改造或局部更新,特别是通过使用新材料、新技术和新工艺等,提升产品的技术性能、延长产品的使用寿命、减少环境污染。性能过时的产品一般是几项关键指标的落后,并非所有的零部件都不能再制造,采用新技术进行局部改造或技术升级,可以使再制造产品的性能满足新的使用要求。

2. 技术创新研究

随着对汽车零部件再制造产品质量要求的不断提高,技术创新是汽车零部件再制造产业发展的动力。例如,废旧汽车零部件的剩余使用寿命评估方法和技术,已成为影响产品使用可靠性的关键因素之一,其仍然是亟待解决的问题。

3. 设计理论研究

再制造产业发展到今天,人们已经认识到了产品设计对可再制造性的重要影响。产品可再制造设计主要是根据再制造工艺过程的特点,在综合平衡产品的多方面设计要求的基础上,优化产品的可再制造性。但是,产品的可再制造性具有随着产品的使用状况、应用环境和寿命周期不同而变化的属性,即个体性、时间性和随机性等特点使设计难度较大,所以还未形成完整系统的设计理论与方法。如果不重视再制造设计基础理论的研究,而且 OEM 也不重视产品的可再制造性设计,未来产品的再制造性实现必将受到影响。

6.3.2　技术体系结构构成

基于上面的汽车零部件再制造企业构成和需要发展的关键技术,构建了我国汽车零部件企业发展的技术系统结构构成示意图,如图 6-9 所示。图中,箭头表示技术服务关系。

汽车零部件再制造技术体系主要由四部分组成:技术需求主体(再制造生产企业)、技术支持主体(与再制造生产直接相关的企业)、技术研究的主要内容(设计理论与技术方法、标准制定与检验方法、装备制造与仪器生产、人才培养与技术培训和信息交流与物流支持)及技术研究主要目的(提供再制造生产的新技术、新工艺)。

汽车零部件产业化技术体系是以再制造产品质量为核心,以影响再制造产业技术进步的关键因素为主要研究内容,以 OEM 为主导提升再制造产品技术性能,以汽车零部件再制造企业技术需求为目标和相关企业的技术研究为支持,促进再制造生产技术的不断提高,推动汽车零部件再制造产业化的发展。

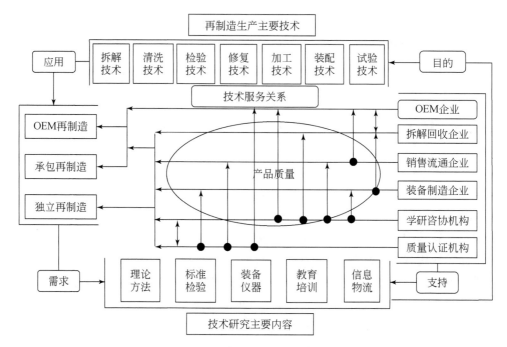

图 6-9　汽车零部件再制造产业化技术体系结构

6.4　再制造企业关键技术评估实例分析

6.4.1　层次分析法简介

层次分析法(AHP)是 20 世纪 70 年代提出的一种定性问题定量化的行之有效的方法,其应用范围十分广泛,涉及军事指挥、经济分析和计划、行为科学、管理信息系统、运筹学方法评价和教育等许多领域。

AHP 对人们的主观判断加以形式化的表达和处理,逐步剔除主观性,从而尽可能地转化成客观描述。其正确与成功,取决于客观成分能否达到足够合理的地步。由于理论研究的遍历与工程实现的采样之间总是存在着(或大或小,往往又是巨大的)差距,在借助于判断矩阵计算出相对权重后,欲克服两两相比未能穷尽的不足,对判断矩阵作一致性检验,成为不可或缺的环节。通常地,判断矩阵 A 表达了两个因素间的重要程度,其表达为

$$A=[a_{ij}], \quad i=1,2,\cdots,n;j=1,2,\cdots,n \tag{6-1}$$

它具有项目的性质:

$$a_{ij}>0, \quad a_{ji}=1/a_{ij}, \quad i=1,2,\cdots,n;j=1,2,\cdots,n \tag{6-2}$$

如果元素 $i=1,\cdots,n$ 的权重向量为 $\boldsymbol{w}=(w_1,\cdots,w_n)$,则有

$$\boldsymbol{Aw}=\lambda_{\max}\boldsymbol{w} \tag{6-3}$$

其中,$\lambda_{\max}$ 为最大特征值;$\boldsymbol{w}$ 为最大特征向量,其代表了相关因素的重要度。需要专家参考表 6-9 对判断矩阵进行打分。

表 6-9 判断矩阵标度及其含义

标度	含义
1	表示两个因素相比,具有同样的重要性
3	表示两个因素相比,一个比另一个稍微重要
5	表示两个因素相比,一个比另一个明显重要
7	表示两个因素相比,一个比另一个强烈重要
9	表示两个因素相比,一个比另一个极端重要
2,4,6,8	表示上述两相邻判断的中值
倒数	若因素 i 与 j 比较得判断 B_{ij},则因素 j 与 i 比较的判断为 $B_{ij}=1/B_{ij}$

判断矩阵 $\boldsymbol{A}$ 的一致性通过一致性比率 $CR_A=CI_A/RI_A$ 来检验,这里平均随机一致性系数 $RI_n=(\lambda_{\max}-n)/(n-1)$。通常地,如果 $CR_A<0.1$,则判断矩阵 $\boldsymbol{A}$ 是可以接受的。RI_n 和矩阵的规模相关,可通过表 6-10 来查询。

表 6-10 平均随机一致性系数(RI_n)

n	1	2	3	4	5	6	7	8	9	10
RI_n	0	0	0.58	0.9	1.12	1.24	1.32	1.41	1.45	1.49

6.4.2 实例 1

以调研的中国重汽集团济南复强动力有限公司作为 OEM 再制造企业的例子,结合 AHP,分析影响 OEM 再制造企业发展的关键技术。

1. 再制造企业技术的层次结构

基于中国汽车零部件再制造产业发展的关键,构建其技术发展的层次结构图,如图 6-10 所示。其具有三个层次:目标层、标准层和因素层。目标层(G)是汽车零部件再制造企业发展(G1);标准层是设计技术(C1)、生产过程技术(C2)和技术管理(C3)。设计技术包括两个因素,即再制造设计(F1)和市场策略(F2)。再制造过

程技术包括拆解技术(F3)、清洗技术(F4)、检验技术(F5)、修复技术(F6)、加工技术(F7)、装配技术(F8)和测试技术(F9)。技术管理(流通技术)包括人才培训(F10)、标准制定(F11)、质量认证(F12)、信息管理(F13)、回收网络(F14)和销售模式(F15)。

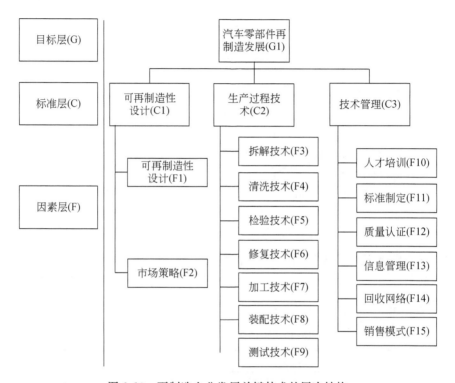

图 6-10　再制造企业发展关键技术的层次结构

2. 构建两两比较矩阵

基于调研的企业,相对于汽车再制造企业发展,构建了判断矩阵 G1-C,如表 6-11所示。

表 6-11　判断矩阵 G1-C

	C1	C2	C3
C1	1	3	4
C2	1/3	1	2
C3	1/4	1/2	1

相对于可再制造性设计,生产过程技术和流通技术(技术管理),分别构建了判断矩阵 C1-F、C2-F 和 C3-F,分别如表 6-12～表 6-14 所示。

表 6-12　判断矩阵 C1-F

	F1	F2
F1	1	3
F2	1/3	1

表 6-13　判断矩阵 C2-F

	F3	F4	F5	F6	F7	F8	F9
F3	1	2	3	1/5	4	5	6
F4	1/2	1	3	1/5	3	4	5
F5	1/3	1/3	1	1/5	2	3	4
F6	5	5	5	1	5	6	7
F7	1/4	1/3	1/2	1/5	1	3	4
F8	1/5	1/4	1/3	1/6	1/3	1	2
F9	1/6	1/5	1/4	1/7	1/4	1/2	1

表 6-14　判断矩阵 C3-F

	F10	F11	F12	F13	F14	F15
F10	1	2	3	5	7	7
F11	1/2	1	2	3	5	5
F12	1/3	1/2	1	2	4	4
F13	1/5	1/3	1/2	1	3	3
F14	1/7	1/5	1/4	1/3	1	2
F15	1/7	1/5	1/4	1/5	1/2	1

3. 因素重要度和一致性检验

汽车再制造企业发展的三个因素的重要度和一致性检验结果如表 6-15 所示。

表 6-15 因素重要度和一致性检验(G1-C)

标准(因素)	重要度	排序
C1	0.6232	1
C2	0.2395	2
C3	0.1373	3
CR_{G1-C}	0.003187≤0.1	

可再制造性设计的两个因素的重要度和一致性检验结果如表 6-16 所示。

表 6-16 因素重要度和一致性检验(C1-F)

因素	重要度	排序
F1	0.75	1
F2	0.25	2
CR_{C1-F}	因为其矩阵规模是 2,所以其满足一致性检验条件	

相对于再制造生产过程技术,其七个因素的重要度和一致性检验结果如表 6-17 所示。

表 6-17 因素重要度和一致性检验(C2-F)

因素	重要度	排序
F3	0.1958	2
F4	0.1500	3
F5	0.0939	4
F6	0.4162	1
F7	0.0776	5
F8	0.0372	6
F9	0.0293	7
CR_{C2-F}	0.059510≤0.1	

相对于技术管理,其六个因素的重要度和一致性检验结果如表 6-18 所示。

表 6-18　因素重要度和一致性检验(C3-F)

因素	重要度	排序
F10	0.3998	1
F11	0.2416	2
F12	0.1567	3
F13	0.1130	4
F14	0.0509	5
F15	0.0380	6
CR_{C2-F}	$0.032635 \leqslant 0.1$	

最终基于上述各个层次因素的结果,我们获得了 OEM 再制造企业的因素层的各个因素相对于汽车再制造企业发展(目标层)的因素重要度,如表 6-19 所示。

表 6-19　再制造企业的各个因素相对目标层的重要度和一致性检验(OEM 企业)

因素	重要度	排序
F1	0.4674	1
F2	0.1558	2
F3	0.0469	5
F4	0.0359	7
F5	0.0225	8
F6	0.0997	3
F7	0.0186	10
F8	0.0089	12
F9	0.0070	13
F10	0.0549	4
F11	0.0332	6
F12	0.0215	9
F13	0.0155	11
F14	0.0070	13
F15	0.0052	15

基于结果,我们获得了影响 OEM 再制造企业发展的主要关键技术为 F1(可再制造性设计)、F2(市场策略)、F6(修复技术)和 F10(人才培训)。

6.4.3　实例2

以调研的广州花都全球变速箱有限公司作为独立再制造企业的例子,结合AHP,分析影响独立再制造企业发展的关键技术。

基于调研的企业,相对于汽车再制造企业发展,构建了判断矩阵 G1-C,如表 6-20 所示。

表 6-20　判断矩阵 G1-C

	C1	C2	C3
C1	1	2	3
C2	1/2	1	2
C3	1/3	1/2	1

相对于可再制造性设计,生产过程技术和流通技术(技术管理),分别构建了判断矩阵 C1-F,C2-F 和 C3-F,分别如表 6-21～表 6-23 所示。

表 6-21　判断矩阵 C1-F

	F1	F2
F1	1	2
F2	1/2	1

表 6-22　判断矩阵 C2-F

	F3	F4	F5	F6	F7	F8	F9
F3	1	2	3	1/5	4	5	5
F4	1/2	1	3	1/5	3	4	4
F5	1/3	1/3	1	1/5	2	3	3
F6	5	5	5	1	4	5	5
F7	1/4	1/3	1/2	1/4	1	3	4
F8	1/5	1/4	1/3	1/5	1/3	1	2
F9	1/5	1/4	1/3	1/5	1/4	1/2	1

表 6-23 判断矩阵 C3-F

	F10	F11	F12	F13	F14	F15
F10	1	2	3	4	5	6
F11	1/2	1	2	3	4	5
F12	1/3	1/2	1	2	3	4
F13	1/4	1/3	1/2	1	2	4
F14	1/5	1/4	1/3	1/2	1	3
F15	1/6	1/5	1/4	1/4	1/3	1

类似地,最终基于上述各个层次因素的结果,我们获得了 OEM 再制造企业的因素层的各个因素相对于汽车再制造企业发展(目标层)的因素重要度,如表 6-24 所示。

表 6-24 再制造企业的各个因素相对目标层的重要度和一致性检验(独立再制造企业)

因素	重要度	排序
F1	0.3594	1
F2	0.1796	2
F3	0.0579	5
F4	0.0440	6
F5	0.0271	8
F6	0.1233	3
F7	0.0224	10
F8	0.0113	13
F9	0.0113	13
F10	0.0626	4
F11	0.0401	7
F12	0.0258	9
F13	0.0175	11
F14	0.0116	12
F15	0.0062	15

基于结果,我们获得了影响独立再制造企业发展的主要关键技术为 F1(可再制造性设计)、F2(市场策略)、F6(修复技术)和 F10(人才培训)。这个结果和 OEM 再制造的结果一致,因此,当前影响我国汽车零部件再制造企业发展的主要关键技

术为可再制造性设计、市场策略、修复技术和人才培训。另外,对于因素 F14(回收网络),其排序由 13 名升为 12 名,这说明相对于 OEM 再制造企业,独立再制造企业由于有限的原材料/旧毛坯来源的渠道,其更关注产品的回收问题。

总之,由于再制造在节能减排方面的显著效益,发展汽车零部件已经成为实现中国经济可持续发展的一个关键途径。现今,再制造还没有达到大批量生产的阶段,仅仅处于成长阶段。在这个阶段,关键技术是推动汽车零部件企业发展的关键因素,以关键技术为问题中心,我们对此进行了结构体系构建及因素重要度的分析,并得到以下的一些结论,期望对我国汽车零部件再制造企业的发展有所帮助。

(1)发展汽车零部件再制造对我国经济的可持续发展具有重要意义,而关键技术发展对产业形成有着重要的推动作用。

(2)再制造企业作为技术需求的主体,应敢于承担责任,按照"生产商责任制",在发展关键技术的过程中起主导作用。

(3)再制造技术体系结构为我国汽车零部件再制造企业的发展提供了指导,其也适合于具有相似阶段的其他发展中国家。

(4)当前影响我国汽车零部件再制造企业的发展的主要关键技术为可再制造性设计、市场策略、修复技术和人才培训。应立足现在、放眼未来、勿急勿躁、脚踏实地,全面做好各项制度创新工作,加强关键技术创新,加速推进具有中国特色的汽车再制造产业化进程,从而实现我国汽车工业的可持续发展。

第 7 章　汽车再制造模式分析

7.1　再制造技术特征

汽车产品再制造不同于新品生产,新品的毛坯初始条件可控,原材料质量稳定性好,相同的产品所采取的加工、制造、装配方法一致,产品的系统构成确定,零件的初始状态一致,因而其可靠性也容易保证一致。再制造过程是规模化、互换性、专业性的生产方式,整个系统的零件完全拆解后经过再制造工艺后重新组装,系统的零件组合完全发生变化,如图 7-1 所示。

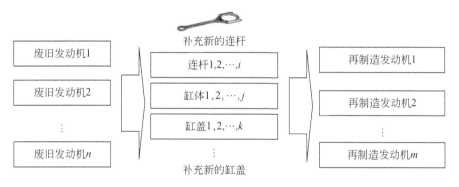

图 7-1　再制造系统变化过程

再制造产品系统构成有较大的不确定性,系统中既可能有再使用件、再制造件,也有更换的新件,而且各类零件采用的比例不尽相同,系统结构状态和零件剩余可靠度有可能有所变动,零件总数可能与原品一样,也可能不同,故再制造产品系统可靠性保障也较新品更为复杂。

再制造也不同于维修,维修是一种保持其正常运行而采取的措施,具有随机性、原位性和应急性,维修后系统结构基本不变,是在原有正常部分基础上增加新的部分,改变的只是失效的部分。

总体说来,从影响再制造产品系统可靠性的角度,再制造具有以下几个特征:即再制造后系统结构具有不确定性、再制造产品有新的规定功能、使用条件可能不同于原品、再制造生产用毛坯不同于原新品、再制造产品零件失效形式可能不同于原品、再制造系统中各零件剩余寿命和剩余可靠度具有随机性等,这些特点影响着再制造产品系统的最终可靠性水平。

对再制造汽车产品进行可靠性分析,首先需要建立可靠性模型。可靠性模型主要包括框图模型和数学模型。因此,进行再制造产品系统可靠性预计,需要明确再制造产品系统结构特征和系统组成零部件的可靠性两个方面的要素,而再制造的不确定性因素决定了再制造产品的系统结构特征和零件的可靠性方面将不同于新品。

1. 再制造产品零件组成具有不确定性

再制造是将废旧产品完全拆解后,经过清洗、检测、分类、装配等工艺制成像新的一样的产品。再制造后汽车产品的系统结构相对于原来新品,可能会发生机械结构、电器电控系统变化或控制软件调教升级等,其中可能包含具有再使用价值的直接再使用件、经过再制造修复后的再制造件、原型新件、添加的原来结构上没有的新结构件、剔除的不需要的结构件,必要时有可能对软件进行调校升级甚至重新编写,系统的构成将发生较大变化,如图7-2所示。再制造产品系统结构的变化必然导致再制造产品的可靠性模型相比原品发生变化。

图 7-2 再制造汽车产品的系统结构

2. 再制造产品功能要求可能变化

再制造产品规定的功能可能是原产品的功能,也可能用于其他功能。例如,车用发动机再制造后,可能用于非车用(如用于柴油发电机组等),如图7-3所示。

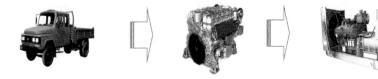

图 7-3 车用柴油发动机再制造后用于柴油发电机组

由于产品的用途、功能甚至系统结构发生了变化,产品的技术性能相比原品也会发生变化。可以是升级再制造后新的性能升级,也可以是降级再制造后的低水平的性能。再制造产品规定功能与原品发生了变化,则可靠性的要求和评估也将不同于原品。

例如,发动机是决定汽车动力性、燃料经济性和排放污染的主要总成。2001年9月1日,国家发改委规定停止生产和销售装有化油器式发动机的轻型车辆,新生产的轻型车辆必须装用电控发动机。我国汽车保有量中轻型车辆所占比例已经超过1/3,而这类车辆的绝大部分的排放性能也只是达到国Ⅱ或部分达到国Ⅲ的标准。2008年7月1日以后,新生产的轻型车辆要求全部达到国Ⅲ标准。因此,对于目前在用的化油器发动机进行再制造时,必然面临着技术性能升级的问题。

3. 再制造产品中零件工作条件可能变化

由于再制造产品的功能可能相对原品发生变化,若车用发动机再制造为非道路应用,则再制造发动机及其内部的零件使用条件将会发生变化。使用条件发生了变化,零件和产品的应力水平也将发生变化,因而产品可靠性的评定方法也将有所不同。目前对于转化功能和用途的再制造还不多,但也应当纳入考虑范围。

4. 再制造系统中零件失效形式可能变化

由于再制造系统的功能、应力水平发生了变化,再制造后系统中零件的失效形式将不同于原品。即使再制造后系统没有发生变化,经过修复后的零件,失效形式也可能会发生变化。例如,以磨损失效的齿轮,经过表面修复强化后,耐磨性大大提高,而耐疲劳性提高程度没有相同程度的提升,则再制造后的齿轮,有可能不会再以磨损的形式失效,而代之以疲劳断裂的形式失效。

5. 毛坯初始状态及剩余寿命具有随机性

新品生产时的毛坯是从原材料开始的,零件的生产过程统一,零件初始状态单一,易于掌握。而再制造产品的生产毛坯来自废旧不用的零件。有的是达到了使用年限,产品失效无法继续使用,即达到了物质寿命;有的是技术性能无法满足现有要求,即达到了技术寿命;而有的是技术性能仍然满足要求,而经济上不合算而弃用的产品,即达到了经济寿命。不同的失效形式,毛坯的质量状态也不一样。

6. 再制造修复技术对零件寿命延长不等

再制造的修复技术随着科技的进步越来越多,国外主要是换件修理法和尺寸修理法,而我国特有的表面工程修复法如表面电弧喷涂、纳米电刷度、激光熔敷、微弧等离子熔敷等可以增加废旧零部件的强度和耐磨性,保证经过修复后的零件寿命得到较大提升。

再制造的不确定性因素决定了再制造汽车产品的零部件组成性质可能发生变化,组成零件的剩余寿命和可靠性具有随机特性。总而言之,再制造过程具有各种形式,再制造产品相对于原品的变化具有多种形态,而最终可靠性水平的要求和保证也将具有多种要求。

7.2　汽车产品再制造型式

随着汽车产品的不断推陈出新,停产型号的配件供应日益成为车辆企业的负担,因此目前车辆企业经常采取广泛使用通用件和标准件的方式生产车辆,并且大幅提高新车型与停产车型之间的部件通用性,即采用相同或近似的平台生产换代车辆,注重车辆的造型、功能、质量及性价比,减少停产车配件的生产负担。世界主要车辆公司均保证车辆停产后一定周期内的配件及总成供应,但供应时间生产企业均没有承诺。

同时,汽车在设计时一般基于相似性、模块化、重用性和全局性的设计理念,产品系列上下代之间存在一定的技术遗传性。通过充分识别和挖掘存在于产品、零部件内部和加工过程中的几何相似性、结构相似性、功能相似性和过程相似性,利用标准化、模块化、系列化等方式,建立合理的产品族结构与产品配置规则,简化设计和重用企业现有技术与再生资源。

例如,同系列汽车配置的发动机尽管型号不同,但对于相同排量的发动机其主要尺寸参数基本上没有大的变动。就电控发动机来说,升级换代的相同排量的不同型号发动机在结构上的差别主要是气缸盖及配气机构。上述这些特点为电控发动机的再制造就提供了物质基础,使电控发动机再制造所需的"毛坯"具有一定的来源。

7.2.1　再制造型式定义

某系列汽车产品族包括第 1 代产品、第 2 代产品……第 n 代产品,产品的设计遵循了遗传性、模块化及重用性等原则,后一代的产品是前一代产品的技术改造升级产品。如果原型产品为第 3 代产品,报废后再制造目标产品为其第 1 代、第 2 代产品,并用于同系列车型使用,这种再制造型式称为退化型式;而如果原型产品为第 3 代产品,报废后再制造目标产品为第 4,5,…,n 代产品,并用于同系列车型使用,这种再制造型式称为进化型式;而原型产品为第 3 代产品,报废后再制造目标产品仍为第 3 代产品并用于同系列车型使用,则称为滞化型式;如果再制造目标产品为其他系列产品或完全转变功能用途,则称为转化型式,如图 7-4 所示。

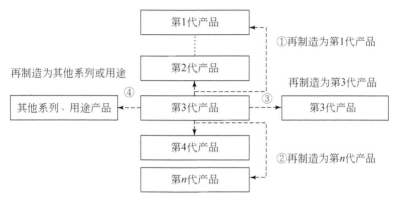

图 7-4　汽车产品的再制造型式
①退化型式;②进化型式;③滞化型式;④转化型式

7.2.2　进化型式

将技术水平较低代的产品再制造升级为技术水平较高代的产品,技术性能全面升级,这种再制造型式通常为废旧产品严重过时,远远无法满足目前的国家法规和技术标准,或老旧产品已无市场,再制造为技术水平较高代的产品,可以充分利用原来老旧产品的附加值,并适应国家新的法规要求和新的市场需求。

汽车产品的再制造是在产品使用多年进入报废之后进行的,随着产品技术水平的不断提高以及汽车法规标准的逐渐提高,原来的产品进入报废时可能已经过时或无法满足现有标准法规的要求。以电控发动机为例,有形的磨损可以通过表面修复重新再投入使用,而无形磨损的主要原因是已达不到新的、不断提高的技术标准。

汽车技术升级换代的周期越来越短,技术性能指标要求也越来越高。例如,根据 GB 18285—2000《在用汽车排放污染物限值及测试方法》的要求,装配点燃式发动机的在用轻型汽车排气污染限值指标在 7 年的时间内要求提高了 4.5 倍,如

表 7-1 所示。

表 7-1　汽车排气污染限值标准

时间 污染物	1995 年 7 月 1 日后	2002 年 1 月 1 日后
CO/%	4.5	1.0
HC/ppm	900	200

注:1ppm=10^{-6}。

　　因此,随着汽车技术的不断进步,汽车产品呈现出无形磨损大于有形磨损的特征。这不仅对维护技术水平要求越来越高,同样对发动机再制造时,整体技术水平也将有更高的要求。再制造时需要根据现有的技术标准和法规要求对原有产品进行改造升级,以满足社会对再制造产品技术性能的要求。根据目前的发动机再制造术水平,电控发动机的机械系统或零部件等可以通过再制造延长使用寿命。但与汽车燃料经济性、排放性法规要求紧密相关的控制系统的技术性能在电控发动机再制造时若不能相应地改进,而只是保持原有的性能,那么电控发动机的再制造从整体上来说就没有技术进步意义。对于电控发动机来说,在进行机械系统或零部件再制造时,必须根据新的法规标准进行控制系统性能升级或相应改造,以使电控发动机在整个产品级上达到性能升级的效果。例如,将国Ⅱ排放的发动机再制造后成为满足国Ⅲ排放水平的发动机用于同系列车型使用,这种再制造型式即为进化型式,如图 7-5 所示。

废旧车用国Ⅱ柴油机　　　　　　　同车系用国Ⅲ柴油机

再制造

图 7-5　进化再制造型式

　　通过进化型式再制造后的汽车产品,技术性能将超过原型新品,对其质量要求应与目标产品的质量进行比较,即技术性能与可靠性应不低于目标产品的新品技术性能与可靠性,而不是不低于原型产品新品的技术性能和可靠性。这种模式适用于目前进入报废的汽车产品已经严重不适于现行国家标准法规或者已经被市场淘汰的产品。

7.2.3　滞化型式

再制造目标产品与原型产品相同,技术性能、结构、可靠性不变。这种再制造型式是目前比较普遍存在的再制造型式,适用于尚没有退出市场且没有较大无形磨损,仅仅通过恢复有形磨损用于原来用途售后服务的产品。对技术升级没有特殊要求。这种再制造的型式,不必考虑过多的技术改动,只专注于废旧零部件的再使用、修复后使用,系统结构不发生变化,技术性能和可靠性等可以恢复到与原来新产品一样。例如,废旧车用国Ⅱ柴油发动机再制造为同车系用的原型产品,如图7-6 所示。

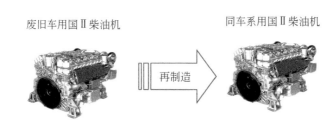

废旧车用国Ⅱ柴油机　　　再制造　　　同车系用国Ⅱ柴油机

图 7-6　滞化再制造型式

目前汽车零部件再制造产品基本用于原用途的售后服务配件使用,再制造试点企业的毛坯来源和销售渠道大都是通过售后服务点进行,将再制造的产品与用户报废产品置换,再制造产品的质量达到原来用户使用新品的要求。滞化型再制造型式的优点是再制造毛坯旧品和再制造新品的系统结构相同,零件互换性好,材料利用率较高,系统的失效形式基本与原型新品的失效形式一致(暂不考虑再使用件、再制造件失效形式与原新品可能的变化),只需要保证各个零件的可靠性满足使用要求,系统的可靠性分析较容易。

7.2.4　退化型式

退化型式的再制造型式,再制造时产品部分技术水平降低,但是仍然满足现有技术标准和法规的要求,同时也满足经济性,也就是降等级再使用。如果再制造生产线的主流产品为第 3 代发动机产品,而得到的毛坯是事故报废的最新款第 4 代发动机,仍有大量可以再使用、再制造的零部件和电控系统,再制造时可以根据再制造可以互换使用的零部件,进行降等再制造。例如,某发动机再制造企业的批量再制造毛坯和产品均为国Ⅱ的柴油发动机,收到少量的事故报废的国Ⅲ排放柴油发动机,则进行再制造时即可选择退化再制造型式,降等再制造为国Ⅱ发动机,如

图 7-7 所示。

废旧车用国Ⅲ柴油机　　　　　　　　　　同车系用国Ⅱ柴油机

再制造

图 7-7　退化再制造型式

退化再制造型式是为了顺应企业再制造批量生产的实际,充分利用现有技术水平较高的产品毛坯零部件而进行的。实际上再制造的过程所有的毛坯产品完全拆解,技术水平较高的毛坯可能分为几个部分进入再制造生产,一部分进入技术水平较低产品的再制造生产线进行退化再制造,另一部分进入相同技术水平产品的再制造生产线进行滞化再制造。再制造的型式只是针对其重新再利用部分所组装的再制造产品相对于其原型新品的技术水平而言。

7.2.5　转化型式

再制造后的产品转变了产品原来用途或转变了产品功能的再制造型式,称为转化再制造型式。例如,柴油发动机毛坯再制造成为燃气发动机、混合动力发动机、非车用发动机和其他车系用发动机的再制造型式,即为转化型式,如图 7-8 所示。

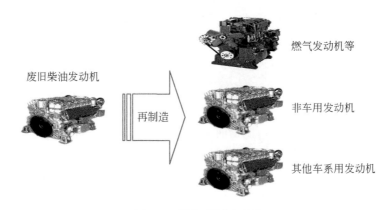

废旧柴油发动机

再制造

燃气发动机等

非车用发动机

其他车系用发动机

图 7-8　转化再制造型式

以某发动机再制造企业为例,在原型欧 0、欧Ⅰ排放柴油发动机的基础上,通过对进排气系统、缸盖、活塞、活塞环等进行重新设计,对电控系统集成匹配及标定、对后处理系统和发动机热管理系统进行设计优化后,再制造为满足欧Ⅲ、欧Ⅳ排放标准的 CNG、LNG 系列发动机。这种再制造型式的再制造发动机,整个系统发生较大改变,技术性能和可靠性也满足使用和国家法规要求。另外,废旧产品再制造为性能要求和可靠性要求相对较低的其他车用和非车用发动机,可以充分利用材料和产品零件的附加值,也是再制造比较灵活的实现形式。

7.3　汽车产品再制造模式

再制造型式反映了再制造对产品技术水平的一种改动和用途趋势,并不直接反映再制造对产品系统结构的变化。为了更好地构建再制造汽车产品系统可靠性模型,对再制造后系统结构的变化进行归纳,不同的结构变化形式定义为不同的再制造模式,基于不同的再制造模式,建立各再制造系统的可靠性模型,进一步评估系统内各零部件的可靠性水平并计算整个系统的可靠性。

汽车产品是机电液一体化产品,产品中包含机械部件、电器部件、控制软件,不同的部件可靠性分析方法也不一样。以典型的电控发动机为例,作为机电液一体化产品,机械部件的再制造方法与技术已经成熟,但是发动机电控系统由若干个由电子元器件构成的子系统组成,如发动机燃油喷射系统、微机控制点火系统等。除电子元器件等硬件外,还有基于控制原理和技术标准等编制的控制程序软件。硬件提供了获取控制信息和实现控制动作的物理条件,而系统软件程序则是实现控制性能的逻辑支持。电控发动机机械零部件的再制造主要是采用恢复其有形磨损为目的方法和技术,如机械加工法、表面技术恢复法。但是,对电子控制系统采用什么样的再制造方法和技术,目前还未有具体模式分类和选择依据。因此,根据产品再制造时采用的技术方案的差异和系统构成的改变,定义以下四种再制造模式,即再用模式、更新模式、改造模式和重置模式。

7.3.1　再用模式

再用模式下,再制造汽车产品的零部件全部使用原型产品的电控系统硬件和软件以及机械系统,没有软件的更改,也没有硬件结构的变化,只是针对失效的硬件系统进行换件、再制造修复和直接再使用原型旧件,这种技术方案称为再用模式,其最主要的技术特点是再制造系统的软件和硬件结构相对于原型新品没有发生变化,如图 7-9 所示。

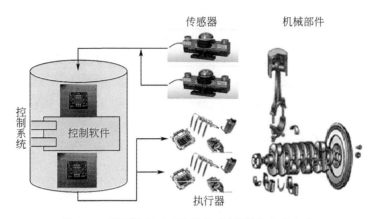

图 7-9　再用模式下系统软件、硬件结构均未变化

再用模式只是延长了发动机的使用寿命，对电控系统硬件和软件都不进行改造或升级，系统机械部分结构没有发生变化，产品的系统性能没有升级，达到原型新品的标准。目前，对汽车产品的再制造大都采用该模式，其技术要求只能达到原产品出厂时的标准。

7.3.2　更新模式

更新模式下，再制造过程只对电控系统的控制程序进行改进或更新，而对硬件结构不作任何改动，只是根据零部件的失效，再制造中对相应的零件进行替换、再制造修复和直接再使用原型旧件，这种技术方案称为更新模式，如图 7-10 所示。

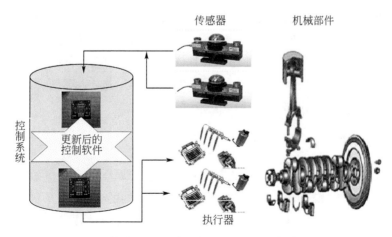

图 7-10　更新模式下系统软件调校升级、硬件结构未变化

更新模式只适用于有电控系统的总成零部件的再制造,这种模式是在新产品批量生产上市后,控制策略又有了新的方案,再制造时即可通过对控制软件按照更好的控制方案对电控系统硬件进行调校,以发挥出产品最大的潜能,以达到对单项或部分性能指标的改进与提高。

例如,欧洲最大的汽车软件开发商德基德克(Digi-Tec)公司可以通过对燃油喷射时间、喷射量及点火时刻的精准化调整,在完全保持汽车原始软件和硬件良好部分的前提下,最大限度地挖掘出发动机的潜在能力,降低油耗,抑制尾气排放,增加汽车的动力。对于有电控系统的汽车零部件,可以在再制造过程中,对其控制软件进行调校升级,也可以调校降级,使其满足再制造产品的特定要求,而对于没有电控系统的汽车零部件,则不存在更新模式这一再制造实现形式。

7.3.3　改造模式

再制造时对产品某个或某几个子系统进行改造,原型产品结构的基础上添加新的控制系统、机械系统硬件或者剔除部分不需要的控制系统、机械系统硬件,必要时在原控制系统软件的基础上,对控制软件进行扩展或删减,以适应新的硬件系统的添加或剔除,这种技术方案称为改造模式,如图 7-11 所示。

这种模式对系统的硬件有部分变动,功能和性能有所扩展或删减,以适应新的市场需求和法规要求。例如,将化油器式发动机再制造为电喷发动机即为此种模式。

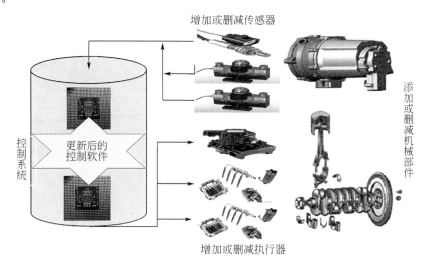

图 7-11　改造模式下系统硬件结构变化、软件必要时更新

7.3.4 重置模式

重置模式下,再制造时按最新的技术标准重新设计再制造发动机的电控系统软件和硬件系统,只是为了充分利用现有机械部件产品中的附加值,对部分机械部件进行再使用、再制造修复或补充原型新件或新型新件,这种技术方案称为重置模式。

以某企业再制造发动机为例,再制造毛坯的原型产品为国Ⅲ共轨柴油发动机,再制造目标产品为国Ⅳ排放标准的压缩天然气发动机。再制造时,在保持原型柴油发动机基本机械系统结构的基础上,对原柴油机的相关系统进行了更改,去除了燃油供给系统,增加了电控调压器燃气供给系统和点火系统,重新设计了电控系统,对燃烧系统、燃料供给系统、高能点火、进气系统和后处理系统进行优化匹配与控制,实现再制造发动机的高效低污染,再制造产品与原型产品技术指标的变化如表 7-2 所示。

表 7-2　某发动机再制造企业重置再制造模式技术参数变化

项目	原型产品技术指标	再制造产品技术指标
排量/L	9.726	9.726
缸径×行程/mm×mm	126×130	126×130
进气方式	增压中冷	增压中冷
主要结构特征	直列、六缸、四气门	直列、六缸、四气门
压缩比	17.5:1	11:1
燃料、点火方式	柴油、压燃式	天然气、电控点火
燃料供给系统	高压共轨喷射系统	电控调压器控制系统
额定功率/转速/[kW/(r/min)]	247～336/2200	250/2200
最大扭矩/转速/[N·m/(r/min)]	1350/1100～1600	1350/1200～1500
排放标准	国Ⅲ	国Ⅳ
最低燃料消耗率[g/(kW·h)]	≤195	≤205

7.3.5 再制造型式与再制造模式的特点

汽车产品的再制造型式反映了再制造对产品技术水平和用途的一种趋势,而再制造模式则直接反映了采取的某种技术方案和再制造对产品系统结构的改变。这两个定义不是同一个概念,但也具有一定的联系,确定了某种再制造型式的前提下,可以采用多种技术方案,实现多种再制造的模式,以达到市场的需求和企业的生产实际,再制造型式与再制造模式矩阵如表 7-3 所示。

表 7-3　汽车产品再制造型式与再制造模式矩阵

型式 ＼ 模式	再用模式	更新模式	改造模式	重置模式
进化型式	×	√	√	√
滞化型式	√	×	√	√
退化型式	×	√	√	√
转化型式	√	√	√	√

　　对再制造汽车产品的系统设计主要根据再制造的目的进行决策,如果仅仅恢复其原有功能,则采用再用模式,系统结构与原新品一致,没有软件和硬件结构的变动,再制造的产品组成的零部件主要包括状态较好不必修复的再使用件、经过修复的再制造件以及无法修复而必须更换的新件等,再用模式下可以实现滞化型式和转化型式,而不能实现产品的技术升级和降级,因而无法实现进化和退化再制造型式。

　　对于有控制软件参与工作的电控系统,如电控发动机、电控无级变速器等,如果采用更新模式,还需对控制软件进行调校更新,以实现某项或多项技术指标的改变,此时软件可靠性的变化也应考虑进来。软件调校的目的是改变某项技术性能指标,故更新模式下无法实现滞化再制造型式。软件的更新可以从低技术水平的产品调教为高技术水平的软件,实现技术性能的提升,实现进化或转化再制造型式,也可以反过来从高技术水平的产品调校为低技术水平的软件,实现技术指标的降低以实现退化或转化再制造型式。

　　如果采用了改造模式,则会在原产品基础上相应的增加新的或减除旧的硬件系统,必要时相应地扩展或删减其控制软件,产品的系统结构产生了变化,技术性能指标将可能有较大提升或降低,也可能没有变化,因而该模式下可以实现进化、退化、滞化和转化再制造型式。

　　若采用重置模式,则完全按照新的标准进行设计,其硬件系统和软件系统与原产品将会有较大的不同,再制造后产品的与原型新品相比,可能具有较大的技术水平提升,也可能有所降低或相同,也可能再制造产品的用途和功能完全发生变化,因此该模式可以实现进化、退化、滞化和转化等再制造型式。下面通过对捷达系列发动机技术参数进行整理对比分析,初步提出相应的再制造解决方案进行理论验证。

7.4　捷达系列发动机再制造模式

以捷达系列轿车为例,分析电控发动机再制造模式的选择问题。捷达系列发动机型号包括 ABX、ACR、AHP、ANL、ATK、BJG、BJT 等,该系列发动机排量都是 1.6L,缸径和活塞行程都是 81mm×77.4mm,所使用的材料都是铸铁缸体体,全铝缸盖。发动机缸体和曲轴的曲拐(曲轴最大处半径)尺寸一样,区别是活塞连杆、活塞、缸盖和电控系统不相同,具体技术参数如表 7-4 所示。

由此可见,该系列发动机在进行再制造时零部件具有很大的通用性,机械部分基本上经过传统的再制造加工之后就可以互换使用,发动机的改进主要是缸盖和配气机构部分,提高发动机排放要求主要是通过电控系统实现。

7.4.1　化油器发动机再制造模式

捷达轿车配置的化油器式发动机主要有 ABX、ACR 和 ANL 三种型号。按生产年代计算,现在已有部分在用车辆进入报废期。我国从 2000 年 9 月开始已经禁止生产配置化油器式发动机的轻型车辆。而且从 2008 年 7 月 1 日起,不再允许销售排放为国Ⅱ标准的汽车。因此,对此类发动机应采用进化或转化型式、改造或重置模式再制造为满足现行国家标准要求的发动机,但理论上可以采取滞化型式、再用模式实现该产品的再制造。

新 2 阀直列四缸化油器发动机 ANL 由普通捷达 2 阀发动机缸盖和新捷达王轿车 GTX5 阀发动机 EA113 AHP 的缸体构成,该发动机性能参数同 EA827 发动机(用于普通捷达车)相似,后来采用的是 ATK,04 款捷达后期和 05 款捷达开始都在使用新的 BJG 发动机,排放已达到国Ⅲ标准。

7.4.2　电喷发动机再制造模式选择

捷达轿车配置的电喷发动机主要有 5 气门(3 进 2 排)的 AHP、2 气门(1 进 1 排)的 ATK 和采用 RSH 技术的 2 气门(1 进 1 排)BJG 和 BJT 等几种。直列四缸 5 气门电控燃油喷射式发动机 EA113 AHP 是在 EA827 发动机基础上开发的新型横置 5 气门发动机,捷达轿车在 2001~2002 年就不再配置 AHP 型发动机。BJT 发动机是在原有动力总成 BJG 发动机上进行改进,经重新调校使其动力提升至 70kW,排放标准已达到国Ⅳ标准。

表 7-4　捷达系列轿车发动机参数及再制造模式选择

型号 参数	ABX	ACR	AHP	ANL	ATK	BJG	BJT
排量/L	1.6	1.6	1.6	1.6	1.6	1.6	1.6
功率/(kW/(r/min))	53/5200	53/5200	74/5800	51±5%/5200	64	68/5600	70/5600
扭矩/(N·m/(r/min))	121/3500	121/3500	150/3900	116±5%/3000	135	140/3500	140/3500
百公里油耗/L	6.9	6.9	6.5	6.9	6.3	6.1	6.1
排放标准	国Ⅱ标准	国Ⅱ标准	国Ⅱ标准	国Ⅱ标准	国Ⅱ标准	国Ⅲ标准	国Ⅳ标准
缸径×活塞行程/mm×mm	81.0×77.4	81.0×77.4	81.0×77.4	81.0×77.4	81.0×77.4	81.0×77.4	81.0×77.4
压缩比	8.5	8.5	9.3	8.5～9.0	9.5～9.0	9.3	9.3
汽油标号	90 号	90 号	91 号	90 号	95 号／90 号 （无铅）	93 号（无铅）	93 号（无铅）
喷射型式	2E2 型 化油器式	26/30DC 型 凯虹化油器式	闭环电喷控制 多点喷射	化油器式 （电动油泵）	SIMOS 3PW 发 动机管理系统， 闭环多点燃油顺 序喷射	电子燃油 多点喷射汽油机	电子燃油 多点喷射汽油机
点火型式	分电器点火	分电器点火	博世发动机 管理系统	电脑控制无分 电器电控点火	全电脑控制，静 态分电.四缸独 立点火	电控点火	电控点火

续表

参数＼型号	ABX	ACR	AHP	ANL	ATK	BJG	BJT
装载车型	捷达经济型 CL	捷达豪华型 GL；新经济型 CLX	捷达 1.6 捷达王 GT；新捷达王 GTX；都市阳光；新捷达王 AT/都市先锋	捷达 1.6 新捷达经济型 CEX；新捷达豪华型 GEX	捷达 1.6 CI：捷达电喷豪华型 GI；捷达前卫 CIX；捷达前卫豪华型 GIX	1.6L CIF；CIX-P 伙伴；CiF＋AT；GiF；CIX 05 纪念版	捷达 CIF 04、05 款 基本型、舒适型；05 款豪华型；CiF＋AT 舒适型
主要结构特点	EA827 直列四缸两阀化油器式，铝合金缸盖、铸铁机体	EA827 直列四缸两阀化油器式，铝合金缸盖、铸铁机体	EA113 直列四缸 5 气门电喷，在 EA827 发动机基础上开发的五气门发动机，铝合金缸盖、铸铁机体	新 2V 直列四缸化油器发动机。由普通捷达 2 阀发动机和 GTX 5 阀发动机缸体构成	直列四缸 2 气门喷射式发动机（MPI），在捷达 5 门电喷发动机的基础上全新设计，铝合金缸盖、铸铁机体	直列四缸水冷 2 气门顶置气门电子燃油多点喷射汽油机，采用 RSH 技术，全铝式缸盖、铸铁机体	在 BJG 发动机的基础上进行改进，重新调校，适应新排放法规要求
生产日期	1991.05～1997.07	1992.03～1999.12	1998.05～2002.01	1998.10～1999.12	1999.10～2004	2004 至今	2007.07 至今
可选择再制造型式	进化、转化	进化、转化	进化、滞化、转化	进化、转化	进化、滞化、退化、转化	进化、滞化、退化、转化	滞化、退化、转化
可选择再制造模式	改造、重置	改造、重置	再用、更新、改造、重置	更新、改造、重置	再用、更新、改造、重置	再用、更新、改造、重置	再用、更新、改造、重置

　　BJG 和 BJT 发动机仍然满足国家排放法规要求,因此,在进行再制造时可以采用滞化模式,也可以采用退化、进化和转化型式,通过再用模式、更新模式、改造模式和重置模式进行再制造的实现。

　　而 BJG 发动机与 BJT 发动机相互再制造时,仅仅采用更新调校控制程序的模式,也就是更新模式。同理,几款电喷发动机之间由于只是部分电控子系统的差异,因而其相互再制造时可以采用改造模式。

　　总之,本章首先介绍了再制造的技术特征;然后通过分析再制造对产品技术水平和用途的变化,提出了四种再制造型式,即进化型式、退化型式、滞化型式和转化型式;进而通过分析再制造采取技术方案对产品系统结构的改变,提出了四种再制造模式,即再用模式、更新模式、改造模式和重置模式,并分析了各种再制造型式和模式的特点及其关系;最后,以捷达系列发动机为例,通过对其产品族技术参数的变化分析,依据汽车产品的再制造型式和再制造模式理论,对化油器、电喷式发动机可能采取的再制造型式和再制造模式进行分析。

　　在不同的再制造模式下,再制造汽车产品的系统可靠性模型将会不同,对系统可靠性的预计也将不同于原型新品的方法,对汽车产品再制造型式和模式的研究,将为下一步再制造汽车产品的系统可靠性建模、可靠性预计和可靠性分配方法提供研究基础。

第8章　再制造汽车产品的可靠性预计及分配

8.1　再制造汽车产品的可靠性设计

设计阶段对产品的最终可靠性具有较大的影响,产品的可靠性取决于零件的可靠性和零件之间的关系。再制造设计对于再制造产品的可靠性也具有较大影响,对于再制造来说,在决策阶段,针对不同的毛坯和再制造目的,在失效分析的基础上采用不同的再制造技术手段,合理分配再使用件、再制造件和新件的部位、比例和数量指标,保证各零件的可靠性组装为产品后,其系统的可靠性不低于新品系统可靠性的过程,称为再制造汽车产品的可靠性设计。

通过分析再制造系统的零部件构成,对系统中零件的剩余寿命及可靠性进行计算分析,以获得最终产品的可靠性,该过程称为再制造产品可靠性预计;而确定了再制造产品最终系统的可靠性值,向下分配各零件的可靠性值,并由此决定该零件是采用新件、再使用件还是再制造件,该过程称为再制造产品可靠性分配。

8.2　再制造汽车产品的可靠性模型

再制造汽车产品是在原型产品的基础上,根据不同的再制造模式对系统进行修复、更新、改造、重置,再制造汽车产品的可靠性模型也是建立在原型新品的可靠性模型的基础上,根据不同的结构变化,对修正部分模型进行重建,其余部分模型保持与原品一致。对于系统中零件可靠性的变化,根据系统构成中采用不同的零件类型,如再使用件、再制造件和换新件,确定其零件可靠性相对于原型新品中对应零件的可靠性的变化,最终计算再制造产品的系统可靠性。

8.2.1　原型新品可靠性模型

原型产品作为成熟的工业化批量生产的产品,其零件及产品系统可靠性已有较为成熟的数据。零件的失效模式及其对产品系统故障的影响也已有较明确的模型。原型产品的系统可靠性框图模型一般在产品功能模型的基础上,通过分析各零件失效对总成、产品故障的关系,可以构建整个系统的可靠性模型。

以发动机为例,通过分析产品失效的直接原因,得出第一级失效子系统或零部件的可靠性,包含 n 个子系统或零部件的可靠性指标以 $R_1, R_2, \cdots, R_n$ 表示;再通过分析导致第一级子系统直接失效的第二级子系统或零部件,得出第二级子系统或零部件的可靠性,m 个子系统或零部件的可靠性指标以 $R_{n1}, R_{n2}, \cdots, R_{nm}$ 表示……以此类推,直至找到影响产品可靠性的最底层的零件,并最终建立起发动机原型新品的可靠性框图模型,如图 8-1 所示。由框图模型得出由零件可靠性之间及其与系统可靠性之间的关系,并计算最终原型新产品系统可靠性。

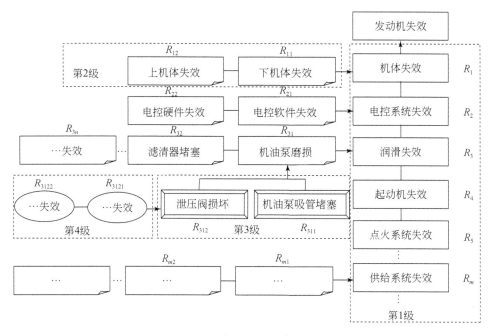

图 8-1 汽车发动机可靠性模型

通过对发动机原型产品可靠性模型进行简化,假设将其整合为含有 n 个子系统的串联系统,各子系统 $S_1, S_2, \cdots, S_n$ 之间相互独立,任何一个子系统的失效将导致产品的失效。若 n 个子系统的可靠性函数分别为 $R_1(t), R_2(t), \cdots, R_n(t)$,由此可得该串联系统的可靠性为

$$R_s(t) = R_1(t) \cdot R_2(t) \cdot \cdots \cdot R_n(t) = \prod_{i=1}^{n} R_i(t) \qquad (8\text{-}1)$$

假设经过再制造后,子系统相对原型新品有所变化,即 $S_1, S_2, \cdots, S_n$ 经过再制造后变为子系统 $S_1', S_2', \cdots, S_n'$,其可靠性分别为 $R_1'(t), R_2'(t), \cdots, R_n'(t)$,再制造后

系统的可靠性函数为

$$R_{srem}(t) = R'_1(t) \cdot R'_2(t) \cdot \cdots \cdot R'_n(t) = \prod_{i=1}^{m} R'_i(t) \tag{8-2}$$

若 $m > n$,则再制造后在原型新品的结构基础上增加了新的结构零件,或增加的结构零件数大于剔除的零件数。

若 $m < n$,则再制造的过程中,对系统中不再需要的结构零件进行了剔除,或者剔除的零件数大于新增加的结构零件数。

若 $m = n$,则再制造后系统的结构没有发生变化,或者新增加的结构零件数等于剔除的不需要的结构零件数。在不同的再制造模式下,各子系统的变化情况也不一样,再制造产品的系统可靠性模型也将不同。

假设再制造系统中,$m = n = 7$,S'_1 代表替换的原型新件子系统,S'_2 代表替换的新型新件子系统(系统结构未发生变化),S'_3 代表再制造系统中直接再使用的旧零件子系统,S'_4 代表经过再制造修复后的再制造件子系统,S'_5 代表再制造系统中的软件子系统,S'_6 代表再制造系统中新添加的原型产品中没有的结构零件子系统,$S'_7 = \Phi$ 表示再制造后剔除掉的子系统,如图 8-2 所示。

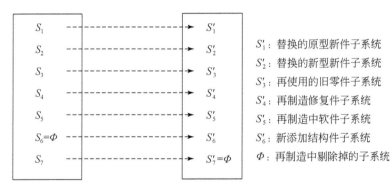

图 8-2　再制造后子系统相对于原型系统的变化

8.2.2　再用模式可靠性模型

再用模式下,再制造系统的硬件和软件系统相对于原型新品保持不变,再制造系统中零件数等于原型新品的零件数,系统中包括具有再使用价值的直接再使用件,经过再制造技术修复的再制造件和原型新件或新型新件。即该再制造模式下 $m = n$,系统的硬件和软件结构都没有发生变化,只是系统中零件的剩余可靠性有所不同,再制造系统的可靠性框图模型等同原型新品的模型,可靠性函数计算公式也与原型新品一致。

再制造系统中采用的原型新件子系统 $S'_1 = S_1$，其可靠性 R'_1 等于原型新品可靠性 R_1；替换的新型新件子系统 $S'_2 = S_2$，只是子系统可靠性 $R'_2 \geqslant R_2$；直接再使用的旧零件子系统 $S'_3 = S_3$，只是子系统可靠性 $R'_3 \leqslant R_3$；经过再制造修复后的再制造件子系统 $S'_4 = S_4$，只是再制造修复后的子系统可靠性不同于原新子系统，可能大于等于，也可能小于等于原型新子系统的可靠性，视不同的再制造修复技术而有所不同；再制造系统中的软件子系统等同于原型产品软件子系统，即 $S'_5 = S_5$；再用模式下没有硬件系统的增加和剔除，因而不存在 S'_6 和 S'_7。

8.2.3　更新模式可靠性模型

更新模式下，再制造系统的硬件相对于原型新品保持不变，而软件系统则进行了调教升级，以更好地开发汽车产品中的技术潜力，提升产品的技术性能。再制造后的系统中包括具有再使用价值的直接再使用件、经过再制造技术修复的再制造件和原型新件或新型新件，同时，软件系统经过更新以后，软件的可靠性也将纳入整个系统的可靠性考虑范围。该再制造模式下，系统的软件发生变化，而且构成零件的剩余可靠性相对于原型产品有所不同，再制造系统的可靠性框图模型等同原型新品，硬件系统的可靠性函数计算公式与原型新品一致，同时增加对软件系统可靠性变化的考虑。

再制造系统中采用的原型新件子系统 $S'_1 = S_1$，其可靠性 R'_1 等于原型新品可靠性 R_1；替换的新型新件子系统 $S'_2 = S_2$，只是子系统可靠性 $R'_2 \geqslant R_2$；直接再使用的旧零件子系统 $S'_3 = S_3$，只是子系统可靠性 $R'_3 \leqslant R_3$；经过再制造修复后的再制造件子系统 $S'_4 = S_4$，只是再制造修复后的子系统可靠性不同于原新子系统，可能大于等于，也可能小于等于原型新子系统的可靠性，视不同的再制造修复技术而有所不同；再制造系统中的软件子系统相对于原型产品软件子系统有所变化，即 $S'_5 \neq S_5$；更新模式下没有硬件系统的增加和剔除，因而不存在 S'_6 和 S'_7。

实际上，软件系统的变化将可能导致系统中零件的工作条件、应力水平发生变化，不同于原型新品的工作条件和应力水平，在这种情况下，零件的寿命和可靠性分布将不同于原型产品。例如，通过对电控发动机控制软件进行调校升级，系统点火时间、喷油时间等发生了变化，将导致活塞、曲轴等运动件的运动状态相对于原型产品发生变化，原型产品系统中零件的可靠性水平是在原来应力水平下的可靠性统计分布，而应力水平改变后，再制造系统中相同部位即使采用了原型新件，其可靠性寿命分布也可能发生变化，则此种情况下，要衡量再制造系统的可靠性，需要在新的软件系统下,装配由全新零件组成的产品进行该应力水平下的可靠性统计,进而计算再制造后系统中再使用件、新件、再制造件的可靠性寿命分布和系统可靠性水平。

由于重新统计新的应力水平下原型新产品及其零件的可靠性水平工作量较大,难以实现。因此本书在衡量更新模式下再制造系统可靠性水平时,只考虑软件系统的变化对再制造系统可靠性的影响,而暂不考虑由软件系统引起应力水平变化而导致的零件可靠性分布变化问题。

8.2.4　改造模式可靠性模型

改造模式下,软件系统在原型控制方案的基础上进行了扩展优化,相应地,再制造系统的硬件相对于原型新品也将进行增加或剔除,以适应新的控制方案,更好地开发汽车产品中的技术潜力,提升产品的技术性能。再制造后的系统中包括具有再使用价值的直接再使用件、经过再制造技术修复的再制造件和原型新件或新型新件。同时,软件系统和相应的新增电控硬件系统经过更新扩展以后,软件和新增硬件的可靠性也将纳入整个系统的可靠性考虑范围,同时可能会剔除部分无用结构零件子系统,该部分的可靠性也应当进行统筹考虑。

该再制造模式下,系统的软件发生变化,而且构成零件的剩余可靠性相对于原型产品有所不同,再制造系统的可靠性框图模型在原型新品的基础上增加或剔除部分硬件结构子系统,因此该模式下,软件系统、新增硬件系统和剔除硬件系统的可靠性模型将不同于原型新品。

该模式下,再制造系统中采用的原型新件子系统 $S_1' = S_1$,其可靠性 R_1' 等于原型新品可靠性 R_1;替换的新型新件子系统 $S_2' = S_2$,只是子系统可靠性 $R_2' \geqslant R_2$;直接再使用的旧零件子系统 $S_3' = S_3$,只是子系统可靠性 $R_3' \leqslant R_3$;经过再制造修复后的再制造件子系统 $S_4' = S_4$,只是再制造修复后的子系统可靠性不同于原新子系统,可能大于等于,也可能小于等于原型新子系统的可靠性,视不同的再制造修复技术而有所不同;再制造系统中的软件子系统相对于原型产品软件子系统有所变化,即 $S_5' \neq S_5$;改造模式下硬件系统的增加和剔除的情况也可能存在,因而原型产品中没有,而在再制造过程新增加的子系统 S_6' 对应的原型产品子系统 $S_6 = \Phi$,即不存在的子系统,故其可靠性为1;而原型产品中的子系统 S_7 被剔除后得到 $S_7' = \Phi$,即该部分子系统的可靠性为1。

8.2.5　重置模式可靠性模型

重置模式下,软件系统与原型控制方案相比发生完全变化,再制造系统的硬件相对于原型新品也将完全不同,而是以新的技术标准重新设计软件系统和硬件系统,只是利用了部分具有再使用价值的旧件和经过修复的再制造件。

该模式下,再制造产品的系统可靠性模型按照新产品设计的可靠性建模方法进行重新构建,首先按照设计方案,系统中完全采用新件构建起重置新产品系统可靠性模型和分析方法,若重置系统新品子系统分别为 $S_1,S_2,\cdots,S_n$,可靠性分别为 $R_1(t),R_2(t),\cdots,R_n(t)$,重置系统的再制造品子系统分别为 $S_1',S_2',\cdots,S_n'$,可靠性分别为 $R_1'(t),R_2'(t),\cdots,R_n'(t)$,在通过模拟分析和试验验证得到重置新产品系统和零件的失效关系和零部件可靠性分布后,即可得到再制造系统的可靠性模型,有 $S_1,S_2,\cdots,S_n$ 等同于 $S_1',S_2',\cdots,S_n'$,只是由于子系统中部分零件可能为再使用件、再制造件等而不同于重置新品中相应子系统的可靠性。通过对系统中使用的直接再使用件、经过修复的再制造件在该应力水平下的剩余寿命和剩余可靠性来计算整个再制造系统的可靠性水平,如图 8-3 所示。

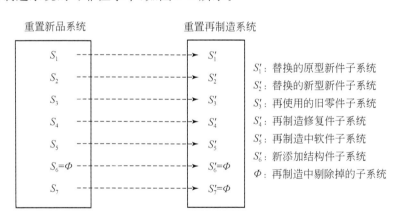

图 8-3　重置再制造系统中子系统与重置新品子系统关系

重置再制造系统中采用的原型新件子系统 S_1',其可靠性 R_1' 等于重置新品子系统可靠性 R_1(但由于零件应力水平可能发生变化,故不一定等同于原型新品子系统的可靠性);替换的新型新件子系统可靠性等于重置新品子系统可靠性 $R_2'=R_2$(但不一定等同于原型新品子系统的可靠性);再使用的旧零件子系统可靠性小于等于重置新品子系统的可靠性 $R_3'\leqslant R_3$(但不一定等同于原型新品子系统可靠性);经过再制造修复后的再制造件子系统可靠性不同于重置新品相应子系统的可靠性,可能大于等于,也可能小于等于重置新品子系统的可靠性,视不同的再制造修复技术而有所不同;再制造系统中的软件子系统相对于原型产品软件子系统等同于重置再制造产品软件子系统可靠性。

8.3　再制造可靠性术语及定义

下列术语和定义适用于再制造汽车产品的可靠性建模和可靠性统计分析。

(1)t 代表零件的工作时间,为变量。

(2)x 代表再制造产品中零件的工作时间:在再制造产品中,原新件、再制造件和新添加件的工作时间,$t=x$;而对于再使用件的工作时间,$t=\sum t_m + x$。其中,$\sum t_m$ 为零件首次投入使用到第 m 次再使用前的工作时间($m=1,2,\cdots$)。

(3)n 代表再制造产品中子系统或零部件的数量。

(4)$f(t)$代表子系统或零部件的失效概率密度函数:

$$\int f(t)\mathrm{d}t = 1 \tag{8-3}$$

(5)$F(t)$代表零件的失效概率函数:

$$F(t) = \int f(t)\mathrm{d}t \tag{8-4}$$

(6)λ 代表故障率:零部件或产品工作到某一时刻 t 时尚未发生故障,在该时刻后单位时间内发生故障的概率,可由下式计算:

$$\lambda(t) = \Delta m(t)/N_s(t) \cdot \Delta t \tag{8-5}$$

其中,$\Delta m(t)$为时间间隔 Δt 内发生故障的零部件数量;$N_s(t)$为零部件或产品工作到 t 时刻的正常数量;Δt 为时间间隔。

(7)$f_1(t)$代表原型新件的失效概率密度函数:再制造系统中如果采用原型新件,则再制造系统中该零件的工作时间 $t=x$。

(8)$f_2(t)$代表再制造系统中代替原型新件的按照新的标准设计的新型新件:随着技术的进步,按照新的标准设计的新型新件的技术含量一般高于原型新件,因而其可靠性通常高于原型新件的可靠性,其工作时间 $t=x$。

(9)$f_3(t)$代表再制造系统中直接再使用件的失效概率密度函数:再使用件是经过了一个产品寿命周期后仍然具有使用价值的零部件,该零件的工作时间等于首次投入使用到第 m 次再使用前的工作时间加上之后的使用时间,即 $t=\sum t_m + x$。

(10)$f_4(t)$代表再制造系统中再制造件的失效概率密度函数:该类零件经过修

复后,寿命可能大于原型新件,也可能等于或低于原型新件,但仍满足产品的一个寿命周期使用要求,其初始状态视为已知,即剩余寿命为已知,则其工作时间 $t=x$。

(11) $f_5(t)$ 代表产品中软件的失效密度函数:如果再制造系统中的软件没有经过调校更新,则工作时间等于首次投入使用到第 m 次再使用前的工作时间加上之后的使用时间,即 $t=\sum t_m+x$;$f_5'(t)$ 代表再制造产品中经过调校更新的软件的失效概率密度函数,其经过再制造后的初始状态视为已知,则再制造系统中该软件的工作时间 $t=x$。

(12) $f_6(t)$ 代表再制造系统中新添加结构中零件的失效概率密度函数:该零件通常为原型结构中没有的零件,采用新标准设计的新件,故其工作时间 $t=x$。

(13) $f_7(t)$ 代表再制造系统中剔除掉的,而原型新品中存在的结构零件的失效概率密度函数:该部分零件剔除以后在新的再制造系统中的可靠性可视为完全可靠,即 $R_7(t)=1$,故在再制造系统可靠性计算时不用考虑。

8.4　再制造汽车产品系统可靠性预计

如上所述,再制造产品的系统中包含原型新件(S_1)、新型新件(S_2)、再使用件(S_3)、再制造件(S_4)、未调校更新的软件(S_5)、经过调校更新的软件(S_5')以及新添加结构(S_6)等几种类型的子系统或零部件。由上面的分析可知其失效概率密度函数分别为

$$f_1(t=x), \quad f_2(t=x), \quad f_3\Big(t=\sum t_i+x\Big), \quad f_4(t=x), \quad f_5\Big(t=\sum t_i+x\Big)$$
$$或 f_5'(t=x), \quad f_6(t=x), \quad f_7(t=x)$$

因此再制造系统中相应的子系统或零部件的可靠性函数分别为

$$R_1(t=x), \quad R_2(t=x), \quad R_3\Big(t=\sum t_i+x\Big), \quad R_4(t=x), \quad R_5\Big(t=\sum t_i+x\Big)$$
$$或 R_5'(t=x), \quad R_6(t=x), \quad R_7(t=x)=1$$

选择不同的再制造模式,再制造产品的系统结构将有所不同,再制造系统的可靠性模型也就不相同,则再制造产品的最终系统可靠性计算方法也将不同。根据产品再制造模式的不同,基于串联系统性质的再制造产品可靠性计算方法如下。

8.4.1　再用模式可靠性预计

再用模式下,对原型产品的系统结构不作任何改动,没有软件的更新调校,也

没有新添加结构零件和去除结构的零件,只对失效的零部件实行更换原型新件
(S_1)、新型新件(S_2)、再使用件(S_3)、再制造件(S_4)、未调校更新的软件(S_5)等几种
零部件,零件数目与原型新件的数目相同,则该模式下再制造产品的可靠性函数为

$$R_{pr}(t=x) = \left[\prod R_{1,i}(t=x)\right]\left[\prod R_{2,u}(t=x)\right]\left[\prod R_{3,j}\left(t=\sum t_m + x\right)\right]$$
$$\left[\prod R_{4,k}(t=x)\right]\left[R_5\left(t=\sum t_m + x\right)\right] \tag{8-6}$$

其中,i 表示再制造系统中原型新件的数目;u 代表再制造系统中新型新件的数目;
j 代表再制造系统中再使用件的数目;k 代表再制造系统中再制造件的数目,且原
型新产品中零件数目等于再制造系统中零件数目,即 $n=i+u+j+k$。

　　该模式下再制造系统的可靠性由系统中原型新件、新型新件、再使用件、再制
造件和未经调校更新的软件等几种类型的零件的可靠性共同决定。知道了各种零
件的数目及其可靠性值之后即可计算得出再制造系统的可靠性指标。

8.4.2　更新模式可靠性预计

　　更新模式下,软件进行调校更新,因此软件的可靠性变化也将考虑进来(暂不
考虑由软件更新而导致系统应力水平变化造成的零件寿命分布的变化,即假定再
制造系统中零件的应力水平和寿命分布与原型新品中一致)。更新模式的再制造
系统结构包括原型新件(S_1)、新型新件(S_2)、再使用件(S_3)、再制造件(S_4)、经调校
更新的软件(S_5),再制造系统的零件数等同于原始产品。因此更新模式下,再制造
系统的可靠性函数为

$$R_{pr}(t=x) = \left[\prod R_{1,i}(t=x)\right]\left[\prod R_{2,u}(t=x)\right]\left[\prod R_{3,j}\left(t=\sum t_m + x\right)\right]$$
$$\left[\prod R_{4,k}(t=x)\right]\left[R_5'(t=x)\right] \tag{8-7}$$

其中,i 表示再制造系统中原型新件的数目;u 代表再制造系统中新型新件的数目;
j 代表再制造系统中再使用件的数目;k 代表再制造系统中再制造件的数目,且原
型新产品中零件数目等于再制造系统中零件数目,即 $n=i+u+j+k$。

　　该模式下再制造系统的可靠性由系统中原型新件、新型新件、再使用件、再制
造件和经调校更新的软件等几种类型的零件的可靠性共同决定。知道了各种零件
的数目及其可靠性值之后即可计算得出再制造系统的可靠性指标。

8.4.3　改造模式可靠性预计

　　改造模式下,产品添加了新结构零件,或者不需要的结构零件被剔除,必要时

软件将进行调校更新以适应新的硬件结构。改造模式的再制造系统结构包括原型新件(S_1)、新型新件(S_2)、再使用件(S_3)、再制造件(S_4)、未经调校更新的软件(S_5)或经调校更新的软件(S_5')以及新添加的结构零件(S_6)、剔除的结构零件($S_7 = \Phi$)等,再制造系统的零件数不等于原始产品零件数(新增加数等于剔除数时相等)。因此该模式下再制造系统可靠性函数为

$$R_{pa}(t=x) = \left[\prod R_{1,i}(t=x) \right]\left[\prod R_{2,u}(t=x) \right]\left[\prod R_{3,j}\left(t = \sum t_m + x \right) \right]$$

$$\left[\prod R_{4,k}(t=x) \right]\left[R_5'(t=x) \right]\left[\prod R_{6,a}(t=x) \right]\left[R_7(t=x) \right] \quad (8\text{-}8)$$

其中,i 表示再制造系统中原型新件的数目;u 代表再制造系统中新型新件的数目;j 代表再制造系统中再使用件的数目;k 代表再制造系统中再制造件的数目;a 代表再制造系统中新添加的原型产品中没有的结构零件数。原型新产品中零件数目不等于再制造系统中零件数目,即 $n \neq i + u + j + k$,只有新添加零件数等于剔除掉的零件数时原型新产品中零件数目等于再制造系统中零件数目,且 $R_7(t=x)=1$。

该模式下再制造系统的可靠性是由系统中原型新件、新型新件、再使用件、再制造件和经调校更新的软件等几种类型的零件的可靠性共同决定的(当软件没有调校更新时公式中 $R_5'(t=x)$ 替换为 $R_5\left(t = \sum t_m + x \right)$)。当知道了各种零件的数目及其可靠性值之后即可计算得出改造模式下再制造系统的可靠性指标。

8.4.4 重置模式可靠性预计

重置模式下,再制造系统的结构将与原型产品有较大的不同,大部分子系统按照新的要求和标准重新设计,只有部分零件使用原型新件、新型新件以及报废原型产品中的再使用件、再制造件,但即使原型新品中的新件放入该重置再制造系统中,零件的应力水平和寿命分布也不再服从原来的分布,即其在重置系统中的可靠性 $R_1'(t=x)$ 已经不再等于原型新品中的可靠性 $R_1(t=x)$。

首先按照设计方案,再制造系统中完全采用新件构建起重置新产品系统可靠性模型,各子系统或零部件的可靠性分别为 $R_1', R_2', \cdots, R_n'$,在通过模拟分析和试验验证得到重置新产品系统和零件的失效关系和零部件可靠性分布后,即可得到再制造系统的可靠性模型。

原型产品中的新件在重置再制造系统中的可靠性函数假设为 $R_1'(t=x)$,新型新件在重置系统中的可靠性函数为 $R_2'(t=x)$;原型产品再使用件在重置系统中的可靠性函数为 $R_3'\left(t = \sum t_m' + x \right)$,其中 $\sum t_m'$ 为再使用件从投入使用到第 m 次再

使用前,在重置系统中的当量工作时间,不同于其在原型系统中的工作时间,根据在原型产品中和重置系统中的应力水平之比进行换算;再制造件在重置系统的可靠性函数为 $R'_4(t=x)$,重新设计的控制软件可靠性函数为 $R''_5(t=x)$;重置系统中相对于原型产品扩展增加的子系统或零部件可靠性为 $R'_6(t=x)$。则在重置再制造模式下,再制造产品的系统可靠性函数为

$$R_{\text{preset}}(t=x) = \left[\prod R'_{1,i}(t=x)\right]\left[\prod R'_{2,u}(t=x)\right]\left[\prod R'_{3,j}\left(t=\sum t'_m+x\right)\right]$$
$$\left[\prod R'_{4,k}(t=x)\right]\left[R''_5(t=x)\right]\left[\prod R'_{6,a}(t=x)\right] \tag{8-9}$$

其中,i 表示再制造系统中原型新件的数目;u 代表再制造系统中新型新件的数目;j 代表再制造系统中再使用件的数目;k 代表再制造系统中再制造件的数目;a 代表再制造系统中新添加的原型产品中没有的结构零件数。该模式下再制造系统的可靠性由系统中原型新件、新型新件、再使用件、再制造件、重新设计的软件和硬件等几种类型的零件的可靠性共同决定。

8.5　指数分布下再制造产品的可靠性

8.5.1　机械部件的可靠性

产品机械部件可靠性预计中通常假设零件服从指数分布。服从指数分布下的零件可靠性函数为

$$R(t) = e^{-\lambda t} \tag{8-10}$$

其中,t 是零件到时刻 t 没有发生失效的概率。因此对于 n 个独立部件组成的串联系统特性的产品,系统的可靠性函数为

$$R_{\text{system}}(t) = e^{-\sum \lambda_i t} \tag{8-11}$$

因此

$$\lambda_{\text{system}} = \sum \lambda_i t \tag{8-12}$$

其中,λ_i 是第 i 个部件或零件的失效率,$i=1,2,\cdots,n$;系统的失效率为单个元素或部件失效率之和。

8.5.2　产品软件的可靠性

浴盆曲线(bathtub curve)是复杂系统或产品全寿命周期的可靠性基本分析方法,即使是对软件同样可以适用。按照这样的观点,软件的可靠性问题具有以下

特点：

（1）第一阶段，是软件编程完成后，排除差错期。

（2）第二阶段，是软件使用中排除遗留的差错并立即修正期，其事后维护部分是修订版本。

（3）第三阶段，是软件的功能、性能的本质部分或相当多的部分变得难于继续使用的时期。反复改版可以推迟第三阶段的出现，延长软件的试\使用期。但是，从系统组成硬件部分的功能和性能要求上来看，改版软件超过一定程度就会影响软件与硬件之间的协调。

原产品长时间地使用，会由于硬件的老化或耗损造成软件的适应性变差，导致系统或产品的功能衰退或故障率增加。因此，系统（包括软件和硬件）必须更新。

对于再制造产品，由于剔除了某些老化或磨损的部件，而再用件是故障率相对较低的零部件，新原件、再制造件等的性能和可靠性不低于原产品。因此，即使软件不升级也能保障产品的使用性能和可靠性。

8.5.3　原型产品可靠性分析

对于包含软件的原型产品来说，产品的可靠性（具有串联系统性质）取决于工作时间和组成零部件的数量。工作时间越长，零部件和产品的可靠性就越低；系统的可靠性取决于组成系统零部件数量和零部件的可靠性，系统的零部件越多，可靠性越差。当零部件服从负指数分布，并且产品的可靠性具有串联系统性质时，对于原产品的故障率为

$$\lambda_{po} = \sum \lambda_i + \lambda_{\text{software}} \qquad (8\text{-}13)$$

其中，$\lambda_{\text{software}}$ 是软件的故障率。

其可靠性函数为

$$R_{po}(t) = \exp\Big[-\Big(\sum \lambda_i + \lambda_{\text{software}}\Big)t\Big] \qquad (8\text{-}14)$$

其中，$i = 1, 2, \cdots, n$。

8.5.4　再制造产品可靠性分析

1. 再用模式系统可靠性分析

在这种再制造模式下，再制造产品的系统故障率为各子系统或零部件的故障率之和，即系统故障率等于再制造产品中原型新件、新型新件、再使用件和再制造

件以及软件的故障率之和：

$$\lambda_{pr} = \sum \lambda_{1,i} + \sum \lambda_{2,u} + \sum \lambda_{3,j} + \sum \lambda_{4,k} + \lambda_{\text{software}} \tag{8-15}$$

其中，i 表示再制造系统中原型新件的数目；u 代表再制造系统中新型新件的数目；j 代表再制造系统中再使用件的数目；k 代表再制造系统中再制造件的数目，且原型新产品中零件数目等于再制造系统中零件数目，即 $n=i+u+j+k$。

根据式(8-6)，其系统可靠性函数为

$$R_{pr}(t=x) = \exp\{-[(\sum \lambda_{1,i} + \sum \lambda_{2,u} + \sum \lambda_{3,j} + \sum \lambda_{4,k} + \lambda_{\text{software}})x$$
$$+ (\sum \lambda_{3,j} + \lambda_{\text{software}})t_m]\} \tag{8-16}$$

在再制造产品中，如果能减少再用件数 r，提高再制造件的可靠性并增加再制造件数 s，再制造产品的可靠性可能接近原产品的可靠性。同时，再使用件和软件的故障率都相对很低，因此对再制造产品的可靠性影响相对较小。

2. 更新模式系统可靠性分析

在这种再制造模式中，其产品的系统故障率为各子系统或零部件的故障率之和，即系统故障率等于再制造产品中原型新件、新型新件、再使用件和再制造件以及更新后的软件的故障率之和：

$$\lambda_{pu} = \sum \lambda_{1,i} + \sum \lambda_{2,u} + \sum \lambda_{3,j} + \sum \lambda_{4,k} + \lambda'_{\text{software}} \tag{8-17}$$

其中，i 表示再制造系统中原型新件的数目；u 代表再制造系统中新型新件的数目；j 代表再制造系统中再使用件的数目；k 代表再制造系统中再制造件的数目，且原型新产品中零件数目等于再制造系统中零件数目，即 $n=i+u+j+k$。

根据式(8-7)，其系统可靠性函数为

$$R_{pu}(t=x) = \exp\{-[(\sum \lambda_{1,i} + \sum \lambda_{2,u} + \sum \lambda_{3,j} + \sum \lambda_{4,k} + \lambda'_{\text{software}})x$$
$$+ (\sum \lambda_{3,j})t_m]\} \tag{8-18}$$

3. 改造模式系统可靠性分析

在这种再制造模式中，其产品的系统故障率为各子系统或零部件的故障率之和，即系统故障率等于再制造产品中原型新件、新型新件、再使用件、再制造件、更新（或未更新）的软件以及新添加结构件的故障率之和：

$$\lambda_{pa} = \sum \lambda_{1,i} + \sum \lambda_{2,u} + \sum \lambda_{3,j} + \sum \lambda_{4,k} + \lambda'_{\text{software}} + \sum \lambda_{6,a} \tag{8-19}$$

其中，i 表示再制造系统中原型新件的数目；u 代表再制造系统中新型新件的数目；

j 代表再制造系统中再使用件的数目;k 代表再制造系统中再制造件的数目;a 代表再制造系统中新添加的原型产品中没有的结构零件数。原型新产品中零件数目不等于再制造系统中零件数目,即 $n \neq i+u+j+k$,只有新添加零件数等于剔除掉的零件数时原型新产品中零件数目等于再制造系统中零件数目。

根据式(8-8),其系统可靠性函数为

$$R_{pa}(t=x) = \exp\{-[(\sum \lambda_{1,i} + \sum \lambda_{2,u} + \sum \lambda_{3,j} + \sum \lambda_{4,k} + \lambda'_{\text{software}} + \sum \lambda_{6,a})x$$
$$+ (\sum \lambda_{3,j})t_m]\} \tag{8-20}$$

在再制造过程中,通过部分改进产品结构进一步减少再使用件数量 r,并剔除高故障率零件后增加高可靠性的零部件数量 a,有可能使再制造产品的可靠性达到原产品。

4. 重制模式系统可靠性分析

在这种再制造模式中,其产品的故障率为各子系统或零部件的故障率之和,即系统故障率等于再制造产品中原型新件、新型新件、再使用件、再制造件、重置的软件以及新添加结构件的故障率之和:

$$\lambda_{\text{preset}} = \sum \lambda'_{1,i} + \sum \lambda'_{2,u} + \sum \lambda'_{3,j} + \sum \lambda'_{4,k} + \lambda'_{\text{software}} + \sum \lambda'_{6,a} \tag{8-21}$$

其中,i 表示再制造系统中原型新件的数目;u 代表再制造系统中新型新件的数目;j 代表再制造系统中再使用件的数目;k 代表再制造系统中再制造件的数目;a 代表再制造系统中新添加的原型产品中没有的结构零件数。

根据式(8-9),其系统可靠性函数为

$$R_{\text{preset}}(t=x) = \exp\{-[(\sum \lambda_{1,i} + \sum \lambda_{2,u} + \sum \lambda_{3,j} + \sum \lambda_{4,k} + \lambda'_{\text{software}}$$
$$+ \sum \lambda_{6,a})x + (\sum \lambda_{3,j})t_m]\} \tag{8-22}$$

基于这种模式的再制造产品的零部件性能和可靠性相比原产品的性能都得到提高,因此这种再制造产品的可靠性可以达到或超过原产品的可靠性。

8.5.5 原型产品与再制造产品可靠性对比分析

通过前面的分析,上述四种再制造模式的产品与原型产品可靠性在服从指数分布的条件下,系统可靠性的比较关系如下:

$$R_{\text{preset}}(t=x) \geqslant R_{pa}(t=x) \approx R_{po}(t) \leqslant R_{pu}(t=x) \leqslant R_{pr}(t=x) \tag{8-23}$$

8.6　再制造汽车产品系统可靠性要求

可靠性分配是产品设计过程中从产品级（系统水平）可靠性要求到子系统或零件水平可靠性要求的过程，是可靠性预计的逆过程。如前所述，再制造系统的可靠性要求不低于原新产品，因此有

$$R_{s(\mathrm{rem})} \geqslant R_{s(\mathrm{orig})} \tag{8-24}$$

其中，$R_{s(\mathrm{rem})}$为再制造汽车产品系统可靠性；$R_{s(\mathrm{orig})}$为原型产品系统可靠性。

当再制造产品的系统可靠性目标确定后，剩余的工作就是将系统可靠性指标分配到各个组成零件和软件。再使用件的可靠性将随着时间而不断降低，然而高新再制造修复技术可能延长废旧零件的寿命，甚至可以超过原来新件的寿命，因而其可靠性将会有所提升，甚至达到或超过原来新品。再制造系统中采用的原型新件可靠性不变，而新设计的性能、可靠性超过原来零件的新型新件可靠性可能超过原型新件，当有软件控制的硬件系统发生变化或软件单纯调校升级时，软件的可靠性影响也应考虑。

因此对再制造产品来说，可靠性分配就是在再制造设计阶段，装配前根据各零件的剩余寿命和剩余可靠度确定好再制造系统中再使用件、再制造件、原型新件和新型新件的部位、比例和数量，以确保各类零件组合而成的系统可靠性不低于原来新品甚至更高。

8.7　再制造汽车产品可靠性分配原则

在新产品的设计过程中，对系统中子系统或零部件的可靠性分配原则主要包括以下几个方面：复杂度高的子系统应分配较低的可靠性指标要求；技术不成熟的子系统和单元分配较低的指标；处于重要度高的子系统和单元分配较高的可靠性指标等。而对于再制造汽车产品的可靠性分配，则有其特殊的要求，主要包括以下几个原则：保证系统可靠性原则、再制造成本最低原则、毛坯件充分利用原则以及保证产品安全性原则等。

8.7.1　保证系统可靠性原则

再制造系统可靠性分配的目标是零件组合的可靠性达到指定目标，再制造系统中包含各种类型的零部件，不同类型的零部件其剩余可靠性与原型新件相比具

有较大的随机性。再使用件的可靠性可能低于原型新件,原型新件的可靠性不变,新型新件的可靠性可能高于原型新件,再制造修复的零件剩余可靠性可能低于、等于或高于原型新件。如果采用尺寸修理法,可能增加其磨损损伤的寿命,但对于疲劳损伤寿命则无法提高,但如果先进的表面工程技术,对零部件失效部位进行表面处理,改变其表面形态、化学成分、组织结构、应力状态,可以制备出优于本体材料的表层,使部件的耐磨、耐腐、耐温、耐压、抗疲劳强度等性能显著提高,则装配的产品可靠性可能优于原型新品。总之,再制造可靠性分配后,系统零部件可靠性组合后的系统应首要满足可靠性指标要求。

8.7.2　再制造成本最低原则

再制造汽车产品的优势在于以更低的成本和价格,实现新品同样的功能和质量,再制造的成本只是新品的 50%,节能 60%,节材 70%。如果再制造的成本较高,则丧失了再制造相对于新产品生产的竞争力和意义。因此在再制造过程中,对产品系统可靠性进行分配时,应当保证再制造的成本处于最合理的水平。

再制造产品中,全部采用再使用件的成本最低,然而再使用件的可靠性难以达到新产品的水平,因此再制造产品的系统可靠性将无法满足要求;如果全部采用新件,则再制造生产将与新产品的生产无异,体现不出再制造对资源循环利用的意义;如果全部采用再制造修复件,以目前的高技术修复的零件,产品的可靠性容易保证,但再制造修复的成本要比再使用高。但再制造的成本应当低于新品制造成本,否则再制造也将失去意义。同时,再制造生产中由于许多易损件先于产品失效,因此,再制造时对零部件进行修复再利用,必然需要添加部分新件。再制造产品的系统从生产成本的角度考虑,应当使得最终的生产成本最低,或者说再制造的收益较好。

从这个角度上来说,附加值含量较低的产品再制造的意义不大,例如,在美国,成本较低的再制造发电机、起动机已越来越少,再制造动力总成如发动机、变速箱、分动器等附加值含量较高的产品越来越多,只有产品的附加值高并且再制造成本低,再制造才能显现其较好的社会效益和经济效益。

8.7.3　毛坯件充分利用原则

再制造最重要的目的是发展循环经济,对材料及零部件中的附加值进行充分利用。因此,再制造应当在保证产品质量和可靠性的前提下,尽可能多地充分利用废旧资源。对于不必进行修复而可以直接进行再使用的零件以及可以通过再制造修复的零件,应当发挥其应有的作用。而对于目前技术水平难以延长其寿命以达到使用要求时,可以转换用途再使用、降等再使用,或者暂时存储。随着再制造修复技术的进步,待有能力进行修复再利用时,再进行重新利用。

因此,在再制造汽车产品可靠性分配时,尽量以全局性的角度,充分掌握目前批次投入再制造生产的毛坯的状态,进行综合考虑,争取全部进行再利用。对于目前由于技术上的障碍,或者经济上不实惠而暂时无法再制造使用时,尽量进行存储,以便于后期技术水平、经济性可行时能够再利用。

8.7.4　保证产品安全性原则

再制造汽车产品也是需要安装在汽车上并在道路上运行的,因此有些零部件决定着汽车的道路安全性、环境保护性以及能源的节约。汽车产品的再制造在发展循环经济、资源充分利用的同时,应当确保再制造的汽车产品不会造成对道路安全性、能源节约性以及环境友好型的破坏。在汽车产品的失效形式中,疲劳失效是一种危害性较高,且不可逆的失效形式。对于主要以疲劳形式失效的零部件产品,如果剩余疲劳寿命无法满足下一个生命周期,或者经过再制造修复后仍无法满足可靠性目标要求时,应当作为废弃物进行处理,或者暂时存储以待将来修复使用,或转化为其他用途、要求较低的零部件产品进行利用,以免再制造汽车产品的质量影响产品的安全性,影响人民财产安全和再制造产品的社会声誉,更容易制约汽车再制造产业的发展。

总之,再制造产品的可靠性分配,即装配前确定某零部件是采用直接再使用件还是采用新件、再制造修复件,是保证再制造产品系统可靠性满足要求的重要技术手段。通常,会综合统筹考虑系统可靠性、安全性、成本、利润以及资源的充分利用等各个方面的因素。通过多年的企业生产实践经验,对于必须更换为新件、建议更换为新件以及再制造中必须进行检测和必要的修复零件,应当建立一个零件库。例如,在汽车零部件再制造国家标准制定过程中,为了保证再制造后的发动机、交流发电机、起动机、转向器、变速器等零部件的质量,轴承、轴承套、橡胶件、塑料件等疲劳件、老化件、低值易耗件等对再制造产品可靠性影响较大的零部件,必须采用新件;可再制造零部件进入再制造生产流程前应当进行检测评估,必要时再进行修复。目前试点再制造的几个汽车零部件产品中,必须采用换新件的零件如表8-1所示。

表 8-1　汽车零部件再制造换新件列表

试点产品	必须换新件
发电机	轴承、轴承套
起动机	橡胶件、塑料件
转向器	O形圈、密封圈、防尘罩、钢球
机械变速器	密封垫、O形圈、油封、主轴承
自动变速器	密封垫、密封圈、油环、油封、塑料垫片、储压胶塞、滤网、阀体纸垫和胶垫、胶质球阀、胶活塞、拉索、真空控制阀
发动机	活塞、活塞环、缸套、主轴承、液压挺筒、连杆大头轴承及螺栓、喷油器、油泵偶件、缸盖螺栓、飞轮螺栓、止推片或止推轴承、连杆小头衬套、油封、密封垫、型芯塞、滤芯总成(过滤器总成)、链条齿、正时皮带或链及张紧装置等

8.8　再制造汽车产品的系统构成及可靠性

再制造汽车产品中,包含仍然具有再使用价值的再使用件、经过修复加工满足使用要求的再制造件、原型新件或新型新件以及更新或未更新的软件等。

8.8.1　原型新件

原型新件在原型产品中使用,已有长期的试验数据和实际使用数据支撑,在再用模式等用于原用途的再制造实现形式中,原型新件在再制造系统中的应力水平、使用环境与原型产品中一致,因此其可靠性分布可直接采用原型新件的分布。车辆与部件的可靠性与寿命主要通过实验方法与用户调查、采用统计技术分析得出,获得的结论与实验方法和手段、用户的使用条件、选择适当的统计理论等有密切关系,并且主要适用于机械磨损、疲劳损伤、性能衰退等方面。在非金属材料、电子电器设备及控制装置等方面,可靠性与寿命理论难以应用,主要以失效模式分析及预防为主。新零件的设计寿命预测相对简单一些,应用断裂力学理论建立断裂破坏行为的数学模型,并与加速寿命实验相结合进行产品剩余寿命评估。进行腐蚀与损伤动力学过程的模拟,建立自然环境中多因素非线性耦合作用下零部件腐蚀失效行为的数学模型,研究寿命预测方法;应用金属物理理论从零部件材料的显微组织的微观缺陷和变化上,研究零部件材料的失效行为并指导零部件的寿命预测。

然而,如果再制造产品相对于原型新品,其功能结构模型和可靠性模型发生变化时,原型新件在再制造系统中的应力水平和使用环境将不同于原型新品。例如,经过更新模式、改造模式和重置再制造模式后,原型新件在再制造系统中虽然仍然继续工作。但由于工作状态、应力循环等可能相对其在原型新品中发生变化,则其寿命分布将不同于原型新件在原型新品中使用的分布。此时,原型新件的可靠性分布应该采用其在再制造系统中相应的寿命分布,而不是原型新件的寿命分布。

8.8.2　新型新件

随着汽车产品新技术的不断出现,通过采用新材料、添加新材料等新技术设计的与原型新件功能结构相同,而性能、可靠性远远高于原型新件的零件,成为新型新件,其可靠性相对于多年以前的原型新件有一定程度的提高。在再制造系统中的可靠性分布不同于原型新件的分布,在改变系统模型的再制造模式下,也不同于其在原型新品中的可靠性分布,而采用其在再制造系统中相应的可靠性分布作为再制造产品系统可靠性分析的依据。

8.8.3　再使用件

再使用零件是指退役零件的剩余寿命仍然可以满足产品一个生命周期的零件,包括原型使用(用于原功能)、降等使用(类似或其他功能)等零件。首先给出以下几个定义:"汽车产品"定义为汽车整车、总成等能够完成特定使用功能的零部件的组合,如整车、发动机总成、起动机、发电机等;"汽车零件"定义为构成汽车产品的最小组成单位,如螺栓、连杆、曲轴、凸轮轴等。

产品的报废是指其寿命包括物质寿命、技术寿命和经济寿命的终结。产品的物质寿命由产品实体磨损,金属腐蚀材料老化,机件损坏等原因决定;产品的技术寿命由科技发展的速度决定;而产品的低劣化(因使用中维修费,燃料动力费,生产成本,停工损失逐渐增加等造成)决定其经济寿命。零件的报废则主要由于物质寿命的终结,有形磨损导致零件的报废,随着零件工作时间的增加,磨损量、疲劳损伤程度等有形物质磨损都随之而增加,当达到一定的程度,即最大可接受磨损量时,零件即报废。则零件的剩余寿命由最大可接受磨损量和现磨损量决定,如图 8-4 所示。

通常零件的设计寿命不等同于产品的设计寿命,某些易损易耗零件往往先于产品失效,通过维修换件保持产品继续工作,虽然设计的目标为产品中零件的等寿命设计,但实际上仍然有大量的零部件的寿命在产品进入报废时,仍然具有较长的剩余寿命,甚至可以维持多个产品寿命周期。例如,IEC 62309《含再用部件的产品的可靠性、功能性要求和试验》中阐述了零件寿命可以维持多个产品寿命周期的情

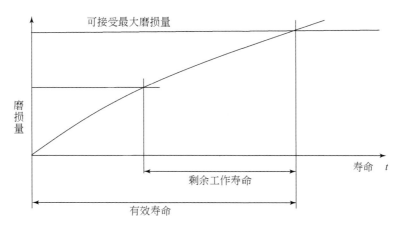

图 8-4　零件剩余工作寿命与磨损量的关系

形,如果再使用件的剩余寿命仍然超过产品的新品设计寿命,则仍可进入再制造直至剩余寿命小于产品设计寿命,如图 8-5 所示。

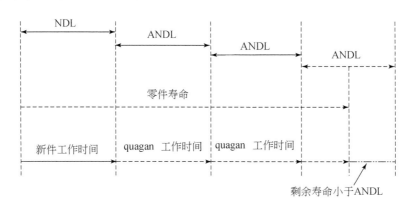

图 8-5　再使用件剩余寿命与新品寿命的关系

quagan:如同新品一样(qualified-as-good-as-new);NDL:新品设计寿命(new designed life),

新品的设计寿命小于零件的设计寿命;ANDL:等同新品设计寿命(as-new designed life)

　　零件的可靠度与其服役年龄直接相关,是时间的函数,因此零件的可靠度随着时间的推移逐渐降低,经过服役的零件,其可靠性的降低对再制造产品的可靠性是否产生影响以及产生多大的影响需要进行论证。通过对零件进行无损检测,得到零件的服役寿命 t_0,则通过零件的可靠性分布 $f_1(t)$,可以得到零件的剩余可靠度,可得其剩余可靠度 R_{residual} 为

$$R_{\text{residual}} = \int_{t_0}^{\infty} f_1(t)\,\mathrm{d}t \qquad (8\text{-}25)$$

　　一般再使用的零件是对系统可靠性的重要程度相对较小的零件,或者剩余寿命远远大于产品设计寿命的零件,对可靠性影响较大的零件,一般采用新件或成熟再制造技术修复的再制造件。

　　同样,如果再使用件用在等同于原型系统的再制造系统中,则再制造系统中该零件的可靠性分布与原型系统中该零件的分布相同。如果该再使用件用在改造、重置等使得系统结构发生变化的再制造系统中,零件所受应力情况和工作换件情况也将不同于原型产品中零件情况。此时再使用件的剩余可靠性计算时,不再采用原型零件的可靠性分布,而是采用再制造系统结构中该零件应力水平下的寿命分布 $f_2(t)$,如图 8-6 所示,可靠度 R'_{residual} 为

$$R'_{\text{residual}} = \int_{t_0}^{\infty} f_2(t)\,\mathrm{d}t \tag{8-26}$$

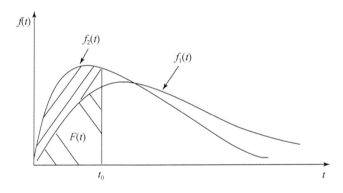

图 8-6　系统结构变化时剩余可靠度计算依据新的寿命分布

8.8.4　再制造件

　　再制造的对象(毛坯)是经历一次或多次服役周期的零部件,该零件是否还有剩余寿命,其剩余寿命是否再适应下一服役周期,是再制造加工前首先要解决的问题。把仍具有足够剩余寿命的可再制造零部件简单地进行材料回收,零部件中剩余的附加值就会丧失,造成巨大的浪费;而对含有隐性缺陷、没有足够剩余寿命的零部件不经过寿命预测就进行再制造装机使用,则会埋下安全隐患,影响再制造产品的质量和社会声誉,甚至酿成重大事故。然而再制造毛坯及再制造件的剩余寿命预测难度比新产品剩余寿命预测难度要大,因为运用寿命预测理论和计算方法时,服役后材料初始条件发生很大变化,如何判别零件的服役寿命是和在新再制造系统中的寿命分布是计算再制造毛坯和零件剩余可靠性的关键。

　　一般新零件设计寿命相对于新产品的设计寿命会有一定的寿命冗余,产品的失效是由薄弱环节的零件失效造成的。即产品进入极限状态时,有的零部件此时并未进入极限状态,甚至某些此时退役的零部件相对于新品的寿命仍有富裕,而对于剩余寿命不足以维持下一个生命周期的零件,可以通过再制造技术修复增加一段附加寿命,以使之维持下一个产品寿命,或转化为其他用途再使用,如图 8-7 所示。

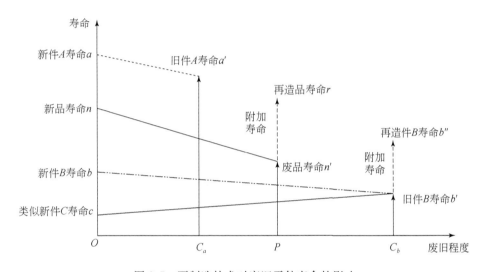

图 8-7　再制造技术对废旧零件寿命的影响

　　如图 8-7 所示,在产品某一时刻,产品寿命由 n 降低到 n',产品中零件 A 的寿命降低为 a',此时其剩余寿命仍大于新品寿命 n,则该类零件还可进行再使用;若退役零件剩余寿命小于新品寿命,但不至于进入极限状态。如果可以通过进行再制造使寿命延长达到甚至超过新件寿命,则在经济性可行的情况下还可能经过再制造而继续使用,如图中零件 B 的寿命降低为 b',但可通过再制造延长寿命到 b'',大于新件寿命 b 而通过再制造继续使用;如果无法通过再造延长寿命则放弃再利用,或降等使用,用于类似的,但是性能和可靠性要求相对较低的产品,即转化再使用,如零件 B 改造为新件 C 继续使用。判断产品和零件还可以经过多长的工作时间才能进入极限状态,即判断其剩余寿命是可靠性分析的关键环节。

　　国外采用的再制造技术主要是换件修理法和尺寸修理法,而我国目前的特色是以表面工程修复技术为支撑,不但能恢复零件的尺寸,还能够提高零件的耐磨性、耐腐蚀性以及抗疲劳性。目前主要的再制造修复技术如激光熔敷、表面喷涂、纳米电刷镀、堆焊、微脉冲电阻焊、高速电弧喷涂、微弧等离子熔敷等,图 8-8 所示为部分中国重汽济南复强动力公司的再制造修复设备。这些设备主要用于对废旧零部件进行涡流/磁记忆综合检测,以判断零件是否存在内部裂纹并预测零件的剩余寿命,进而可以计算零件的剩余寿命。同时对发动机连杆、缸体进行纳米电刷镀修复,对曲轴进行机器人自动电弧喷涂,对发动机气门进行自动化微弧修复等,以提高零件的表面性能和可靠性,提高最终再制造产品的系统可靠性。

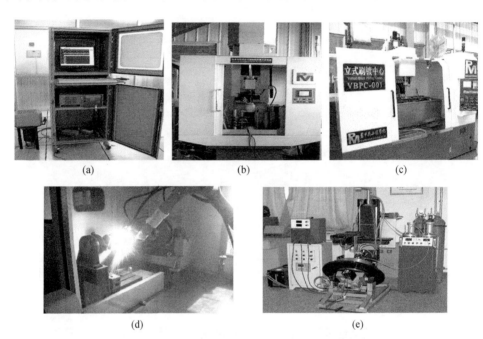

图 8-8　济南复强公司部分再制造修复设备示例

(a)涡流/磁记忆综合检测仪;(b)连杆纳米电刷镀设备;(c)缸体纳米电刷镀设备;
(d)机器人自动化电弧喷涂系统;(e)气门自动化微束等离子弧熔敷再制造系统

　　相同的废旧零件,如果采用不同的再制造技术进行修复,其延长的附加寿命和剩余寿命不一定相同。要判断再制造零件的剩余寿命,需要了解其损伤类型、失效机理以及再制造寿命延长等几个方面。

1. 再制造毛坯零件失效形式

　　造成零件失效的原因是在工作中受到一种或几种损伤,而导致其某一参数或几项参数降低,使其丧失使用价值。按照车辆组成材料的不同分为机械部件失效、塑料部件失效、电子部件失效等失效形式。不同的材料其损伤类型和失效机理不同,机械部件的失效形式主要有过量的变形、断裂和和表面损伤等,而电子部件的失效形式主要有漂移、老化等,如表 8-2 所示。不同的材料,其损伤类型和失效机理是不同的,其寿命预测方法也是不同的。机械零件失效的主要形式有断裂、磨损、腐蚀和变形,其中磨损、腐蚀和变形比较直观或者易于检测,只有引起断裂的疲劳寿命不易检测,零件的疲劳损伤是一个不可逆过程,零件经过一定次数循环加载后,其疲劳损伤程度一定,相对应的机械性能参数瞬态值一定;反过来,当材料机械性能参数瞬态值已知时,根据材料软化阶段或硬化阶段变化规律及载荷情况,便可得出材料的损伤程度,预测零件的剩余寿命。

表 8-2　汽车使用的材料类型及其损伤模式分析

零件类型	零件名	损伤模式	
金属机械部件	离合器、汽缸、轴承、齿轮副、凸轮、挺杆等	磨损	磨料磨损:如汽缸壁、农业及矿山机械零件
			黏着磨损:铝活塞与缸壁,轴承等
			表面疲劳磨损:如滚动轴承、齿轮副、凸轮和挺杆等
			腐蚀磨损:如曲轴轴颈氧化磨损、汽缸套低温磨损等
		变形	弹性变形、塑性变形:包括简单零件和基础件变形
		疲劳断裂	零件反复应力循环或能量负荷循环后发生的断裂
		腐蚀	包括化学腐蚀、电化腐蚀
		气蚀	零件表面与液体接触并有相对运动时产生的损伤
电子部件	ECU、车灯	连接失效	如短路、断路等,与元件本身无关
		击穿	如过压击穿、过流击穿和过热击穿等
		老化	如电容量减小、绝缘电阻下降、晶体管漏电等
工程塑料	塑料轴承	老化、疲劳破坏、磨损、刮痕、龟裂等	
皮革	真皮座椅	老化、磨损、刮痕、龟裂等	
橡胶部件	轮胎等	磨损、高温老化、疲劳、开裂等	
织物	安全带等	断裂、老化等	
玻璃	后视镜	破碎、磨损、划痕等	

2. 疲劳失效的零件剩余寿命预测

反映零件损伤程度的参数选取原则是:该参数能与零件的损伤程度形成一种映射关系,即随着损伤程度的增加,该参数的取值应该是单调的(单调增或单调减)。例如,随着损耗寿命增加,变形量、裂纹大小等参数值是增加的,如图 8-9 中曲线 1 所示。如果该参数值无法用现有工具直接测得,如微裂纹、应力集中等参数,则可以选择另一个参数间接衡量该参数的变化,再转化得到损耗寿命。如内部微裂纹和应力集中无法直接测得(假设为图中曲线1),则可以通过磁记忆参数等(假设为图中曲线2)来反映微裂纹和应力集中的大小,然后再转换得到其损耗寿命。即通过采用金属磁记忆技术检测了拉-压疲劳过程中预制缺陷试件表面的磁记忆信号变化规律,如在表面预制槽型缺陷的45钢试件的疲劳试验过程中,其表面磁信号在预制缺陷扩展后发生变化,且缺陷部位磁信号峰峰值随裂纹长度增加而持续增大,得出磁记忆信号峰峰值-疲劳裂纹长度的关系模型,最终可能实现金属磁记忆技术对再制造毛坯剩余寿命的定量判定。

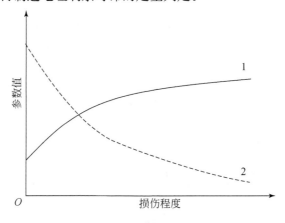

图 8-9　损伤程度与参数值关系

测定退役零件的损伤程度大致有感官检测法、测量工具检测法、无损检测法、金相检查(如断面、外表面)、塑性复制技术、机械性能测量(如蠕变、蠕变-疲劳)及硬度试验等几种方法。通过各种检测手段,测得零件的剩余寿命,即可根据剩余可靠性的计算公式获得零件的剩余可靠性。

3. 再制造修复对零件寿命的延长

目前的再制造技术主要包括两种类型:一种是减材料法,即通过对表面进行机械加工,使零件获得新的表面;另一种是加材料法,通过对零件的表面添加一层附加材料,使零件获得不同于原零件机体材料的性能和可靠性更高的新型表面。

(1)减材料再制造零件的剩余寿命预测。采用减材料再制造方法的零部件,剩余寿命与再制造前相同,即减材料法没有增加零件的疲劳寿命,对其剩余寿命的预测即为前述的再制造前零件的剩余疲劳寿命预测方法。例如,一些文献分析了发动机缸体可能产生的两种失效形式:气缸壁的磨损和由于材料疲劳累积损伤导致的失效。发动机经过再制造后,磨损导致的损伤,经过再制造切削加工后,配合新的尺寸零件,保证原有的公差配合,损伤完全可以消除;而疲劳累积引起的损伤,即使采用镗铣、磨削等机加工手段消除了表面裂纹,损伤并没有得到修复,其性能和安全性可能仍然存在问题。因此减材料再制造方法不能延长零件的疲劳寿命。

(2)加材料再制造零件的剩余寿命预测。不同的加材料修复技术,涂层的性能以及对零件寿命的延长都不相同,目前主要的加材料再制造修复技术主要包括纳米电刷镀、高速电弧喷涂、微弧等离子熔敷、微脉冲电阻焊、激光熔敷再制造、自动化纳米电刷镀以及自动化高速电弧喷涂等表面修复技术,可以恢复零部件表面磨损缺陷、提升零部件表面性能,目前主要用于曲轴、缸体、缸盖、凸轮轴、连杆、齿轮等零部件的再制造。

对于加材料再制造零件的剩余寿命预测,首先按照没有修复的情形计算零件的剩余疲劳寿命,采用的方法和上述减材料再制造时的方法一样。此时,问题的关键是采用加材料修复后,再制造零件的表面有了涂层,因此整个零件的磨损特性、疲劳特性已经发生了变化,需要将计算结果乘上修正系数。修正系数根据再制造修复工艺通过试验的方法得到。例如,采用电弧喷涂修复工艺的修正系数由式(8-27)确定:

$$K_c = \frac{\sigma_{\text{coating}}}{\sigma_{\text{substrate}}} \tag{8-27}$$

其中,σ_{coating} 为具有涂层材料标准试样疲劳极限;$\sigma_{\text{substrate}}$ 为机体材料标准试验疲劳极限。

8.8.5　控制软件

软件的可靠性是指电控系统中控制软件在规定的环境条件下和规定的时间内,能按照规定要求正确完成规定任务的能力。软件失效是程序在运行中出现偏离预期的正常状态的事件,也称为软件故障。

软件失效与硬件的失效模式不同,没有老化、磨损等现象,也不会有可以感觉到的预警现象。软件的故障主要包括程序跑飞、干扰导致的时序紊乱、非正常使用(中途断电、不按要求按键)以及程序设计错误等。再制造汽车产品若涉及控制软件的修改或重新编写,则再制造系统的可靠性应把软件可靠性及"软件-硬件"复合系统可靠性问题考虑进来。

软件的可靠性与产品的硬件可靠性有相似之处,但由于软硬件故障机理不同,其与硬件可靠性之间也有许多差别,在可靠性指标选择、设计分析手段以及提高方法都有其独有的特点。软件的环境条件涉及软件运行所需要的支持系统和相关因素,包括支持硬件(如主机、传感器、执行器)、操作系统和其他的支持软件等。

再制造汽车产品作为机电液一体化产品,软件的更新和重写,同样会导致零件的应力水平发生变化,在新的工作条件下运行的机械零部件的可靠性寿命分布也将不同于之前的分布,在再制造可靠性分配时,需要针对新系统的硬件可靠性分布变化而对系统中的软件、硬件可靠性指标进行分配。

8.8.6　新添加件

系统的可靠性由组成系统的子系统和零部件决定,由串联系统的可靠性模型可知,系统的构成越复杂,系统的可靠性指标越低。

因此,如果采用改造模式,在原型系统的结构基础上,新添加结构件,其余保留的系统保持不变,则对于再制造系统中的新添加结构零件,其可靠性必然小于 1,而其对应的原来产品中不存在的子系统可靠性为 1。对于重置系统,系统中的新添加件的可靠性寿命分布需要在新的系统下进行分析评定,原来保留部分零件的剩余可靠性计算也将采用新系统下的寿命分布进行重新计算。对于再制造系统中的新添加件,应根据其他部位再使用件、再制造件的可靠性情况,参照所能达到的技术水平,重新设计该类零件的可靠性指标。

总之,上述几类零件的可靠性相对于原型新件,可能高于原水平,也可能低于或等于原水平。在再制造系统可靠性分配的过程中,可以大体参照其可靠性分布范围进行初步分配。各类零件剩余可靠性的范围,如图 8-10 所示。

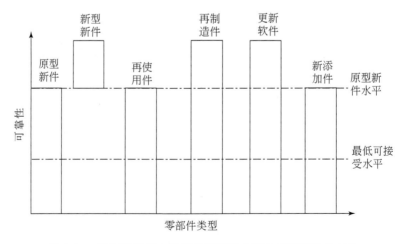

图 8-10　再制造系统中零部件可靠性水平与原型新件的对比

8.9 再制造汽车产品可靠度分配方法及要求

8.9.1 单部件再制造系统可靠性分配

如果再制造企业的产品为单零件再制造产品,该零件再制造企业作为再制造产品的一个供应商,则该情况下,零件可以是废旧产品中剩余寿命足够,仍旧具有较高剩余可靠性的再使用件。也可以是剩余寿命不足,但可以通过再制造修复技术延长其寿命,使之达到产品需要的程度。对于单部件再制造系统,系统可靠性即为其零件的可靠性,零件可靠性不低于原型新件,则系统可靠性即达到要求,单部件再制造系统若采用新件则失去了再制造的实际意义,单部件系统也可以用于转化型式再制造使用。

8.9.2 多部件再制造系统可靠性分配

对于多部件再制造系统,系统中可以包括再使用件、原型新件、新型新件、再制造件、软件以及新添加件等各种类型的零件。不同类型的零件对系统可靠性的影响程度不同,因此需要对各个不同部位的零件选择不同类型的零件,以确保再制造系统的可靠性水平。对于原型产品的系统可靠性分配,常用的系统可靠性的分配方法主要有等同分配法、相对故障率分配法、重要度分配法、复杂度以及比例组合分配法等。再制造系统的可靠性分配方法也基本可以采用这类方法,系统可靠度的分配应根据元件或零部件的重要程度、故障率、使用条件、工作负荷、制造可行性、生产成本等具体要求来确定。可靠性分配的过程是自上而下进行的,即系统—子系统—部件—零件的过程。而且无论采用什么方法,必须满足

$$f(R_1,R_2,\cdots,R_n) \geqslant R_s \tag{8-28}$$

其中,R_s 为系统可靠度总目标;R_i 为分配给各个子系统的可靠度,$i=1,2,\cdots,n$;$f(R_1,R_2,\cdots,R_n)$ 为分配后系统的可靠度函数。

下面将针对再制造产品生产特性及系统结构的技术特点,对几种再制造产品的系统可靠性分配方法进行分析。

8.9.3 等同分配方法

为达到系统或产品规定的可靠度水平,对各个子系统、部件或零件分配以相等的可靠度。具有串联性质的系统或产品,其可靠性取决于最薄弱的环节。基于这

种情况,单个子系统、部件或零件的可靠度取值再高,对系统可靠性的提高也无意义。因此,对串联系统,各个系统、部件或零件的可靠度应按等值分配,即

$$R_1 = R_2 = \cdots = R_n \tag{8-29}$$

则
$$R_s = R_1 R_2 \cdots R_n = \prod R_i = R_0^n \tag{8-30}$$

$$R_0 = R_s^{1/n} \tag{8-31}$$

对于再制造产品,由于使用了部分再使用件,其相对其原产品新件或再制造件的固有可靠度可能要低。但是,一般的情形是可再用件零部件的固有可靠性要比设计可靠性高,或者说其零部件的使用寿命比系统或产品的寿命高出 2~3 倍。

因此,为保证再制造产品的设计可靠性达到与原产品设计可靠性相同的要求,对于可再使用件必须要求其原新的零部件有较高的固有可靠度,以使再制造产品的设计可靠度有可能达到原产品的设计可靠度。

此外,在再使用件固有可靠度较低的情况下,对于再制造产品的可靠度分配不适于采用可靠度等同分配方法。

8.9.4 相对故障率分配法

相对故障率分配法是根据子系统、部件或零件的故障率与系统的故障率的比来进行分配。要求子系统、部件或零件的故障率之和小于系统故障率,即

$$\sum \lambda_i^* \leqslant \lambda_s^* \tag{8-32}$$

其中,λ_i^* 为分配给第 i 个子系统、部件或零件的故障率;λ_s^* 为按要求确定的系统故障率。

其方法是:根据资料确定子系统、部件或零件的故障率 λ_i;再计算系统或产品的故障率 λ_s 及每个子系统、部件或零件的故障率的加权因子 ω_i:

$$\lambda_s = \sum \lambda_i \tag{8-33}$$

$$\omega_i = \lambda_i / \lambda_s \tag{8-34}$$

因此,根据故障率的加权因子分配的故障率:

$$\lambda_i^* = \omega_i \lambda_s^* \tag{8-35}$$

对于故障概率密度服从指数分布的子系统、部件或零件,计算分配得到的可靠度为

$$R_i^* = \exp(-\lambda_i^* t) \tag{8-36}$$

相对故障率分配法适用于故障率为常数的串联系统,并且系统工作时间与子系统、部件或零件的工作时间相同的情况。但是,对于再制造的系统或产品,由于再使用件的工作时间比再制造系统或产品的长,因此,不可能直接采用此方法。

对于再使用件的故障率加权因子的分配,应按再使用的次数成倍的递减其加权因子。即对于再使用的子系统、部件或零件,其加权因子为

$$\omega_{i(\text{reused})} = [1/(m+1)](\lambda_{i\max}/\lambda_s) \tag{8-37}$$

其中,m 为子系统、部件或零件的再使用次数;n 为系统或产品的零部件总数;$\lambda_{i\max}$ 为系统或产品中子系统、部件或零件的最大故障率。

8.9.5　重要度分配法

由于组成系统或产品的各个子系统、部件或零件在系统或产品中有不同的重要性,因此应分配给不同的重要度。重要度大的子系统、部件或零件就应分配给高的可靠度,否则就应分配较低的可靠度。分配给第 i 个子系统、部件或零件的可靠度为

$$R_i^* = 1 - (1 - \omega_i R_s)/E_i \tag{8-38}$$

其中,E_i 为第 i 个子系统、部件或零件的重要度。

对于再使用件的加权因子 $\omega_{i(\text{reused})}$ 可以采用式(8-37)的计算方法。

8.9.6　复杂度分配方法

子系统或部件的复杂度是用构成子系统或部件的零件数与系统或产品零件总数的比来表示的,即

$$C_i = n_i/n \tag{8-39}$$

其中,n_i 为第 i 个子系统或部件的零件数;n 为系统或产品的零部件总数。

如果是串联系统,则有

$$\lambda_i/\lambda_s = n_i/n \tag{8-40}$$

若各个子系统或部件的可靠度服从指数分布,则

$$R_i = \exp(-\lambda_i t) \tag{8-41}$$

$$R_s = \exp(-\lambda_s t) \tag{8-42}$$

$$R_i^* = \exp(-\lambda_s t n_i/n) = [\exp(-\lambda_s t)]^{n_i/n} \tag{8-43}$$

由于此方法主要适用于子系统或部件的可靠度分配。因此,在再制造系统或产品中,可利用此方法对具有不同性质的新件、再制造件或再使用件进行分类的可靠度分配。

8.9.7　比例组合法

对于再制造的系统或产品,可以根据原产品的故障率加权因子进行子系统、部

件或零件的故障率分配,即

$$\lambda_i^* = \lambda_{s\,(rem)}^* \lambda_{i\,(orig)} / \lambda_{s\,(orig)} \tag{8-44}$$

其中,$\lambda_{s(rem)}^*$ 为再制造系统或产品的故障率指标;$\lambda_{i\,(orig)}$ 为原产品的第 i 个子系统、部件或零件的故障率指标;$\lambda_{s\,(orig)}$ 为原系统或产品的故障率指标。

若再制造系统或产品与原产品的可靠性一样,即

$$\lambda_{s\,(rem)}^* = \lambda_{s\,(orig)} \tag{8-45}$$

则

$$\lambda_i^* = \lambda_{i\,(orig)} \tag{8-46}$$

考虑到再制造产品中有再使用件,应根据其再使用次数进行故障率分配。即

$$\lambda_j^* = [1/(m+1)] [\lambda_{i\,(orig)}]_{max} \tag{8-47}$$

其中,λ_j^* 为被再使用的子系统、部件或零件的分配故障率;$[\lambda_{i\,(orig)}]_{max}$ 为原系统或产品中子系统、部件或零件的最大故障率。

8.9.8　成本最小分配法

再制造对于发展汽车产业循环经济的贡献在于以更低的成本和价格获得较高的收益,如果再制造的成本较高,则丧失了再制造相对于新产品生产的竞争力和意义。因此在再制造过程中,对产品系统可靠性进行分配时,应当保证再制造的成本处于最合理的水平。对于一个零件,直接采用再使用件所耗费的再制造成本最低,采用新件的成本较高,而重新设计新件的成本最高。但无论采用何种类型的零件,系统的可靠性必须满足规定的要求。因此成本最小分配法是再制造系统可靠性分配的优化方法,如何在再制造产品的设计过程中,既能够保证系统的可靠性满足要求,又能够实现总的成本最低,这是可靠性设计中急需解决的最关键最实际的问题。

采用成本最低法对再制造系统进行可靠性分配,首先需要从统计资料入手,建立分系统或零部件可靠性与再制造成本之间的关系。设 x 表示再制造成本,R_i 表示分系统或零部件的可靠性,R_s 表示再制造系统的可靠性,n 表示分系统或零部件的数量,则

$$R_s = \prod_{i=1}^{n} R_i \tag{8-48}$$

$$R_i = C(x_i), \quad i = 1, 2, \cdots, n \tag{8-49}$$

则该问题划归为,在 R_s 的约束下,求 $x = \sum_{i=1}^{n} x_i$ 为最小的分系统或零部件可靠性 R_i 的问题,因此引入拉格朗日常数 λ,有

$$H = \sum_{i=1}^{n} x_i + \lambda \left(R_s - \prod_{i=1}^{n} R_i \right) \tag{8-50}$$

对式中 H 求偏导数且令其为 0，即

$$\frac{\partial H}{\partial x_i} = 0 \tag{8-51}$$

从 $n+1$ 个方程中，也就是式(8-51)的 n 个方程加上式(8-48)约束条件方程解出 λ 和 n 个参数 x_i，即可得出在 R_s 约束下，使得 $x = \sum_{i=1}^{n} x_i$ 最小的分系统或零部件可靠性 R_i。

对于再制造产品，保证产品系统可靠性要求的前提下，成本控制是非常关键的。因为再制造最大的优势就是利用较低的成本，实现最大的技术价值挖掘。但实际再制造生产过程中，还应考虑资源的合理配置、毛坯件的充分利用等各种因素，因此还需要将再制造生产过程中即时的动态资源配置进行统计分析，并在再制造可靠性分配过程中予以考虑。

第9章 再制造汽车产品可靠性试验

可靠性试验是获得高可靠性产品的重要环节之一,对于工业化批量生产的再制造产品,也应当对产品的可靠性进行评价、分析、验证、改进。由于再制造产品中包含再使用的旧零部件、经过修复的零部件、新添加的硬件、更新或者重新编写的软件等,因此其可靠性的保证较原型新品有相似之处,但也有其固有特点。

9.1 再制造汽车产品可靠性试验

对于再制造汽车产品的可靠性试验的分类,与原型新品相似,按照试验的场所不同,可分为现场试验、试验场试验和实验室试验。

按照试验目的不同分为可靠性工程试验和可靠性统计试验两大类。对于再制造汽车产品,可靠性工程试验目的是暴露再制造产品中存在的缺陷或故障,或者暴露再制造修复技术对零部件的修复漏洞,并进行分析加以改进,消除再制造中的隐患;再制造汽车产品可靠性统计试验的目的是验证再制造产品和零部件是否能够达到规定的可靠性水平。再制造汽车产品的可靠性试验要素也包括样品抽取、试验条件、试验时间、故障判别原则、试验数据处理等几个方面。

9.2 再制造汽车产品可靠性试验抽样

由于批量化工业生产的再制造汽车产品的可靠性要经过使用或模拟使用试验后才能评定。一般不能对整批产品逐个试验,同时由于可靠性试验存在破坏性,因此不能采取全数检验,而采用抽取部分再制造产品进行试验的方式。这部分产品即为"子样",其中每个产品为"样品"。由于抽样试验存在判断的风险,以抽取子样评定结果代表整批产品的可靠性水平的可信程度称为置信度。例如,某批再制造的汽车产品可靠度估计值大于90%,置信度70%,即表示对该批产品抽样试验评定可靠度,若抽样100次,将有70次评定的可靠度结果大于90%。

9.3　再制造汽车产品可靠性试验规范

汽车新产品如发动机的台架试验一般按照国家标准进行,为了快速判断汽车产品的可靠性是否满足要求,国家标准一般采用加速寿命试验的方式。例如,发动机可靠性试验国家标准规定了发动机可靠性循环试验需要连续进行几百小时或1000 小时,试验中发动机的负荷和使用强度远远大于汽车的日常使用强度,因此1000 小时可靠性循环试验后的发动机运转实际相当于汽车行驶了 30 万公里。

目前我国还没有再制造汽车产品的可靠性试验标准,但由于再制造汽车产品被要求性能和可靠性不低于原型新品,因此企业一般可以直接采用原型新产品的可靠性试验国家标准的方法。

(1)对于再用、更新模式下的再制造汽车产品,其系统结构相对于原型新品没有发生较大变化,功能、可靠性要求与原型新品一样,因此试验方法可以采用原型新品的可靠性试验标准,试验条件、性能试验、可靠性试验时间与新品一样。只是在故障判别原则上需要增加对关键考核件的考核,如采用的高技术修复后的再制造件,对其进行拆检分析、关键尺寸进行检测,判定其可靠性能是否能够达到不低于原型新件的程度等。

(2)对于采用改造模式、转化模式的再制造汽车产品,产品的系统结构和功能往往会发生变化,则此时应该按照目标再制造模型产品对应的可靠性试验标准进行检验。例如,柴油发动机再制造为天然气发动机或车用发动机再制造为非道路使用时,其系统可靠性要求和试验方法都将发生变化,应按照对应的天然气发动机或非道路使用发动机产品的可靠性试验方法进行检验和判定。

再制造汽车产品的可靠性试验之前,应明确试验任务要求、制定试验方案,进行试验实施、试验数据收集、数据处理等。

9.4　某再制造发动机可靠性验证试验

1. 试验目的

对某型车用柴油发动机采用再用模式进行再制造,对其附加值较高的部分关键零件,利用表面工程技术进行再制造修复,重新组装而成再制造柴油发动机。

按照汽车发动机可靠性试验国家标准对其进行检验,通过该再制造柴油发动机和原型新机的 1000 小时可靠性试验对比综合分析得出再制造发动机的性能评价和综合质量评价。试验数据通过企业对该产品实际可靠性试验报告获取,进而得出再制造发动机的关键考核零部件和产品系统可靠性的评价。

具体主要通过对可靠性试验过程前后零部件(曲轴、连杆、气门、挺柱、缸体、凸轮轴等)尺寸的变化进行再制造发动机耐磨性和抗疲劳性等的力学分析;通过试验过程中油质的抽检化验得出再制造产品和新品的比较数据,以判定再制造发动机中关键零部件的修复效果和产品的整体性能,验证再制造技术的生产运用效果。

2. 试验对象

可靠性试验的对象为经过表面工程技术进行修复的零部件与其他零部件组合而成的再制造产品。原型发动机主要设计性能指标如表 9-1 所示。

表 9-1　试验对象主要设计性能指标

项目	产品技术指标
额定功率/转速/[kW/(r/min)]	213/2200
最大扭矩/转速/[N·m/(r/min)]	1160/1100~1600
Hoset 增压器型号	HX40G

再制造方案:为了便于考核经过表面工程修复的零部件的可靠性和产品的可靠性水平,对其采用再用再制造模式,未对其控制软件进行调校升级,也未对其硬件结构作任何变化,仅对其关键高附加值的零件,如缸体、气门、凸轮轴、曲轴、连杆等进行修复,如图 9-1 所示。

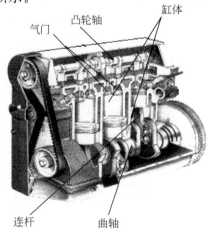

图 9-1　采用再用模式对柴油发动机进行再制造

通过对缸体主轴承孔、缸体缸孔、进气门、排气门、凸轮轴、曲轴、连杆大头孔等进行失效分析、寿命预测,并运用表面工程修复方法进行修复,其余零部件采用新件,以验证采用高技术修复的零件的可靠性及其对产品系统可靠性的影响。再制造柴油机中关键考核零部件清单及其主要修复方案如表 9-2 所示。

表 9-2　再制造柴油发动机中修复件清单及修复方案

零件名称	数量	修复信息
缸体主轴承孔	1	无损检测探伤、高速电弧喷涂、微弧等离子熔敷技术处理
缸体缸孔	1	无损检测探伤、微纳米电刷镀技术处理
排气门	6	微弧等离子熔敷技术处理
进气门	6	微弧等离子熔敷技术处理
凸轮轴	1	微弧等离子熔敷技术处理
曲轴	1	无损检测探伤、智能化机器人高速电弧喷涂技术处理
连杆大头孔	6	无损检测探伤、微纳米电刷镀技术处理

在装配前,对以上零部件进行无损检测,严格按照超声波及磁记忆原理进行探伤、寿命预测,确保再制造的零部件质量。可靠性分配时,假设这些经过高技术修复的零部件的可靠性高于原型新件,其余零部件均采用新件,以便更好地考核再制造件的可靠性水平,避免造成对系统可靠性的影响。

3. 试验条件

原型新品柴油发动机产品采用 GB 11123—1997 中的 15W40CD 号机油,本再制造柴油发动机同样采用该型号机油。

4. 检验依据

对其按照 GB/T 18297—2001《汽车发动机性能试验方法》和 GB/T 19055—2003《汽车发动机可靠性试验方法》标准进行 1000 小时可靠性试验。

5. 试验方法及试验要求

(1)再制造柴油发动机进行可靠性试验前,对发动机进行磨合,磨合规范如表 9-3所示。

表 9-3　再制造柴油发动机磨合规范

序号	发动机转速/(r/min)	扭矩/(N·m)	运行时间/h
1	700	10~50	0.2
2	1100	200	1
3	1600	300	1
4	1800	500	1
5	2200	700	997

(2)再制造柴油发动机可靠性试验前,对发动机进行性能初试,性能试验方法按照 GB/T 18297—2001《汽车发动机性能试验方法》的规定进行。

(3)再制造柴油发动机在可靠性试验前,添加新机油至机油尺刻线位置。

(4)再制造发动机在 213kW/2200(r/min)额定工况稳定运行 80 小时。

6. 试验过程及数据记录

经过 1000 小时的磨合试验,发动机的各项性能参数均满足使用要求。在装配后的试验过程中,每隔 200 小时对油底进行一次拆解,拆解后对再制造零部件的状态进行查看分析,同时对机油油质进行抽检化验,并对发动机性能参数进行比对分析,以判定零件及系统的可靠性水平。试验过程中记录相关的数据,试验数据具体如下。

1)可靠性试验前后缸体状态数据记录

试验前,对发动机缸体的状态参数进行记录,拆解后再对其相应尺寸参数进行记录,记录数据如表 9-4 所示。

表 9-4　再制造柴油发动机可靠性试验前后缸体状态对比

项目及要求				过程及结果						
				1	2	3	4	5	6	7
止推面	止推面厚度 H_2 $= 41^{+0.224}_{+0.173}$	试验前		41.209~41.221						
		试验后		41.209~41.218						
主轴承孔	标准:$\varPhi 108^{+0.022}_0$ 圆柱度 0.008; $Ra0.8$	试验前	↑	+0.022	+0.017	+0.018	+0.014	+0.021	+0.018	+0.016
			↗	+0.020	+0.019	+0.021	+0.019	+0.020	+0.016	+0.019
			↖	+0.021	+0.015	+0.019	+0.017	+0.022	+0.014	+0.018
		试验后	↑	+0.020	+0.016	+0.016	+0.014	+0.020	+0.018	+0.015
			↗	+0.019	+0.018	+0.020	+0.018	+0.019	+0.016	+0.018
			↖	+0.020	+0.014	+0.017	+0.017	+0.021	+0.014	+0.017

续表

项目及要求					过程及结果						
					1	2	3	4	5	6	7
缸孔止口	直径 $\Phi135^{+0.10}$	试验前			+0.965	+0.897	+0.960	+0.868	+0.989	+0.903	
		试验后			+0.965	+0.897	+0.960	+0.868	+0.989	+0.903	
衬套底孔	标准 $\Phi65^{+0.03}$	试验前			+0.025	+0.022	+0.020	+0.027	+0.024	+0.026	+0.022
		试验后			+0.024	+0.022	+0.020	+0.026	+0.023	+0.025	+0.022
衬套孔	$\Phi60^{+0.06}_{+0.01}$；同轴度 $\Phi0.02$	试验前			+0.058	+0.049	+0.055	+0.044	+0.047	+0.052	+0.056
		试验后			+0.055	+0.047	+0.053	+0.042	+0.044	+0.052	+0.055
气缸孔	标准 $\Phi130^{+0.025}$	试验前	上	轴向	+0.021	+0.019	+0.018	+0.023	+0.022	+0.020	
				径向	+0.022	+0.024	+0.017	+0.021	+0.024	+0.017	
			中	轴向	+0.019	+0.023	+0.020	+0.025	+0.025	+0.019	
				径向	+0.023	+0.021	+0.019	+0.023	+0.021	+0.022	
			下	轴向	+0.024	+0.023	+0.021	+0.021	+0.023	+0.017	
				径向	+0.022	+0.022	+0.017	+0.024	+0.025	+0.021	
		试验后	上	轴向	+0.020	+0.019	+0.017	+0.022	+0.023	+0.019	
				径向	+0.021	+0.023	+0.016	+0.020	+0.022	+0.017	
			中	轴向	+0.018	+0.023	+0.018	+0.023	+0.024	+0.019	
				径向	+0.023	+0.020	+0.018	+0.021	+0.021	+0.021	
			下	轴向	+0.021	+0.022	+0.020	+0.020	+0.023	+0.017	
				径向	+0.022	+0.022	+0.017	+0.022	+0.025	+0.020	
缸套孔	直径 $\Phi126^{+0.025}$	试验前	上	轴向	+0.018	+0.019	+0.017	+0.018	+0.017	+0.022	
				径向	+0.022	+0.023	+0.019	+0.019	+0.016	+0.021	
			中	轴向	+0.019	+0.021	+0.018	+0.022	+0.019	+0.019	
				径向	+0.017	+0.020	+0.020	+0.020	+0.020	+0.018	
			下	轴向	+0.018	+0.018	+0.019	+0.019	+0.018	+0.017	
				径向	+0.021	+0.022	+0.021	+0.022	+0.021	+0.018	
		试验后	上	轴向	+0.017	+0.018	+0.017	+0.018	+0.017	+0.022	
				径向	+0.021	+0.022	+0.019	+0.019	+0.016	+0.0	
			中	轴向	+0.018	+0.020	+0.018	+0.021	+0.019	+0.016	
				径向	+0.017	+0.019	+0.019	+0.018	+0.017	+0.016	
			下	轴向	+0.017	+0.016	+0.019	+0.019	+0.018	+0.017	
				径向	+0.020	+0.019	+0.020	+0.020	+0.018	+0.018	
	缸套止口突出高度 0.02~0.07	试验前			0.06	0.05	0.06	0.07	0.03	0.06	
		试验后			0.05	0.05	0.05	0.06	0.03	0.04	

2)可靠性试验前后连杆状态数据记录

试验前,对发动机连杆的状态参数进行记录,拆解后再对其相应尺寸参数进行记录,记录数据如表 9-5 所示。

表 9-5　再制造柴油发动机可靠性试验前后连杆状态对比

项目及要求				过程及结果					
				1	2	3	4	5	6
连杆大头孔	$\Phi 88^{+0.03}$（标准）圆柱度 0.007,$Ra1.6$	试验前	↑	+0.022	+0.027	+0.027	+0.019	+0.027	+0.028
			↗	+0.028	+0.026	+0.024	+0.023	+0.029	+0.027
			→	+0.023	+0.030	+0.021	+0.021	+0.028	+0.029
		试验后	↑	+0.020	+0.024	+0.025	+0.019	+0.026	+0.026
			↗	+0.025	+0.026	+0.024	+0.027	+0.027	+0.024
			→	+0.023	+0.027	+0.021	+0.021	+0.028	+0.026
连杆小头孔	$\Phi 50^{+0.055}_{+0.040}$圆柱度 0.005;$Ra0.8$	试验前	↑	+0.054	+0.053	+0.051	+0.050	+0.054	+0.050
			→	+0.055	+0.051	+0.049	+0.052	+0.053	+0.052
		试验后	↑	+0.053	+0.051	+0.050	+0.050	+0.052	+0.049
			→	+0.052	+0.051	+0.048	+0.051	+0.051	+0.051
	中心距:$219^{+0.055}_{+0.040}$	试验前		−0.045	−0.047	0.052	−0.039	−0.042	−0.051
		试验后		−0.046	−0.050	−0.051	−0.040	−0.043	−0.052
平行度	试验前	扭 0.05/100		0.05	0.04	0.03	0.04	0.05	0.04
		弯 0.03/100		0.03	0.02	0.02	0.02	0.02	0.02
	试验后	扭 0.05/100		0.05	0.04	0.03	0.04	0.05	0.04
		弯 0.03/100		0.03	0.02	0.02	0.02	0.02	0.02

3)可靠性试验前后进气门状态数据记录

试验前,对发动机进气门的状态参数进行记录,拆解后再对其相应尺寸参数进行记录,记录数据如表 9-6 所示。

表 9-6　再制造柴油发动机可靠性试验前后进气门状态对比

序号	检查项目	要求	
		试验前	试验后
1	硬度	气门需时效处理,≥HRC30	气门需时效处理,≥HRC30

续表

序号	检查项目	要求	
		试验前	试验后
2	外观质量	气门表面不得有裂纹、氧化皮及过烧现象，非加工表面应平整光滑、不允许有影响使用性能的锻造缺陷，工作表面不得有伤痕、麻点、腐蚀等有害缺陷	气门表面不得有裂纹、氧化皮及过烧现象，非加工表面应平整光滑、不允许有影响使用性能的锻造缺陷，工作表面不得有伤痕、麻点、腐蚀等有害缺陷
3	杆部直径	$\Phi10.980$	$\Phi10.975$
4	头部直径	$\Phi10.94$	$\Phi10.92$
5	锁夹槽	$R1.65\pm0.05$	$R1.60$
6	锁夹槽底径	$\Phi9.15$	$\Phi9.098$
7	锁夹槽至顶面距离	5.60	5.55
8	颈部直径	$\Phi11.25$	$\Phi11.152$
9	颈部过渡圆弧	$R15$	$R15$
10	盘外圆直径	$\Phi55.02$	$\Phi54.98$
11	配合座面角度	$35°10'$	$55°10'$
12	配合座面高度	2.76	2.75
13	盘锥面圆度	0.006	0.006
14	盘锥面高度	4.4	4.39
15	总高度	159.5	159.498
16	盘锥面对杆部轴线跳动	0.03	0.03
17	盘外圆对杆部轴线跳动	0.1	0.1
18	盘端面对杆部轴线跳动	0.1	0.1
19	盘锥面表面粗糙度	$Ra0.5$	$Ra0.5$
20	杆端部外圆表面粗糙度	$Ra0.63$	$Ra0.63$
21	杆端面表面粗糙度	$Ra0.8$	$Ra0.8$
22	颈部圆弧表面粗糙度	$Ra2.0$	$Ra2.0$

4)可靠性试验前后排气门状态数据记录

试验前,对发动机排气门的状态参数进行记录,拆解后再对其相应尺寸参数进行记录,记录数据如表9-7所示。

表 9-7　再制造柴油发动机可靠性试验前后排气门状态对比

序号	检查项目	要求	
		试验前	试验后
1	外观质量	气门表面不得有裂纹、氧化皮及过烧现象,非加工表面应平整光滑,不允许有影响使用性能的锻造缺陷,工作表面不得有伤痕、麻点、腐蚀等有害缺陷	气门表面不得有裂纹、氧化皮及过烧现象,非加工表面应平整光滑,不允许有影响使用性能的锻造缺陷,工作表面不得有伤痕、麻点、腐蚀等有害缺陷
2	杆部直径	$\varPhi10.975$	$\varPhi10.97$
3	杆头部直径	$\varPhi10.94$	$\varPhi10.92$
4	锁夹槽	$R1.65$	$R1.60$
5	锁夹槽底径	$\varPhi9.2$	$\varPhi9.1$
6	锁夹槽至顶面距离	5.55	5.50
7	颈部直径	$\varPhi10.78$	$\varPhi10.69$
8	颈部过渡圆弧	$R15$	$R15$
9	盘外圆直径	$\varPhi50.15$	$\varPhi50.05$
10	配合座面角度	$45°10'$	$45°10'$
11	配合座面高度	2.72	2.70
12	盘锥面圆度	0.006	0.006
13	盘锥面高度	4.7	4.698
14	总高度	158.4	158.39
15	盘锥面对杆部轴线跳动	0.03	0.03
16	盘端部外圆对杆部轴线跳动	0.05	0.05
17	盘端面对杆部轴线跳动	0.1	0.1
18	锁槽夹表面对杆部轴线跳动	0.05	0.05
19	杆部表面粗糙度	$Ra0.32$	$Ra0.32$
20	杆端面表面粗糙度	$Ra0.5$	$Ra0.5$
21	杆端部外圆表面粗糙度	$Ra0.63$	$Ra0.63$

5)可靠性试验前后凸轮轴状态数据记录

试验前,对发动机凸轮轴的状态参数进行记录,拆解后再对其相应尺寸参数进行记录,记录数据如表 9-8 所示。

表 9-8　再制造柴油发动机可靠性试验前后凸轮轴状态对比

项目及要求				过程及结果						
				1	2	3	4	5	6	7
轴颈	$\Phi 60^{-0.03}_{-0.065}$ 圆柱度 0.01	试验前	↗	−0.045	−0.039	−0.047	−0.047	−0.038	−0.047	−0.043
			↖	−0.042	−0.041	−0.035	−0.049	−0.040	−0.044	−0.041
		试验后	↗	−0.046	−0.040	−0.038	−0.048	−0.041	−0.047	−0.043
			↖	−0.043	−0.041	−0.037	−0.049	−0.040	−0.048	−0.046
	$Ra0.8$	试验前		0.8	0.8	0.8	0.8	0.8	0.8	0.8
		试验后		0.8	0.8	0.8	0.8	0.8	0.8	0.8
凸轮高度	进 $50.481^{+0.10}_{-0.40}$	试验前	↗	−0.013	−0.014	−0.016	−0.018	−0.012	−0.017	−0.018
			↖	−0.015	−0.016	−0.013	−0.019	−0.013	−0.018	−0.017
		试验后	↗	−0.016	−0.018	−0.016	−0.017	−0.013	−0.019	−0.020
			↖	−0.017	−0.017	−0.013	−0.019	−0.014	−0.018	−0.017
	排 $49.492^{+0.10}_{-0.40}$	试验前	↗	−0.020	−0.018	−0.017	−0.019	−0.017	−0.017	−0.016
			↖	−0.019	−0.017	−0.016	−0.018	−0.016	−0.018	−0.014
		试验后	↗	−0.021	−0.018	−0.017	−0.020	−0.018	−0.017	−0.016
			↖	−0.019	−0.019	−0.019	−0.022	−0.016	−0.019	−0.017
	$Ra0.8$	试验前		0.8	0.8	0.8	0.8	0.8	0.8	0.8
		试验后		0.8	0.8	0.8	0.8	0.8	0.8	0.8
轴颈跳动		试验前		0	0.04	0.05	0.06	0.05	0.04	0
		试验后		0	0.04	0.05	0.06	0.05	0.04	0
止推宽度 $6.1^{+0.10}$		试验前		6.14						
		试验后		6.14						
柱销直径 $\Phi 20_{-0.021}$		试验前		19.987						
		试验后		19.987						

6)可靠性试验前后曲轴状态数据记录

试验前,对发动机曲轴的状态参数进行记录,拆解后再对其相应尺寸参数进行记录,记录数据如表 9-9 所示。

表 9-9　再制造柴油发动机可靠性试验前后曲轴状态对比

项目及要求				过程及结果						
				1	2	3	4	5	6	7
检测	主轴颈≤0.05	试验前		0.04	0.03	0.04	0.04	0.04	0.04	0.04
		试验后		0.04	0.03	0.04	0.04	0.04	0.04	0.04
	曲拐半径 65±0.075	试验前		+0.057	+0.060	+0.055	+0.059	+0.052	+0.053	+0.058
		试验后		+0.057	+0.060	+0.055	+0.059	+0.052	+0.053	+0.058
	圆角半径 $R5_{-0.5}$	试验前		R4.95						
		试验后		R4.95						
检测主轴颈	$\Phi100.00_{-0.022}$	试验前	↑	−0.018	−0.019	−0.021	−0.018	0.017	−0.017	−0.020
			→	−0.020	−0.022	−0.019	−0.019	−0.018	−0.016	−0.018
		试验后	↑	−0.019	−0.019	−0.021	−0.020	−0.017	−0.017	−0.020
			→	−0.021	−0.022	−0.020	−0.019	−0.018	−0.016	−0.019
	圆柱度 0.005	试验前		0.004	0.005	0.004	0.004	0.004	0.005	0.004
		试验后		0.004	0.005	0.004	0.004	0.004	0.005	0.004
	粗糙度 Ra0.2	试验前		Ra0.2						
		试验后		Ra0.2						
检测	密封轴颈 $\Phi115.00_{-0.35}$	试验前		−0.27		跳动小于0.02			0.01	
		试验后		−0.28		跳动小于0.02			0.01	
	法兰轴颈 $\Phi48^{+0.086}_{+0.07}$	试验前		+0.792		跳动小于0.04			0.03	
		试验后		+0.782		跳动小于0.04			0.03	
	齿轮轴颈 $\Phi50^{+0.059}_{+0.043}$	试验前		+0.531		跳动小于0.04			0.03	
		试验后		+0.521		跳动小于0.04			0.03	
检测连杆轴颈	$\Phi82_{-0.022}$	试验前	↑	−0.018	−0.021	−0.019	−0.018	−0.021	−0.016	
			→	−0.021	0.019	−0.022	0.019	−0.017	0.018	
		试验后	↑	−0.019	−0.021	−0.021	−0.020	−0.021	−0.016	
			→	−0.021	−0.020	−0.022	−0.019	−0.019	−0.018	
	圆柱度 0.005	试验前		0.004	0.004	0.004	0.003	0.004	0.004	0.005
		试验后		0.004	0.004	0.004	0.003	0.004	0.004	0.005
	粗糙度 Ra0.2	试验前		Ra0.2						
		试验后		Ra0.2						
主轴颈跳动：在 120°范围内相邻两轴颈跳动小于0.04		试验前	要求	—	0.05	0.08	0.11	0.08	0.04	—
			实测	—	0.03	0.07	0.09	0.05	0.04	—
		试验后	要求	—	0.05	0.08	0.11	0.08	0.04	—
			实测	—	0.03	0.07	0.09	0.05	0.04	—

7)可靠性试验后机油成分数据记录

原型新机 1000 小时可靠性试验后铁的含量为 4%～8%，铝的含量为 5%～12%，镍含量为 0.3%～0.8%，锌的含量为 0.2%～0.5%。本再制造柴油发动机经过 1000 小时可靠性试验之后，通过对油质成分的化学分析，在所抽取的物质中所检测的主要化学成分中铁的含量为 5%，铝的含量为 8%，镍的含量为 0.5%，锌的含量为 0.3%，如表 9-10 所示。

表 9-10　1000 小时可靠性试验原型新机与再制造机油质元素含量

序号	油质成分	原型新机含量	再制造机含量
1	铁	4%～8%	5%
2	铝	5%～12%	8%
3	镍	0.3%～0.8%	0.5%
4	锌	0.2%～0.5%	0.3%

7. 试验结论

(1)对再制造喷涂、刷镀、微弧等离子技术修复的缸体、喷涂的曲轴、微弧等离子焊接的气门、刷镀的凸轮轴等修复的再制造发动机零部件实验前后数据记录对比，如表 9-4～表 9-9 所示。再制造件的尺寸性能在 1000 小时可靠性试验前后变化了 0.5%，原型新机中相应零部件的尺寸参数在 1000 小时可靠性试验前后变化范围为 2%～4%，与原型新机零部件相比，再制造柴油机中的高技术修复零部件的使用寿命和可靠性能已超过了新机零部件的要求。

(2)本再制造柴油发动机经过 1000 小时可靠性试验之后，通过对油质成分的化学分析，所有参数均在要求范围内，这说明汽车零部件再制造关键技术修复的产品完全满足了使用要求。

(3)通过对力学性能的分析，再制造件的耐磨性、耐疲劳性等方面也满足了使用要求，达到了原型新机的标准。从而表明该发动机采用再用模式进行再制造处理的零部件和产品满足了规定的要求，在性能及可靠性上不低于原型新品。

9.5　再制造 FMEA

再制造过程中首先需要对退役零部件失效模式和失效机理进行分析，然后再进行针对性的再制造修复。因而失效分析对再制造行为来说是事前行为。分析得到失效模式及其后果可反馈给新产品设计者作为原型新件设计 FMEA 的输入。因为通过再制造修复后的零件,其失效模式可以近似等同于新件的失效模式(也可能有的零件修复后失效模式与新件失效模式不同),因此失效分析的结果也可以作为该零件再制造 FMEA 的输入参考,如图 9-2 所示。

图 9-2　FMEA 与失效分析、再制造 FMEA

　　再制造工程技术使得失效分析的成果在工程中得以实现,转化为生产力,延长装备或其零部件的服役性能,防止或延缓同类失效的发生,或者减少同类失效带来的不良影响,可视为再制造 FMEA 中采取的预防性改造措施内容。

第 10 章　促进我国汽车回收利用工作开展的对策建议

随着我国汽车保有量的逐年增加,报废汽车数量也越来越多。然而,由于各种原因,应该报废的汽车并没有进入正规的回收和再利用渠道,造成报废汽车回收率和再生利用率低的现状,其影响了交通安全、造成了环境污染和再生资源的浪费。在借鉴国外汽车回收利用工作实践经验基础上,结合我国实际国情,提出了若干关于促进我国汽车回收利用工作开展的对策建议,以期改善我国报废汽车回收再利用环境,利于我国汽车产业循环经济和节能减排工作的开展。

10.1　提升报废汽车回收利用率

发达国家报废汽车的材料回收率普遍都在 80% 以上,目前国内报废汽车回收率仅有 40% 左右。报废汽车回收率的现状,一方面使得部分报废汽车流入黑市进行二手交易、改装、拼装上路,对社会秩序造成了严重危害;另一方面,拆解回收和再制造企业呈现出"无米下锅"的尴尬局面,因此,报废汽车回收行业若要健康发展,需要提升报废汽车回收率,为此需要做好以下几个方面的工作。

10.1.1　健全汽车回收利用法律法规

近年来,为促进汽车回收利用工作开展,我国相继出台了有关汽车回收管理相关法规,如表 10-1 所示。例如,2001 年国务院发布了第 307 号令,即《报废汽车回收管理办法》,随之国家经贸委出台了《报废汽车回收企业总量控制方案》,严格实施回收企业资格认定、许可经营制度,从而在理顺报废汽车回收行业经营秩序、使该行业向着规范化、法制法管理上迈出了关键性的一步。一方面使报废汽车回收企业依法经营、依法管理有了强有力的政策保证;另一方面也对我们已取得资格认定单位提出了更高更新的要求。然后,国务院 307 号令《报废汽车回收管理办法》规定五大总成必须报废,使具有很大附加值得五大总成只能材料回收,因而正规拆解厂出售该类零部件所得利润较低,因而收购价格低,车主更愿意卖给黑市进行直接拼装。通过放开在再制造零部件市场,提高五大总成回收利用效率和利润,势在必行。2008 年 3 月国家发改委已经开始试点汽车零部件再制造企业,但仍然规定试点企业不能从回收拆解厂收购五大总成用于再制造,限制了再制造企业的原料来源,拆解厂对五大总成仍然以材料的形式低效率地售给冶炼厂,因此政策修改也是形式要求。

表 10-1　我国汽车回收管理相关法规

年份	法规名称	主要内容
1987	老旧汽车报废更新补充规定	对某些单位和用途的车辆,符合条件的经审批可延期报废
1995	老旧汽车更新定额补贴暂行办法	对达到条件的更新汽车给予补贴
1996	关于加强报废汽车回收工作管理的通知	实行报废汽车回收拆解企业的资格认证制度;公安部门根据资格认证文件核发特种行业许可证;工商部门根据资格认证和特种行业许可证核准注册登记
2000	关于调整汽车报废标准的通知	除专门用途及特定车辆采取强制报废外,其他车辆均可延缓报废
2001	报废汽车回收管理办法	对从事报废汽车回收的企业资质条件、经营规范、监督管理、拆解、总成及零部件处理、回收价格、处罚等作出明确规定
2001	农用运输车报废标准	规定使用期限:三轮和单缸机四轮农用车 6 年;多缸机的四轮农用车 9 年(25 万公里)等报废指标。但可有条件地延长使用
2001	关于废旧物资回收经营业务有关增值税政策的通知	对从事废旧物资回收利用的企业减征增值税
2002	摩托车报废标准暂行规定	行驶里程达到 10 万公里、使用年限达到 8～10 年摩托车;正三轮摩托车 8 万公里,7～9 年;可延缓报废
2006	汽车产品回收利用技术政策	2010 年起,汽车新车可回收利用率和禁用/限用重金属将作为强制要求;汽车生产企业将作为汽车产品的回收再利用发挥主导作用;禁止废旧汽车进口,严格控制废旧汽车零部件进口
2008	汽车零部件再制造试点管理办法	加快建立与报废汽车回收利用相衔接的汽车零部件再制造管理体系,加强汽车零部件再制造试点企业管理,规范旧汽车零部件再制造行为和市场秩序,有效利用旧汽车零部件资源
2010	报废机动车回收拆解管理条例(征求意见稿)	规范报废机动车回收拆解活动,维护道路交通秩序,保障人民生命财产安全,促进资源综合利用和循环经济发展,保护环境

10.1.2　加强汽车回收利用监控体系

1. 制造商建立（或进口商）健全报废汽车回收网络体系

汽车制造商或进口商应建立报废汽车回收网络和处理网络,建网的形式可以自由选择,既可采取自建,即一切依靠企业自己现有的网络(如经销商、维修服务网络)或者新建专门的报废汽车回收处理网络;也可委托建设。但无论采取哪一种方式,汽车制造商和进口商应保证相关机构或企业在实施报废汽车回收处理时达到国家政策对环保和回收利用的要求,且必须保证实施报废汽车回收处理的企业具备相应资质。

2. 促进报废更新,提高车主交车积极性

(1)鼓励实行销售店旧车、废车抵价置换。

(2)浮动保险费率,提高旧车使用成本,促进报废更新。

(3)提高补贴资金额度,扩大覆盖面。在所有的超期"服役"的车辆当中,利益是制约车辆超期"服役"的最根本的因素,所以,要想在这场车辆报废与反报废的"对峙"中获得一个两全其美的结果,就必须寻找一个利益的相对平衡点。除了对违反交通管理规定的超期"服役"的车辆的车主实施强制性的处罚以外,还可对遵守交通行政法规的按时报废机动车辆的车主,适当给予奖励或者提供车辆"退休"的财政补贴,例如,建立相关的机制,对一向表现良好、无违章行为记录的按时将到期车辆报废的车主,可以奖励一定的驾驶分数或者减免新车购置税,鼓励到期车辆按时回收。这样,有了一个利益的相对平衡点,政府少了一份担忧,社会少了潜在的安全隐患,而车主又可以获得一笔"车辆退休金",日后再次买车上路更是获益不浅了。不过,要所有的车主能够从根本意义上明白机动车辆的登记报废,还必须加大培训和宣传的力度,宣扬道路安全知识,转变广大车主的态度和作风,令其由被动变为主动。由于报废车的正规回收价低,去回收厂报废还不如卖废钢划算的事实存在,很多车主心里会觉得不平衡。针对此种情况,建议交管部门所设的报废车回收厂的回收车辆价格应随行就市,另外可多设几个回收厂,引进竞争机制,给车主合法报废车辆提供有效的客观条件。

3. 加强执法和宣传教育,提高汽车回收利用率

(1)加大报废车危害及回收利用法律宣传力度,增强公民法律和安全、环保意

识。超龄不下岗车辆的存在,因素固然很多,主要还是车主对自身到期的报废车辆的潜在危害性认识不足。通过广播、电视、报纸、网络等途径深入宣传有关法规政策,提高车主乃至全体市民的安全意识,使其全面了解驾驶"超期车"的事故隐患和社会危害以及申请机动车报废的手续等事项,让不知情者知情;另外,最好能举办相关知识有奖竞赛,以增强宣传和教育效果。具体说来,就是要通过广播、电视、报纸、网络、手机等大众传媒,大力宣传到期报废车辆超期使用的潜在危害性;通过派发宣传单张、悬挂宣传标语、举办专题宣传橱窗、编辑专题社区简报、举行专题讲座等途径,讲清到期报废车辆的技术性能、安全隐患、国家车辆报废政策、报废车辆程序要求和各项奖惩措施等;通过新闻媒体、手机短信和社区信函等方式,将到期报废车辆的名单公布于众,送达到户,及时提醒车主遵规守则。通过多种行之有效的宣传教育,在市民中才能形成车辆到期报废的良好习惯及心理压力,将到期车辆主动报废才会变成车主的自觉行动。

(2)加大违法/违规用车成本。没有注销车辆并送交正规拆解厂的用户,继续征收强制保险等。为形成车辆到期报废的意识,鼓励车主按时对车辆进行报废,可分三步走:首先,交管部门对已经到报废年限但未办理注销登记的机动车逐一登记造册,通过向车主发放通知书、发布公告等措施,敦促车主加快办理车辆报废手续,把等报废车主上门申报改为主动出击。其次,路面执勤民警在路面执勤、执法中,加大对报废机动车的查扣力度,根据报废车信息逐车进行查询,对发现的超期"服役"上路行驶的报废机动车一律依法查扣,遏制报废机动车违法上路行驶的现象。最后,对拒不合作的车辆当场强制报废,消除其他车主的侥幸心理。

(3)加大执法力度,打击非法报废者、收购者、黑车购买者,奖励举报者。因为部分不法商人受利益驱使,将报废车辆改装之后销往农村,获利更大。要想根治这一现象,需要工商部门和执法部门等协助处理非法回收问题。实行举报制度,加强社会监督。对驾驶或藏匿"超期车"不依法申请报废者,鼓励社会群众积极举报,对举报有功者,有关部门给予适当奖励。群众的眼睛是雪亮的,只要充分发挥社会群众的日常监督作用,驾驶"超期车"者以及被藏匿的报废车辆就难以遁形。

(4)完善车辆档案管理制度。禁止用户提取车辆档案,防止已报废车继续使用或重新流入市场。机动车报废后,车牌号码由车管所收回。为了鼓励车主及时把该报废的车辆报废,可允许车主在报废车去回收厂报废后的一定时期内购买新车后,减免相关费用,仍可使用所报废车的原有牌照。只要有关部门认真负责地管理起来,报废车很难有空可"钻"。如果在行车证上注明这辆车的生产时间和报废时间,交警部门在检查车辆时就能一眼看出来,报废车主想逃之夭夭几乎是不可能的。

(5)建立车辆信息网络平台。从汽车产品生产到报废回收的全生命周期建立整个产业链的信息网络监管体系,相关行业密切合作,达到对在用车的实时监管,并建立信息查询系统,共同提高报废汽车的回收率。

10.1.3 完善汽车回收利用管理体制

健全以"生产者责任"为核心的汽车生产企业管理体制。使得汽车生产制造企业注重汽车产品生态设计体系,从源头限制有害物质的使用,加快减量化、替代技术的研发和应用;开展产品可回收利用性和易拆解性设计。企业应建立绿色供应链管理体系,完善企业标准、操作规程及供应商评价考核指标,要求各级供应商通过 CAMDS(中国汽车材料数据系统)等有效数据系统,自下而上如实申报材料信息,从而实现有害物质管控和保证汽车的高的回收利用率。

10.2 完善汽车回收利用标准体系

汽车回收利用是指经过对报废汽车及其零部件的再加工处理,使之能够满足其原来的使用要求或者用于其他用途,包括使其产生能量的处理过程。随着汽车工业的快速发展,由此引发的资源消耗、环境污染问题逐渐突出。国外汽车工业发达国家制定了一系列促进汽车回收利用的法律法规,我国的《循环经济促进法》也于 2009 年 1 月 1 日开始实施,与之相关的配套政策及标准法规也亟待完善。

发展汽车回收利用产业是一项庞大的社会化系统工程,不仅仅是在回收阶段,在汽车的整个生命周期中的各个环节都应尽量减少废弃物的产生,促进资源的综合利用。因此需要从产品设计初始阶段就开始重视汽车的可回收利用性,同时在汽车生产阶段、报废回收拆解以及再利用、能量回收以及填埋处理等各个阶段制定相应的标准法规进行监督、管理,才能保证我国的汽车回收利用率和回收利用水平满足国内外汽车工业的发展要求。

10.2.1 标准法规与汽车产业发展

随着经济全球化的发展,技术壁垒成为各国贸易保护最重要的武器,技术壁垒的关键是技术法规或技术标准。现阶段,技术标准已成为世界各国发展贸易、保护民族产业、规范市场秩序、推动技术进步和实现高新技术产业化的重要手段,在经济和社会发展中发挥着越来越重要的作用。

WTO/TBT 技术壁垒协定准许各国合理地应用技术法规、技术标准和合格评定等程序保证进口产品的质量和安全。发达国家常以安全、环保标准为理由,借助技术壁垒削弱发展中国家的成本优势。我国商务部 2005 年指出,加入世贸组织以来,我国有 2/3 的出口企业遭遇国外技术壁垒,有 2/5 的出口产品受到不同程度的影响。我国每年由技术贸易壁垒所造成的贸易损失达 200 亿美元左右。

各主要工业化国家都把汽车产业作为国民经济的支柱产业,投入大量资金、技术,汽车产品极大丰富,汽车工业得到了快速发展。为防止汽车对人身、财产、社会环境及资源造成危害,以及为保障用户权益,各国都对汽车的结构、装置作出了安全、环保和质量等方面的要求,制定了完善的汽车技术标准和法规体系。目前主要形成了欧、美、日三大体系。汽车技术法规的发展极大地推动了汽车技术的发展,例如,不断严格的安全法规,促进了 ABS、安全气囊等高新技术的发展,持续改进的环保节能法规,加速了燃油电子喷射、三元催化等技术的普及和应用。

我国汽车强制性标准体系主要是参照欧洲 ECE/EEC(EC)汽车技术法规体系制定,并跟踪欧、美、日三大汽车技术法规体系的协调成果;推荐性国家标准主要参照采用国际标准(ISO 标准)和国外先进标准,如美国 SAE 标准、日本 JIS 与 JASO 标准、德国 DIN 标准等,主要包括基础标准、试验方法、技术条件、管理标准等;汽车行业标准包括汽车产品及总成、零部件的基础标准、试验方法、技术条件、资料性标准等。

今后一段时期我国汽车标准化的重点工作包括突出主题、促进产业协调发展、启动对产业有重要提升和保护作用标准的研究制定工作,其中非常重要的一个领域就是汽车回收利用领域。为了节约资源和保护环境,发达国家相继制定了一系列汽车回收利用相关的法律法规和技术标准,保证了汽车产品的环境友好性和可回收利用性,同时也对我国汽车产品的出口提出了较高要求。为了应对日益严格的汽车回收利用法规,使国内的回收利用技术和标准法规与国际接轨,同时为了大力发展国内汽车工业循环经济,应及时制定适合我国国情的汽车回收利用标准法规体系。

10.2.2　国外汽车回收利用法律法规

欧盟 2000 年颁布了关于报废汽车的 2000/53/EC 指令,其内容涉及汽车产品的设计、生产、材料、标识、有害物质的禁用期限、分类回收体系的建立等。指令规定欧盟各成员国自行采取必要的措施,在 2006 年 1 月之后,报废汽车材料最低回

收利用率达到 85%,最低再利用率达到 80%;2015 年 1 月之后,报废汽车材料最低
回收利用率达到 95%,最低再利用率达到 85%。同时欧盟各成员国以及美、日等
国家也建立了各自的汽车回收利用法律法规体系,如表 10-2 所示。

表 10-2　国外汽车回收利用相关法律法规

国家	发布/实施	法律法规
德国	1972	废弃物处理法
	1996	循环经济与废弃物管理法
	2002.06.21	报废汽车法规
英国	2003	报废汽车法规
	2005.03.03	2005 报废汽车(生产者责任)法规
法国	2008.08.01	关于车辆构造及报废汽车处置的法令
荷兰	2002.05.24	报废汽车管理法令
西班牙	2002.12.20	关于报废汽车处理的皇家法令
日本	2005.01 生效	报废汽车再生利用法
美国	1991	回收利用废弃轮胎
	联邦贸易委员会 FTC	16 CFR 20 再制造、翻新和再利用零部件工业指南
		16 CFR 228 轮胎广告和标记指南
	环境保护署 EPA	再制造材料建议公告

同时,在汽车回收利用及相关领域,发达国家也制定了相应的技术标准,例如,
国际标准 ISO 22628—2002《道路车辆可再利用性和可回收利用性计算方法》、国际
电工委员会(IEC)62321《电子电气产品中限用的六种物质(铅、镉、汞、六价铬、多
溴联苯、多溴二苯醚)浓度的测定程序》以及美国 SAE、英国 BS AU 制定的一系列
汽车零部件产品再制造标准等。

10.2.3　我国汽车回收利用法律法规

为了应对严格的回收利用技术壁垒,同时也为了更好地发展我国汽车工业的
循环经济,走可持续发展道路,我国政府对汽车产品的回收利用也开始越来越重
视,相关的法律法规和政策、管理办法不断出台,为汽车工业循环经济的发展提供
了良好的政策环境。我国已发布的法律法规如表 10-3 所示。

表 10-3　目前我国汽车回收利用相关的法律法规

项目	发布单位	发布日期	实施日期
汽车产业调整和振兴规划	国务院办公厅	2009.03.20	
中华人民共和国循环经济促进法	全国人大	2008.08.29	2009.01.01
汽车零部件再制造试点管理办法	国家发改委	2008.03.02	2008.03.02
汽车产品回收利用技术政策	发改委、科技部、环保总局	2006.02.06	
中华人民共和国固体废物污染环境防治法	全国人大	2004.12.29	2005.04.01
汽车产业发展政策	国家发改委	2004.05.21	2004.05.21
报废汽车回收管理管理办法(修订中)	国务院	2001.06.13	2001.06.13

2006 年 2 月,发改委、科技部和环保总局联合发布了《中国汽车产品回收利用技术政策》,以指导汽车生产和销售及相关企业开展并推动汽车产品报废回收工作。2008 年 3 月,发改委公布了 14 家汽车零部件再制造试点企业,并发布了《汽车零部件再制造试点管理办法》,再制造产业化正式拉开帷幕。2008 年 8 月 29 日,全国人大审议通过《循环经济促进法》,也专门提到了汽车零部件的回收再利用。

为保证我国汽车回收利用相关法律法规的实施,加强汽车产品的回收利用,提高资源回收利用率,应及时针对汽车生命周期中影响回收利用的各个环节制定相应的法规和技术标准,以规范回收利用市场环境和生产行为。

10.2.4　我国汽车回收利用标准框架

在汽车产品生命周期的不同阶段,需要制定相应的技术标准。根据汽车产品生命周期的阶段特性,将标准框架分为以下几个部分,即设计、制造阶段、报废回收拆解阶段和利用阶段,如图 10-1 所示。不同的阶段制定相应的不同范围和不同性质的标准。

1. 设计、制造阶段

产品的设计、制造阶段对于车辆可回收利用性具有潜在的、决定性的影响。产品的材料选择、结构设计等因素,对产品报废回收时的可拆解性、可再使用性、可再制造性、可再利用性及可回收利用性具有决定性的影响。因此,在设计制造阶段,需要对产品设计技术进行规范,鼓励进行可回收性设计。主要可以制定如下相应的标准。

(1)基础性规范。如产品可拆解性、可再使用性、可再制造性、可再利用性、可

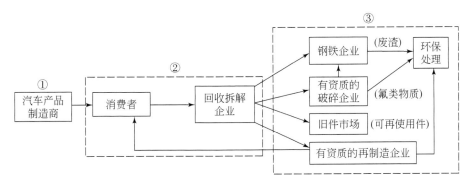

图 10-1　汽车回收利用标准框架体系

①设计制造阶段：方便回收利用和避免产生污染的选材和结构设计规范及指导手册；②报废回收
阶段：车辆报废标准规定、拆解企业经营规范、技术条件等标准；③回收利用阶段：回收利用技术
条件、产品、工艺、标志标识、再制造标准

回收利用性及其设计相关的术语、规范；标志标识；评价方法及可再利用率、可回收
利用率计算方法。

（2）材料选择规范。如对有毒有害物质的禁用或限用。产品中的有毒有害物
质是车辆产品对环境和人体造成污染的重要因素，如铅、汞、镉、六价铬、多溴联苯
和多溴联苯醚的危害尤其严重，欧盟 2000/53/EC 已经规定了这些物质的禁用方
案。同时，衍生出的可再生材料、材料标识、有毒材料含量限值及检测方法、豁免条
件及替代方案等标准也可逐步完善。

（3）结构设计规范。鼓励厂商进行可拆解性设计，使用易拆解产品结构和联接
方式等技术，减少联接数量，简化联接结构，提高联接部件可接近性及提高零件的
标准化及互换通用性等。同时，以车辆拆解手册等方式提供拆解顺序，拆解工具、
拆解参数以及拆解防污处理注意事项等供拆解厂参考。

目前，该领域 GB/T 19515—2004《道路车辆可再利用性和可回收利用性计算
方法》等同采用了 ISO 22628 2002《道路车辆可再利用性和可回收利用性计算方
法》已经发布实施。推荐性国家标准《汽车回收利用术语》《汽车可回收利用性标
识》以及强制性国家标准《汽车禁用物质要求》已基本完成，各类有毒物质检测方法
以推荐性国家标准的形式，正在制定中。下一步，将根据情况逐步对有毒物质替代
方案、含有害物质汽车材料时效分析、排放分析、老化评估、车辆可回收利用率计算
操作规程、技术指导文件、车辆拆解手册技术规范、零部件可拆解性评估等标准进
行逐步完善。

2. 报废回收、拆解阶段

对于报废回收、拆解阶段,首先要解决汽车的报废标准,对报废标准进行修订。报废标准的修订思路:弱化年限和里程指标,强化车辆的技术状态及安全、节能、环保指标,兼顾可操作性。报废标准的确立原则:确定机动车的性能测试项目和指标、保证安全及环保要求、补充事故机动车报废判定原则、调整和完善报废年限和里程指标。

对于报废汽车的回收拆解主体——回收拆解企业,需要规范其进入条件,如回收拆解企业技术条件、操作规程和经验规范等以规范回收拆解企业的进入资格和经营行为。同时,对拆解企业中容易造成环境污染的预处理、切割、破碎、非金属物处理、切屑残余物填埋等环节进行规范,降低拆解成本和环境污染,提高拆解效率和拆解水平。目前强制性国家标准 GB 22128—2008《报废汽车回收拆解企业技术规范》已经发布,北京市发布了两项地方标准 DB 11533—2008《报废汽车回收拆解操作规程》和 DB 11T534—2008《报废汽车回收拆解企业技术条件》,环境行业也已发布 HJ/T 348—2007《报废机动车拆解环境保护技术规范》。

3. 回收利用阶段

对于回收利用阶段,是实现汽车产品回收利用的实现阶段,直接决定了回收利用率和利用水平。该阶段的标准主要规范各种回收利用技术、回收利用方式,提高回收利用水平及回收利用率。回收利用的方式主要包括再使用、再制造以及材料循环和能量回收等,对于无法回收利用的则进行焚烧或填埋处理,如图 10-2 所示。

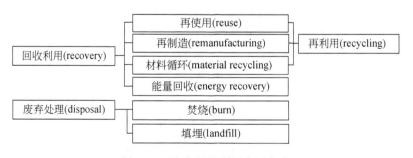

图 10-2　汽车回收利用主要方式

其中最重要的方式为汽车零部件产品的再制造。再制造是实现汽车工业循环经济的高级形式,可以最大限度地保留产品中的高附加值,以最少的消耗,产生最好的效果。再制造的汽车零部件是用于汽车维修的,维修后的汽车仍然行驶在道路上完成运输任务,因而再制造汽车产品的质量仍会影响到交通安全及对环境的污染,为确保再制造汽车零部件产品的性能、可靠性、耐久性和质量,必须制定汽车零部件再制造相关标准。

(1)根据国家对再制造产品管理的需要,可以制定相应的再制造术语、标志、标识标准。以方便消费者分清再制造产品,保护原产品制造商的知识产权。同时,对再制造企业的进入资格进行规范,如针对不同再制造汽车零部件产品制定相应产品的再制造企业技术条件、生产设备、检测设备条件、规模和环保化生产条件等,同时对已获验证回收利用技术及评估方法进行规范。

(2)针对不同的再制造产品,可以制定各产品的再制造标准,如发动机、变速器、转向器、起动机、发电机以及离合器、制动器、水泵、油泵等产品标准,包括各产品再制造技术条件,再制造产品的质量要求、性能检测方法等。美国 SAE 和英国 BS AU 制定了一系列零部件产品,如发动机、转向器、变速器及起动机、发电机等再制造规程,如表 10-4 所示。美国发动机再制造协会(AERA)等也发布了汽油机/柴油机等产品的再制造修复标准和安装程序。这些标准对于制定我国汽车零部件再制造标准具有一定的参考价值。

表 10-4　美国 SAE 及英国 BS AU 颁布的汽车零部件再制造标准

序号	代号	名称	发布/修订时间
1	SAE J1693—1994	再制造液压制动器主缸——一般性能、试验程序	1994
2	SAE J1694—1994	再制造液压制动器主缸——性能要求	1994
3	SAE J1890—1988	液压助力转向机再制造性能保障	1988/1995/2000
4	SAE J1915—1990	手动变速器离合器总成再制造推荐规程	1990/1995/2000
5	SAE J1916—1989	发动机水泵再制造规程和接受标准	1989/2007
6	SAE J2073—1993	汽车起动机再制造规程	1993/1998/2008
7	SAE J2075—2001	交流发电机再制造规程	2001/2008
8	SAE J2237—1995	重型起动机再制造规程	1995/2008
9	SAE J2240—1993	汽车起动机转子(电枢)再制造规程	1993/1999/2008
10	SAE J2241—1993	汽车起动机驱动机构再制造规程	1993/1998/2008
11	SAE J2242—1993	汽车起动机电磁线圈再制造规程	1993/1998/2008
12	BS AU 257—1995	点燃和压燃式发动机再制造规程	1995/2002

目前,推荐性国家标准《汽车零部件再制造技术条件点燃式、压燃式发动机》已基本完成,试点再制造的 5 项总成中的另外 4 个总成——变速器、起动机、发电机、

转向器的再制造技术条件制定工作目前正式启动。根据再制造试点企业的经营情况,在后续增加其他产品的再制造试点之后,其相应的产品再制造标准也将逐步进行完善。

(3)工艺标准。针对再制造工艺流程的各个环节,制定相应的工艺标准。再制造主要工艺流程主要包括拆解、清洗、分类、再制造加工(如机械加工、热处理、表面喷涂、电刷镀、激光焊接)、产品再装配、出厂检测及验收包装等,如图 10-3 所示。通过制定各工艺环节的标准,提高再制造技术的规范性,保证再制造产品的质量和可靠性不低于原新品要求。目前拆解、清洗、分类、装配、出厂检测及验收包装等技术规范也正式启动。随着再制造技术的不断发展和再制造企业经营的深入,更多细化的工艺规范也将随之逐步完善。

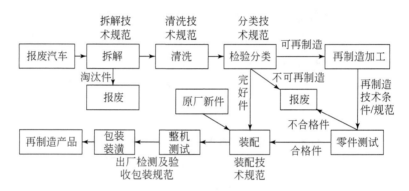

图 10-3　再制造工艺基本流程及工艺规范

对于其他的回收利用方式,如再使用、材料循环及能量回收,可以根据生产需要进行逐步制定,如可再使用零部件技术条件、材料循环及能量回收规范等。而对于无法回收利用的汽车切屑残余物在进行填埋处理时,也需要规范其对环境的影响,制定相应的标准规范。

总之,汽车回收利用是一项庞大的社会化系统工程,我国对汽车的回收利用刚刚处于起步阶段,需要在汽车生命周期中的各个环节密切配合,共同提高汽车回收利用率和回收利用水平。根据产品生命周期理论,对汽车生命周期中显著影响回收利用水平的环节,借鉴国外成熟的法律法规和技术标准,建立符合我国国情的汽车回收利用标准框架体系,为下一步标准制定工作的开展和深入奠定基础。

目前,全国汽标委道路车辆回收利用工作组在该标准框架体系下已经开展了相应的工作,组建了禁限用物质、回收利用和零部件再制造三个标准化研究小组,一批标准正在制定或已经基本完成。随着工作的进一步深入,对标准框架将会继续细化完善,最终建立成熟的汽车回收利用标准体系,引导和促进汽车产业循环经济的健康发展。

10.3　合理选择再制造产业发展模式

再制造是以机电产品全寿命周期设计和管理为指导,以废旧机电产品实现性能跨越式提升为目标,以优质、高效、节能、节材、环保为准则,以先进技术和产业化生产为手段,对废旧机电产品进行修复和改造的一系列技术措施或工程活动的总称。再制造产业由资源化企业、技术研发企业、再制造生产企业及产品流通企业组成。由于我国长期以来的政策限制、技术制约以及思想观念落后等种种原因,我国的汽车再制造并没有形成一个完整的产业,产业链条离散甚至缺失,更谈不上循环的畅通。

通过分析制约我国再制造产业发展的政策性、技术性以及社会意识性等因素,探寻再制造产业发展滞缓的根源。不同的资源投入有不同的产出效果,通过对不同的投入主体的投入动机、投入目标及投入效果等方面的分析,结合产业发展的不同阶段资源投入侧重点的不同,提出了政府激励模式、技术推动模式及市场引导模式三种产业发展模式,并对其特点及适用阶段进行了探讨。在不同的发展阶段选择适用的产业发展模式,激发社会主体的投入积极性,提高投入效果,才能高效地发展我国汽车再制造产业。

10.3.1　汽车再制造产业制约因素分析

发展汽车再制造产业是一项庞大的社会化系统工程,与汽车制造业相似,再制造也包括原材料来源、制造/再制造加工、装配、质量检验、销售以及售后等各个环节。报废车辆是再制造企业的原料和毛坯,这是再制造循环体系的起点;经过清洗、检测分类、再制造加工、装配、检验出厂,最终把再制造产品出售给消费者,到达再制造一次循环周期的终点。国外发展成熟的再制造产业链已经形成通畅的循环,如图 10-4 所示。而我国的循环仅仅是其中很小的一部分,目前再制造试点管理办法规定试点企业需要的"五大总成"毛坯只能来源于 OEM 售后服务企业,无法进口或从拆解厂购买,再制造产品销售也缺少专业销售公司,只作为售后服务企业的维修备件,如图 10-4 中虚线箭头所示。

发展再制造产业,实践循环经济,必须使整个循环体系真正运转起来,然而长期以来我国的汽车政策禁止报废汽车"五大总成"再利用以及更换发动机变号难、

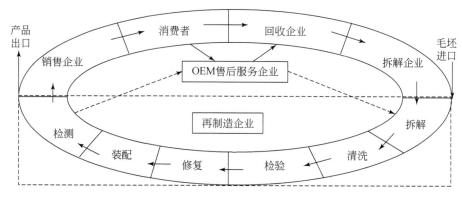

图 10-4　国外成熟汽车再制造产业循环

消费者认可度低等问题导致再制造厂的毛坯来源环节和再制造产品销售环节都被堵死,整个系统没有循环的启动力,产业处于基本停滞的状态。制约我国再制造产业发展的因素主要有政策性因素、技术性因素及社会意识性因素等几个方面。

1. 政策性因素

制约汽车再制造产业发展的政策性因素主要影响原材料的来源和再制造产品的销售以及再制造企业的资格准入等几个方面。

从市场流通体系看,欧美等发达国家在汽车零部件旧件回收到再制造产品进入市场等环节都已形成完整的网络,使再制造企业和用户很方便地得到旧件毛坯和再制造产品。而我国目前原料来源问题却是制约我国再制造产业发展的主要瓶颈之一。

首先是报废汽车回收率低。除了有部分企业开设了二手车回收及销售业务之外,几乎没有专门做废旧汽车回收工作的企业。我国每年需要报废的机动车达100万辆以上,但报废汽车回收率却只有40%左右,有近60%的应报废车辆游离于政府的监管以外,其中报废乘用车的流失率最为巨大,能够回收的仅占市场的20%。不仅再制造企业没有毛坯来源,连正规拆解厂都处于无米可炊的境地。

其次,《报废汽车回收管理办法》(307号令)明确规定报废汽车具有高附加值的"五大总成"应当作为废钢铁,交售给钢铁企业作为冶炼原料;外经贸部、海关总署、国家质检总局发布的第37号公告(《禁止进口货物目录第二批》),明确将旧发动机和废旧汽车列入"旧机电产品禁止进口目录"。而美国却没有对旧件流通的政策限制,确保了旧件在市场上的自由流通,报废汽车的"五大总成"和其他零配件基本上都成为再制造行业的毛坯,同时也允许旧件的跨国流通。尽管目前《汽车零部件再制造试点管理办法》允许试点企业对"五大总成"中的发动机、变速器和转向机进行再制造,但来源只能从再制造试点企业所属整车厂的售后服务网络获取,在307 号令及 37 号公告等政策没有修订之前,仍不能从回收、拆解厂收购或从国外进口"五大总成"进行再制造,使再制造企业的发展处于无米可炊的境地。

目前国内未对再制造企业实行许可证制度,再制造企业数量少,规模小。另外现行的管理制度在实际操作中,地方车辆管理部门对再制造发动机产品不了解,不允许使用再制造发动机所引起发动机号码的合法变更,因此也影响了消费者的抉择意向。

2. 技术性因素

在再制造理论与技术研究方面,我国虽然处于起步阶段,但已形成一定的特点,目前基本掌握了再制造基础理论和部分关键技术。装甲兵工程学院成立了我国第一个装备再制造技术国家重点实验室,在研发我国具有自主知识产权的再制造清洗、修复等表面工程处理技术方面取得了突破。另外各大院校及科研机构也开始重视汽车产品回收利用理论与技术的研究工作,在产品拆解、面向再制造的设计等方面做出了一定的基础工作。

然而对再制造产品剩余寿命预测的研究及再制造产品质量的控制等方面却刚刚起步。再制造的对象(毛坯)是经历一次或多次服役周期的零部件,该零件是否还有剩余寿命,其剩余寿命是否再适应下一服役周期以及再制造产品的质量稳定性,是再制造首先要解决的问题。对废旧零件不经寿命预测就轻易报废,会造成巨大浪费,而不经寿命预测将已无剩余寿命的零件再装机使用,则容易埋下安全隐患,影响再制造产品的质量和社会声誉。

3. 社会意识性因素

在欧美等发达国家,再制造业已经有几十年的发展历史,构建了健全的再制造产品销售体系,由于再制造产品的价格优势和完善的售后服务,公众对再制造产品普遍认可,很多外国消费者会主动选择再制造产品。

再制造在我国作为一个新的理念还没有被人们广泛认识,各方面对发展再制造产业的重要意义还缺乏足够的认识,宣传推广还不到位。传统观念认为新货总比旧货好,汽车再制造产品作为"二手货"存在安全隐患,性能和质量没有保证,导致再制造产品的市场占有率增长缓慢。不仅消费者不认可再制造产品,甚至许多企业对再制造产品也没有正确的认识。

10.3.2　汽车再制造产业投入分析

　　经济的增长源于资源的投入及其合理的利用。资源不仅包括劳动力、土地和资本等投入要素，技术、信息、管理能力也不可或缺。再制造产业的发展在很大程度上取决于资源投入及其优化配置。资源投入行为主体主要有政府、企业和个人，不同的投入主体其投入的动机和目标以及实现的效果也不相同：政府发展汽车再制造产业的目的是获得最佳的资源与环境效益，使汽车产业得到可持续发展；而企业和个人进入汽车再制造产业的目的是通过再制造生产实现最大的利润或购买到物美价廉的产品，以获得经济效益最大化，如图 10-5 所示。

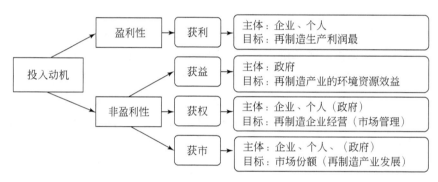

图 10-5　不同投入主体的投入动机和目标

　　投入主体对发展再制造产业的作用和效果会有较大不同：政府投入具有导向性、基础性，为产业的发展建立环境和平台，政府投入过少甚至禁止再制造的发展，则企业和个人的投入成为无本之木、无源之水；企业的投入对于产业发展是动力，再制造产业由各种企业构成，企业的投入具有机动性、灵活性，对国家政策的变化反应灵敏，企业的投入是再制造产业快速发展的动力，但前提是政府的投入为其搭建了发展的平台；个人的投入主要是转变消费观念，增强法律意识和主人翁意识，支持国家循环经济发展。

　　汽车再制造产业与其他产业发展过程一样，也必然经历萌芽期、成长期和成熟期三个主要阶段，不同的阶段资源投入的特点也不相同：产业发展萌芽阶段，政府应积极投入，通过制定鼓励产业发展的支持政策和技术引导，培育产业发展需要的土壤，对再制造产业具有始发性启动作用；对于政策环境良好的成长阶段，企业的积极投入则是快速发展的重点，再制造产品的性能和质量的稳定性对于再制造产品的市场占有率具有决定性作用，只有企业积极投入技术研发和产品质量保证，同时政府进行适当的市场监管,才能加速再制造产业的发展;而在产业发展的成熟期,再制造企业自由发展,形成良性竞争,产品极大丰富,消费者理性成熟,产业的发展进入市场经济主导、政府适当监督的阶段。各阶段的特征如表 10-5 所示。

表 10-5　再制造产业发展不同阶段的资源投入特征

产业阶段	投入主体	投入方向	投入目标	投入机能
萌芽期	政府/(企业、个人)	政策制定、技术/(技术)	启动产业	始发
成长期	政府、企业、个人	市场管理、技术、产品	发展产业	导向
成熟期	企业、个人/(政府)	产品、市场开发 /(监督)	形成产业	强化

目前我国再制造产业主要是政府在政策和技术引导方面的投入,投入量还比较小。不过随着国家对循环经济的逐步重视,政府投入开始逐步加强。发改委 2008 年公布了 14 家再制造试点企业并发布了再制造试点管理办法,同时汽车回收利用术语、汽车发动机再制造技术规范等国家标准已经完成征求意见,而起动机、变速器、转向机、发电机等零部件再制造技术要求以及再制造中拆解、清洗、分类、包装、检测、装配、标志标识技术规范等国家标准也正在积极制定当中;由于再制造生存的环境还没有非常显著的变化,企业、个人的投入还很小,不足以推动产业快速发展。当前投入主体还应是政府投入为主,企业、个人投入为辅,随着产业发展的逐步深入,投入主体将会发生一定的变化。根据产业发展不同阶段投入主体及投入效果的不同,提出再制造产业发展的政府激励模式、技术推动模式和市场引导模式。

10.3.3　汽车再制造产业发展主要模式

1. 政府激励模式

政府激励模式下,通过政府制定政策法规,鼓励企业进入产业并研发技术,引导消费意识等主要活动,培育企业生存发展的环境,为产业发展创造条件。主要工作如下。

政策方面。规范回收体系,提高报废汽车回收率;调整限制政策,扩大再制造可利用资源潜力;完善再制造产品市场流通的政策,保护品牌与知识产权;制定鼓励再制造企业的财政税收等政策,增加再制造产品的竞争力;明确再制造行业的市场准入制度,扩大再制造生产体系,延伸生产者责任;建立再制造与制造、回收、拆解相衔接的制度以及制定技术标准,加强对再制造产品检验和监管。

技术方面。支持再制造关键技术研发及其推广应用,整合再制造资源化企业、技术研发企业、再制造生产企业及再制造产品流通企业,组织制定技术标准和规范,设立再制造共性技术研发基金,积极推进再制造产、学、研的结合。

社会意识方面。加强舆论宣传,使企业、公众形成对再制造正确认识,激励企业投入再制造,引导消费者使用再制造产品。

政府激励模式下,政府投入为主,培育再制造产业的生存环境,企业、个人积极响应国家的号召。只有生产体系没有消费体系,或有消费需求而无生产体系,再制造产业都无法长久发展。只有再制造的生产体系和消费体系都形成了,再制造循环才能运转起来,形成健康发展的再制造产业,如图 10-6 所示。政府激励模式在再制造产业发展的萌芽阶段起到启动产业的作用,通过培育企业的生存发展环境,引导公众正确认识再制造推进再制造的发展达到培育生产体系和消费体系的目的,该模式也适合再制造产业刚刚起步的局部地区。

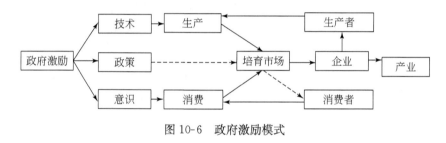

图 10-6　政府激励模式

政府激励模式的主要特点是:通过规范回收体系,提高报废汽车回收率;调整限制政策,扩大再制造可利用资源潜力;完善再制造产品市场流通的政策,保护品牌与知识产权;制定鼓励再制造企业的财政税收等政策,增加再制造产品的竞争力;明确再制造行业的市场准入制度,延伸生产者责任;建立再制造与制造、回收、拆解相衔接的制度,制定技术标准,加强对再制造产品检验和监管等;通过支持再制造关键技术研发及其推广应用,同时还可以加强再制造产品的利用宣传,形成对再制造的正确认识。

2. 技术推动模式

技术是推动再制造产业发展的原动力。技术推动模式是以整车厂的再制造技术研发与对承包制造商的技术支持为核心,实现分布型再制造的产业发展模式。整车厂通过建立再制造技术研发中心,对原零配件供应商、承包商进行授权,指导再制造生产的顺利进行,并通过建立生产标准、质量标准来规范建立由整车厂为主导的,各种再制造企业为主体的层次化分布型再制造体系,如图 10-7 所示。

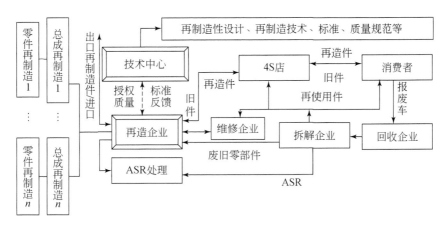

图 10-7　由整车厂主导的汽车再制造体系

相关院校也应积极工作,设立再制造专业,开设有关课程,培养再制造技术和管理人才。整车厂建立再制造技术中心,联合各大专院校及科研院所,建立完善汽车再制造技术体系,从产品初始设计阶段到再制造生产阶段,建立产品全生命周期的再制造技术体系,如图 10-8 所示。

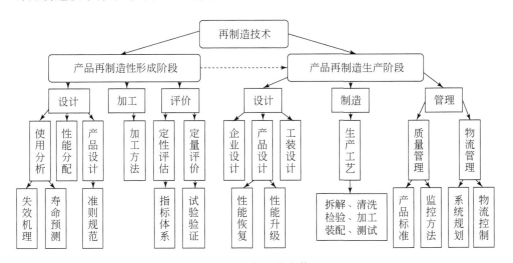

图 10-8　再制造技术体系

整车厂建立再制造技术中心,研究可再制造性设计及拆解、再制造技术标准、质量控制程序等内容,对各授权企业技术指导。产、学、研相结合,设立再制造研究基金,加大再制造领域的科研投入。在相关院校及专业中,开设有关课程,培养再制造技术和管理人才。针对再制造生产的不确定性,增加制再制造生产企业数量,减少回收物流半径,降低企业运作风险。同时,兼顾品牌保护、生产者责任及保证产品质量等要求,采用由整车厂主导的技术推动汽车再制造企业分布型运作模式。

技术推动模式通过企业、院校及科研院所对再制造技术的科研投入为主体,在产品设计阶段研究可再制造性设计,提高新产品的可再制造性,保证在回收利用环节以最少的成本投入得到最高效的收益;在再制造阶段,建立再制造技术企业标准、质量控制程序,提升再制造产品的质量稳定性和公众认可度。技术推动模式在良好的国家政策环境下,在产业发展的成长阶段,通过先进的再制造技术培育体系和应用体系,推动汽车再制造产业的快速发展。

以 OEM 的再制造技术研发与对承包制造商的技术支持为核心,实现分布型再制造或聚类型再制造的产业发展模式,如图 10-9 所示。

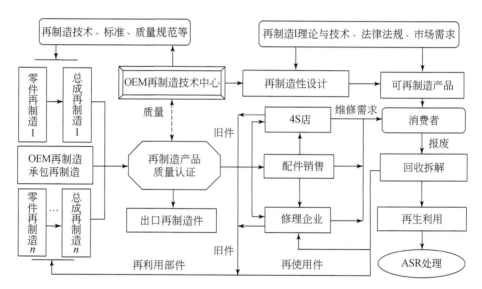

图 10-9　由 OEM 主导的技术推动型汽车再制造产业发展的模式

3. 市场引导模式

市场引导模式指利用市场机制增加对再制造产业的投入,在再制造企业能获得良好的效益前提下扩大产业规模,并使产业的发展能带来资源与环境效益的模式,如图 10-10 所示。

市场经济条件下,产业发展最终还是要以市场为主导。政府在产业初期萌芽阶段可以进行宏观调控,建立各种激励和管理政策,引导再制造产业发展;产业发展阶段,通过对技术的研发促进产品的成熟,推动产业的快速发展;但在外部环境

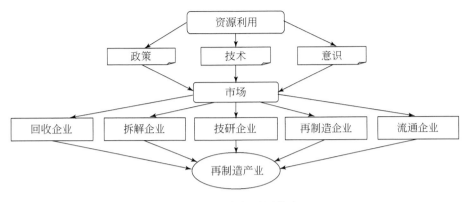

图 10-10 市场引导模式

都已满足、产业成熟度比较高的条件下,一切都应主要交给市场来调节,充分发挥市场经济的价格核心性、市场主体自主性、经济活动平等性、开放性以及竞争分化性等特点。

政府激励模式的主要目的是建立再制造产品的生产体系和消费体系,即培育再制造的市场体系;技术推动模式通过先进技术提高再制造产品的质量提高产品竞争力,扩大市场占有率;而产业成熟阶段,在建立了完善的再制造政府管理体系、知识产权保护体系、社会生产体系等基础上,通过市场经济的竞争机制整合资源化企业、技术研发企业、再制造生产企业和流通企业,最终形成良性竞争、高度发展的汽车再制造产业。

总之,发展汽车再制造产业犹如汽车在路上行驶:政策环境为道路,为汽车提供行驶的基础,没有道路,汽车就没有行驶的支撑;技术进步为发动机,为产业发展提供源源不断的动力,有了道路,动力不足,前进也会非常缓慢;对社会公众的意识引导则是车灯,扫除前进的阴影,扩大消费市场,为汽车前进提供指引;最终的目的是实现汽车再制造产业的高度发展。再制造产业在不同的发展阶段,资源投入的侧重点和选择的发展模式不同:产业萌芽阶段应采取政府激励模式,培育再制造产业的生存环境;产业成长阶段采取技术推动模式,促进产业的快速进步;而产业成熟阶段则交给市场,在充分竞争的环境下使再制造产业有序健康发展。

目前我国汽车再制造产业正处于萌芽期与成长期的过渡阶段:政府初步制定了产业发展的相关政策,已有了一定的技术储备,越来越多的企业积极准备投入再制造产业,再制造产品的消费意识正在增加,市场初见端倪。该阶段下,政府应及时总结汽车零部件再制造试点工作的经验,适时修订汽车报废政策、废旧汽车零部件进出口政策,在试点管理办法的基础上,制定完善再制造产品管理政策和标准法规,进一步扩大再制造生产体系,引导建立消费体系,为企业培育更好的发展空间,为企业和院校、科研院所从事再制造技术研发提供激励,为进入再制造产业的快速发展阶段打下基础。

10.4　加强汽车产品再制造中的知识产权问题

10.4.1　知识产权的特点

知识产权是国际上对包括专利权、商标权、著作权(版权)及商业秘密专有权等在内的相关民事权利的统称,其中,专利权与商标权又统称为工业产权。由于包括知识产权法规在内的法律文件较多,因此,"知识产权法"不能笼统地一概而论。我国现行的知识产权法规主要有《专利法》《著作权法》《商标法》《技术合同法》《反不正当竞争法》《民法通则》以及相关的实施细则和配套条例等。知识产权在法律上具有共同的特点,即无形性、专有性、地域性和时间性。

(1)无形性。知识产权是对智力成果的专有权利,但客观上又无法被人们实际占有和控制的无形财产。这是知识产权最重要、最根本的特征。

(2)专有性。即独占、垄断和排他性,主要表现在:一是权利人自己享有版权、专利权或商标权,除经权利人同意或法律规定外,其他任何人都不得享有或行使该项权利,否则即构成侵权,二是对同一项智力成果,不允许有两个以上的同种知识产权并存。

(3)地域性。受一国法律所认可和保护的知识产权,仅在该国范围内有效,对其他任何国家都没有拘束力,除非相互间订立有条约或者共同参加了国际公约组织,彼此予以承认。

(4)时间性。知识产权的时间性是指知识产权中的财产权部分只在有效期内受法律保护,期限届满就失效,成为社会共有财富。例如,我国法律规定,公民著作权的保护期为作者有生之年及其死后的 50 年;专利权的保护期为发明专利 20 年,实用新型和外观设计专利均为 10 年;商标权保护期为 10 年,但商标有效期限届满后可以申请续展,以延长保护期。

10.4.2　汽车产品再制造的利益冲突

随着汽车厂家对知识产权保护的重视,汽车产品中含有越来越多的知识产权,再制造过程中不可避免地要利用原始产品中的一些知识产权。国外再制造商和原始制造商(OEM)在知识产权方面的冲突从没停止过。目前,我国也在发展汽车再制造产业,全球最大的再制造商卡特彼勒公司预测,我国每年的汽车再制造规模可达 100 亿美元。如此巨大的市场,必然会引起众多的企业进入汽车再制造领域。

汽车产品再制造中知识产权问题涉及的利益主体包括知识产权人、原产品制造商、汽车产品使用者、独立再制造商、公共环境与资源。不同的利益主体对再制造的立场不同,可以分为两大对立主体,即支持进行再制造的相关方,与反对进行再制造的相关方。

(1)支持方。首先,是独立再制造商。在知识产权方面,再制造商和知识产权人是直接的利益冲突主体,再制造商希望不经过原产品制造商授权即可再制造汽车产品,这样他们的原料来源和销售市场会比较大。但再制造产品必然会影响到原产品制造商的利益,再制造产品较高的性价比势必会影响到原产品的销售,而且影响原产品制造商在产品设计初始阶段采用可再制造性设计的积极性。其次,是汽车产品使用者。作为普通消费者希望产品可靠耐用、质优价廉,再制造容易,可以在报废处理时获得较高的价格,而且可以容易买到性价比高的再制造产品,而不必非得购买知识产权人的高价新产品。最后,是公共环境与资源利益。环境资源利益是再制造利益链条中最重要的一环,随着地球上可利用资源的日益减少和环境的逐步退化,保护环境、充分利用现有资源、发展循环经济是世界各国都必须选择的道路。

(2)反对方。主要是原产品制造商、知识产权人。原始制造商(OEM)往往就是知识产权人,或者是知识产权的被许可使用人。知识产权是私权,倾向于使其个人利益最大化。当知识产权人发现再制造产品对其新产品产生竞争,或垄断这一市场将有利可图时,知识产权人就会尽可能扩张知识产权的权利范围,将再制造行为看做对专利权的侵犯。这种行为限制了独立再制造商介入再制造领域,不利于再制造市场的充分竞争和资源的充分利用。

独立再制造商具有再制造品种多、批量大、规模效益和资源利用率高、再制造成本低、价格优势明显等特点,如果受到过多的限制,则会影响汽车产品的再利用效果。

10.4.3　汽车产品再制造的知识产权保护范围

汽车产品再制造面临的知识产权问题主要包括对专利产品的再制造是否会侵犯专利权、再制造的产品应当以何商标销售以及如何解决汽车电控系统中控制软件的著作权等。这些是当前知识产权保护中不容回避的问题。

(1)专利权。我国《专利法》第 42 条规定:发明专利权的期限为 20 年,实用新型专利权和外观设计专利权的期限为 10 年。在有效保护期限内,专利权人享有的权利在第 11 条中规定:发明和实用新型专利权被授予后,除本法另有规定的以外,任何单位或者个人未经专利权人许可,都不得实施其专利,即不得为生产经营目的制造、使用、许诺销售、销售、进口其专利产品,或者使用其专利方法以及使用、许诺销售、销售、进口依照该专利方法直接获得的产品。外观设计专利权被授予后,任何单位或者个人未经专利权人许可,都不得实施其专利,即不得为生产经营目的制造、销售、进口其外观设计专利产品。也就是说,专利权人在专利有效保护期限内享有独家实施专利的权利,任何单位或者个人实施他人专利的,应当与专利权人订立书面实施许可合同,向专利权人支付专利使用费,被许可人无权允许合同规定以外的任何单位或者个人实施该专利。

汽车产品中的专利也都有规定的保护期限,超过了保护期或保护国,专利权对知识产权人的保护就失去了作用。对失去专利权的汽车产品进行再制造或进出口,不属于侵犯专利权的行为,而对于仍有专利权的产品再制造,则应考虑是否侵犯专利权的制造权和进口权。

(2)商标权。我国《商标法》规定:注册商标的有效期为 10 年,自核准注册之日起计算。注册商标有效期满,需要继续使用的,应当在期满前 6 个月内申请续展注册,每次续展注册的有效期为 10 年,也就是说商标权的保护期限接近于无限期。

《商标法》第 4 条规定:自然人、法人或者其他组织对其生产、制造、加工、拣选或者经销的商品,需要取得商标专用权的,应当向商标局申请商品商标注册。也就是说,法律允许经营者对经加工、拣选或经销的商品,标以自己的商标。

再制造商对汽车产品的再制造可视为报废原始产品的"加工",有权注册自己的商标。而且再制造的商品与原始商品的生产者不同,生产工艺不同,品质不同,产品质量责任的承担者不同,因而必须标以不同的商标,否则就侵犯了原产品制造商的商标权,并且构成了对消费者的欺诈。

另外,《商标法》明令禁止"反向假冒"的侵权行为,未经注册商标人同意,更换其注册商标并将其又投入市场的,属于反向假冒的侵权行为。再制造产品贴上自己的商标进行出售是否属于反向假冒行为? 商标法禁止的反向假冒,只是未经任何加工,仅仅更换商标标志的行为,而再制造不是简单地更换原始商品的商标后进行销售,而是需要对报废的原始商品进行拆解、修复、组装、检测及复杂的加工,再制造厂家在再制造产品上标示自己的商标是完全合法的。

(3)著作权(版权)。分为著作人身权与财产权。其中,人身权包括公开发表权、署名权及禁止他人以扭曲、变更方式利用著作损害著作人名誉的权利。财产权是无体财产权,是基于人类智慧所产生的权利。《著作权法》规定的权利的保护期为作者终生及其死亡后 50 年,截止于作者死亡后第 50 年的 12 月 31 日;如果是合作作品,截止于最后死亡的作者死亡后第 50 年的 12 月 31 日。

与一般著作权一样,软件著作权也包括人身权和财产权,这是法律授予软件著作权人的专有权利。人身权包括发表权、开发者身份权;财产权包括使用权、使用许可权和获得报酬权、转让权。使用权是指在不损害社会公共利益的前提下,以复制、展示、发行、修改、翻译以及注释等方式使用其软件的权利;使用许可权和获得报酬权是指权利人许可他人以上述方式使用其软件的权利,并因此获得报酬的权利;转让权是指权利人向他人转让使用权和使用许可权的权利。

汽车产品再制造中对电控发动机的再制造涉及控制软件的改动、升级或重新编写等行为,在没有得到厂家授权的情况下容易造成对软件著作权的侵犯。而且汽车在设计时也采用了防止改动的技术措施,GB 18352.3—2005《轻型汽车污染物排放限值及测量方法(中国Ⅲ、Ⅳ阶段)》5.1.3 中规定:任何采用电控单元控制排放的汽车,必须能防止改动,除非得到了制造厂的授权。如果为了诊断、维修、检查、更新或修理汽车需要改动,应经制造厂授权。采用电控单元可编程序代码系统(如电可擦除可编程序只读存储器)的制造厂,必须防止非授权改编程序。制造厂必须采用强有力的防非法改动对策以及防编写功能,确保只有制造厂在维修时才能用车外电控单元访问程序。

汽车再制造需要对原产品进行修复,其中无疑包含了原始制造商的专利、技术秘密、产品品质和产品声誉等,如何处理再制造中的知识产权保护问题,是再制造商面临的一大难题。国外对再制造中的知识产权问题一般采取权利用尽的原则。

10.4.4　知识产权的权利用尽原则

知识产权权利用尽原则是著作权、专利和商标制度中都适用的原则。一种产品在出售时,其价格中包含研发设计、原材料、加工、商业渠道等费用,同样包括专利权、商标权、技术秘密等知识产权,产品的售价可以视为是这些费用加上厂家的利润构成。

产品售出时,其中含有的专利权和商标权已经一次性实现了其价值,厂家已经一次性得到了研发和维持知识产权费用的回报。此后,购买人再对产品进行使用、销售、许诺销售等就不受知识产权权利人的制约。这体现了设立知识产权制度的初衷,即鼓励发明创造,鼓励制造高质量的产品,同时不得限制合理的市场流通。

英国对专利权用尽的解释是"默示许可"理论,即专利权人对其专利产品的权利可以延伸到该专利产品随后的任何使用和销售行为,可对其售出或许可售出的专利产品的使用和销售提出明示的限制条件。如果在首次销售时没有提出明示限制条件,就意味着专利权人"默示许可"了在首次销售之后的使用和销售可以不受专利权人的制约。

美国根据《反垄断法》提出了"首次销售"理论,即专利产品在合法出售之后,就脱离了专利权人的控制范围,专利权人无权再对该产品的使用或销售施加任何限制。美国联邦贸易委员会相关规定给出4条基本原则:原制造商的产品在第一次出售时,其产权就随原产品转让给消费者了;消费者在产品消费后是报废、维修还是重新制造,原制造商都无权干预;再制造商只要在再制造过程中不存在更换使用原制造商专利权保护的零配件,就不存在知识产权冲突;依据商标法原理,再制造产品应当标示再制造厂家自己的商标,而不是原生产厂家的商标,否则就构成商标侵权。

另外,我国《专利法》第63条也有规定:专利权人制造、进口或者经专利权人许可而制造、进口的专利产品或者依照专利方法直接获得的产品售出后,使用、许诺销售或者销售该产品不视为侵犯专利权。也就是说,专利产品在售出后,专利产品使用人享有使用权和许诺销售、销售权,但仍然没有制造权和进口权,包括属于制造的"再造"。发明、实用新型和外观设计这3种专利的权利范围都包括"制造权",而再制造有可能侵犯的正是"制造权"。"再造"实质上制造了一个新产品,再造行为的目的和后果都如同重新制造产品,目的是获得如同新产品一样的完整使用价值,属于"制造"的范畴,它构成了对知识产权人"制造权"的侵犯。

汽车产品再制造是汽车工业发展循环经济的必然选择,随着我国再制造产业的不断发展,再制造产品种类和数量不断丰富,再制造商与原产品制造商的利益冲突也会逐渐加剧,他们之间的知识产权冲突也逐渐显现。

从保护资源的角度出发,国家应当为再制造产业的发展扫清障碍。首先应完善法制建设,确立再制造的知识产权保护原则。明确要求汽车原始制造商从产品设计阶段就考虑回收再制造或再用。在一定条件下许可他人再制造其生产的已报废整车和零部件,从政策上视为生产者延伸产品责任,可要求再制造商支付对价。再制造商应当重视再制造中可能涉及的知识产权问题,通过建立行业协会与原始制造商建立授权联盟,获得原始制造商的授权许可,并使用自己的商标,同时必须在产品外部显著部位加注再制造产品标志,避免产生知识产权纠纷。

汽车工业可持续发展是全球的共识,应鼓励和引导再制造产业的良性发展,做到既能节约资源,又能鼓励创新,不断促进经济发展和社会进步。

参 考 文 献

贝绍轶.2008.汽车报废拆解与材料回收利用.北京:化学工业出版社

卞世春.2008.机械产品回收再制造工厂规划与设计研究.合肥:合肥工业大学博士学位论文

陈周钦,卢晓春,阎子刚,等.2005.基于系统动态学的区域物流需求模型的研究.煤炭经济研究,9:34-34

陈欢.2008.灰色理论在汽车销售预测和投资决策中的应用研究.合肥:合肥工业大学博士学位论文

储江伟,张铜柱,金晓红,等.2009.电控发动机再制造模式及其选择.车用发动机,1:88-92

储江伟,张铜柱,崔鹏飞,等.2010.中国汽车再制造产业发展模式分析.中国科技论坛,1:33-37

储江伟.2012.汽车再生工程.北京:人民交通出版社

崔月凯,高洁.2012.我国民用汽车保有量逐步线性回归预测模型.河北交通职业技术学院学报,9(1):69-71

戴健伟,吉华,杨岗,等.2013.基于GA_BP算法的化工设备设计人工时预测.计算机集成制造系统,7:1665-1675

代颖.2006.再制造物流网络优化设计问题研究.成都:西南交通大学博士学位论文

代应,王旭,杨明.2008.报废汽车绿色回收系统模型研究.生态经济,2:41-43

邓丹丹.2008.再制造物流网络分析与优化模型研究.长春:吉林大学博士学位论文

高建刚,武英,向东,等.2004.机电产品拆解研究综述.机械工程学报,40:1-9

何秋,桂寿平.2002.区域物流系统动态学模型的建立与合理性检验.交通与计算机,20(3):30-33

侯华亮.2006.日本报废汽车回收利用体系及特点分析.汽车与配件,33(8):34-38

侯继娜.2007.废旧家电逆向物流系统约束识别与解除研究.长春:吉林大学博士学位论文

胡纾寒.2009.汽车回收政策对报废汽车回收率影响研究.长沙:湖南大学博士学位论文

黄琦.2013.基于灰色理论的汽车销售量预测研究.机械制造,51(4):78-80

江吉彬,刘志峰,刘光复.2003.基于层次网络图模型的可拆卸性设计.中国机械工程,14(21):1864-1867

金晓红.2009.基于概率论的汽车产品可拆解性评价方法研究.长春:吉林大学博士学位论文

金晓红,储江伟,张铜柱,等.2008.报废汽车动态学建模及预测分析.交通与计算机,26:23-25

李聪波,刘飞,曹华军.2011.绿色制造运行模式及其实施方法.北京:科学出版社

李会山.2004.激光再制造的光与粉末流相互作用机理及试验研究.天津:天津工业大学博士学位论文

李红霞.2011.上海报废汽车回收体系研究.上海:复旦大学博士学位论文

李红霞.2007.再制造产品质量经济分析.西安:西北工业大学硕士学位论文

李方义.2002.机电产品绿色设计若干关键技术的研究.北京:清华大学博士学位论文

李菲,沈虹.2008.面向再制造的产品质量特性评价方法.现代制造工程,11:99-102

李菲.2009.面向再制造的产品可靠性分析模型构建方法研究.中国西部科技,8(23):40-41

李菲,沈虹.2010.面向知识重用的再制造可靠性分析方法研究.机床与液压,38(11):144-146

李文丽,潘福林.2009.我国废旧汽车回收模式选择探析.物流科技,3:39-41

刘光复,卞世春,刘志峰,等.2006.废旧汽车零部件资源化系统模型的建立.中国表面工程,19
(5):56-60

刘景洋,乔琦,昌亮.2011.我国各省市报废汽车量预测.再生资源与循环经济,4(3):31-33

刘琼,张超勇,叶晶晶,等.2008.第四方逆向物流资源优化配置问题研究.工业工程与管理,4:
57-61

刘晓培.2008.报废汽车回收影响因素分析及系统设计.重庆:重庆大学博士学位论文

刘学平.2000.机电产品拆卸分析基础理论及回收评估方法的研究.合肥:合肥工业大学博士
学位论文

刘运武.2007.基于激光再制造的三维同轴送粉工作头研究.天津:天津工业大学博士学位论文

刘志峰,刘光复.1998.工业产品可拆卸性设计系统模型研究.中国机械工程,9(1):69-71

罗毅.2007.基于灰色理论与广义回归神经网络的客运量预测模型研究.成都:西南交通大学
博士学位论文

毛伟.2002.机电产品生命周期评价系统的研究与开发.北京:清华大学博士学位论文

孟鹏.2003.产品拆卸回收建模与决策分析评估系统研究.北京:清华大学博士学位论文

倪小东,李人厚.2001.基于着色Petri网的协调策略建模研究.西安交通大学学报,35(10):
1004-1007

潘晓勇.2003.三维环境下产品拆卸分析及关键技术研究.合肥:合肥工业大学博士学位论文

秦晔,王翔,陈铭,等.2006.报废汽车循环再利用的经济性评估.机电一体化,1:76-79

裴恕,田秀敏.2001.车辆回收与再制造研究分析.中国资源综合利用,9:23-27

宋守许.2007.面向家电产品的逆向物流关键技术研究.合肥:合肥工业大学博士学位论文

宋云雪,张科星,史永胜.2009.基于多元线性回归的发动机性能参数预测.航空动力学报,24
(2):427-431

田广东.2012.产品拆解概率评估方法及规划模型研究.长春:吉林大学博士学位论文

田广东.2010.基于拓扑图的产品拆解概率计算方法研究.长春:吉林大学博士学位论文

田广东,储江伟,刘玉梅,等.2012.产品拆解混合图模型构建与能量评估方法研究.计算机集成
制造系统,18(12):2613-2618

田广东,储江伟,贾洪飞,等.2016.面向绿色再制造的产品拆解建模与优化方法.哈尔滨:东北
林业大学出版社

王虎.2010.基于UG的汽车产品拆解模型构建及信息提取方法研究.长春:吉林大学博士学位
论文

王桥,毛锋.1998.运用系统动态学方法研究区域可持续发展问题的一些探讨.地理科学,18
(6):574-580

王学平,张铜柱.2009.中国汽车回收利用标准体系探讨.汽车与配件,42:42-45

汪劲松,向东,段广洪.2010.产品绿色化工程概论.北京:清华大学出版社

王玉娜.2010.基于系统动态学的棚户区改造研究.哈尔滨工业大学博士学位论文

夏守长,奚立峰,胡宗武.2005.基于实验设计的再制造物流网络的健壮性设计.计算机集成制造系统,11(12):1705-1709

夏秀清.2013.报废汽车拆解厂总体规划设计.哈尔滨:东北林业大学博士学位论文

徐滨士,刘世参,史佩京,等.2005.汽车发动机再制造效益分析及对循环经济贡献研究.中国表面工程,1:1-7

徐滨士.2008a.热喷涂 Zn-Al-Mg-RE 涂层组织及耐蚀性能研究.金属热处理,3(11):52-54

徐滨士.2008b.高速电弧喷涂 Fe-Al 复合涂层高温腐蚀研究.腐蚀科学与防护技术,20(3):173-175

徐滨士,等.2007a.装备再制造工程的理论与技术.北京:国防工业出版社

徐滨士,等.2007b.再制造与循环经济.北京:科学出版社

徐润生,徐滨士,马世宁,等.2005.高速火焰喷涂 Fe-Al/Cr_3C_2 复合涂层的冲蚀性能研究.热加工工艺,7:29-33

薛俊芳.2003.拆卸序列可行性检验及拆卸过程仿真的研究.北京:清华大学博士学位论文

杨继荣,段广洪,向东.2006.面向再制造工程的绿色模块化设计方法研究.中国表面工程,5:67-70

杨阳,贺德方,佟贺丰.2012.北京市私人载客小型和微型汽车的仿真模型和政策模拟.中国教科学,6:78-90

姚巨坤,杨俊娥,朱胜.2006.废旧产品再制造质量控制研究.中国表面工程,10:115-117

俞骏威.2011.浅析我国报废汽车的回收与再利用.质量与标准化,6:28-31

瞿启发.2005.企业项目投资财务评价及可行性分析.南京:南京理工大学博士学位论文

张斌,徐滨士,董世运,等.2008.自动化 n-SiC/Ni 复合电刷镀层的高温摩擦性能研究.材料工程,1:54-57

张成,浦耿强,王成焘.2003.基于生命周期的汽车回收及其循环经济模型.机械设计与研究,19:67-68

张华,江志刚.2013.绿色制造系统工程理论与实践.北京:科学出版社

张铜柱.2011.汽车产品再制造模式及其可靠性分析.长春:吉林大学博士学位论文

张铜柱.2008.基于无向图的发动机可拆解性设计方法研究.长春:吉林大学博士学位论文

张铜柱,储江伟,崔鹏飞,等.2010.汽车产品再制造中的知识产权问题分析.科技进步与对策,27(3):91-94

张铜柱,储江伟,金晓红,等.2010.再制造汽车产品的可靠性问题分析.机械设计与制造,5:258-260

张兴泉.2007.激光再制造三维运动光束头.天津:天津工业大学博士学位论文

赵光娟.2011.企业景气指数干预模型研究.武汉:华中农业大学博士学位论文

赵国杰.2003.工程经济学.天津:天津大学出版社

赵鹏,雷涛.2011.基于灰色系统理论的汽车报废量预测.工业技术经济,4:31-35

赵树恩.2005a.汽车零部件拆卸序列自动生成的理论研究及实现.重庆:重庆大学博士学位论文

赵树恩.2005b.汽车零部件回收与循环经济研究.陕西工学院学报 21(1):79-82

赵宜.2005.基于供应链的回收物流研究.成都:西南交通大学博士学位论文

周育红,姜朝阳.2006.我国汽车报废回收利用体系框架初探.环境科学与技术,3:94-96

周琛晖.2013.模糊神经网络稳定性分析及其应用.成都:电子科技大学博士学位论文

朱胜,姚巨坤.2009.再制造设计理论及应用.北京:机械工业出版社

Abbey J D,Blackburn J D,Guide,V D R. 2015. Optimal pricing for new and remanufactured products. Journal of Operations Management,36:130-146

Andersen F M,Larsen H V,Skovgaard M. 2007. A European model for the number of end-of-life vehicles. International Journal of Automotive Technology and Management,7(4):343-355

Brennan L,Gupta S M,Taleb K N. 1994. Operations planning issues in an assembly/disassembly environment. International Journal of Operations & Production Management,14(9):57-67

Corinne L. 1997. An urban traffic flow model integrating neural network. Transportation System Research,5(5):287-300

Daniel V,Guide J R. 2000. Production planning and control for remanufacturing:industry practice and research needs. Journal of Operations Management,18(4):467-483

Debo L G,Toktay L B,Van W L N. 2006. Joint life-cycle dynamics of new and remanufactured products. Production and Operations Management,15:498-513

Depuy G W,Usher J S,Walker R L,et al. 2007. Production planning for remanufactured products. Production Planning & Control,18:573-583

Ferguson M,Guide V D,Koca E,et al. 2009. The value of quality grading in remanufacturing. Production and Operations Management,8:300-314

Ferrer G,Whybark D C. 2001. Material planning for a remanufacturing facility. Production and Operations Management,10:112-124

Gallo M,Grisi R,Guizzi G,et al. 2009. A comparison of production policies in remanufacturing systems. Proceedings of the 8th Wseas International Conference on System Science and Simulation in Engineering,New York:334-339

Hause W, Lund R T. 2008. Remanufacturing:Operation practice and Strategies. Boston:Boston University

Hu X D,Zhang Y,Yao J H,et al. 2009. The design of powder feeding system for laser remanufacturing. Ultra-Precision Machining Technologies,69:338-342

Ignatenko O,Schaik A V,Reuter M A. 2008. Recycling system flexibility:the fundamental solution to achieve high energy and material recovery quotas. Journal of Cleaner Production, 16: 432-449

Ijomah W L, McMahon C A, Hammond G P, et al. 2007. Development of design for remanufacturing guidelines to support sustainable manufacturing. Robotics and Computer-Integrated Manufacturing, 23:712-719

Jayaraman V, Guide V D R, Srivastava R. 1999. A closed-loop logistics model for remanufacturing. Journal of the Operational Research Society, 50:497-508

Jia J S, Yu K C, Tang X Y, et al. 2006. Research on quality function deployment facing remanufacture engineering. Proceedings of the 13th International Conference on Industrial Engineering and Engineering Management, Beijing:551-555

Jiang Z H. 1999. A Reliability Model for Systems Undergoing remanufacture. Ottawa: University of Toronto

Lambert A J D. 1997. Optimal disassembly of complex products. International Journal of Production Research, 35:2509-2523

Li M F, Liu G S. 2008. Return policy for used products in remanufacturing system. Proceedings of the 38th International Conference on Computers and Industrial Engineering, 1-3:1844-1850

Lund R T. 1996. The Remanufaeturing Industry: Hidden Giant. Boston: Boston University

Mabee D G, Bommer M, Keat W D. 1999. Design charts for remanufacturing assessment. Journal of Manufacturing Systems, 18:358-366

Mangun D, Thurston D L. 2002. Incorporating component reuse, remanufacture, and recycle into product portfolio design. IEEE Transactions on Engineering Management, 49:479-490

Massimiliano M, Roberto Z. 2006. Economic instruments and induced innovation: the European policies on end-of-life vehicles. Ecological Economics, 58(2):318-337

Mazhar M I, Kara S, Kaebernick H. 2007. Remaining life estimation of used components in consumer products: life cycle data analysis by weibull and artificial neural networks. Journal of Operations Management, 25(6):1184-1193

Mitra S. 2007. Revenue management for remanufactured products. Omega-International Journal of Management Science, 35:553-562

Pan L, Zeid I. 2001. A knowledge base for indexing and retrieving disassembly plans. Journal of Intelligent Manufacturing, 12:77-94

Reuter M A, Schaik A V, Ignatenko O, et al. 2006. Fundamental limits for the recycling of end-of-life vehicles. Minerals Engineering, 19:433-449

Ritchey J R, Mahmoodi F, Frascatore M R, et al. 2005. A framework to assess the economic viability of remanufacturing. International Journal of Industrial Engineering-Theory Applications and Practice, 12:89-100

Saranga H, Knezevic J. 2001. Reliability prediction for condition- based maintained systems. Reliability Engineering & System Safety,71:219-224

Shu L H,Flowers W C. 1999. Application of a design- for- remanufacture framework to the selection of product life-cycle fastening and joining methods. Robotics and Computer-Integrated Manufacturing,15:179-190

Sonnenberg M. 2001. Force and Effort Analysis of Unfastening Actions in Disassembly Processes. New York:New Jersey Institute of Technology

Tang Y, Zhou M C, Zussman E, et al. 2002. Disassembly modeling, planning, and application. Journal of Manufacturing Systems,21:200-216

Tian G D,Zhou M C,Chu J W,et al. 2012. Probability evaluation models of product disassembly cost subject to random removal time and different removal labor cost. IEEE Transactions on Automation Sciences and Engineering,9(2):288-295

Tian G D,Liu Y M,Ke H,et al. 2012. Energy evaluation method and its optimization models for process planning with stochastic characteristics: a case study in disassembly decision- making. Computers & Industrial Engineering,63(3):553-563

Tian G D,Chu W W,Hu H S,et al. 2014. Technology innovation system and its integrated structure for automotive components remanufacturing industry development in China. Journal of Cleaner Production,85:419-432

Williams J, Shu L H. 2001. Analysis of remanufacturer waste streams across product sectors. CIRP Annals- Manufacturing Technology,50:101-104

Williams J A S,Wongweragiat S,Qu X,et al. 2007. An automotive bulk recycling planning model. European Journal of Operational Research,177:969-981

Xiang W,Chen M,Pu G Q,et al. 2005. Residual fatigue strength of 48MnV crankshaft based on safety factor. Journal of Central South University of Technology,12:145-147

Xing K,Belusko M,Luong L,et al. 2007. An evaluation model of product upgradeability for remanufacture. The International Journal of Advanced Manufacturing Technology,35:1-14

Xu B S. 2004. Nano surface engineering and remanufacture engineering. Transactions of Nonferrous Metals Society of China,14:1-5

Xu B S,Liang X B. 2001. Application of advanced materials in surface engineering and their prospects. Rare Metal Materials and Engineering,30:488-496

Zwolinski P,Brissaud D. 2008. Remanufacturing strategies to support product design and redesign. Journal of Engineering Design,19:321-335

Zhang T Z,Chu J W,Wang X P,et al. 2012. Development pattern and enhancing system of automotive components remanufacturing industry in China. Resources Conservation and Recycling, 55:613-622